JULIA SAMUEL

生活即变化

THIS TOO SHALL PASS

［英］朱莉娅·塞缪尔 著　吕田妍 译

GUANGXI NORMAL UNIVERSITY PRESS
广西师范大学出版社
·桂林·

SHENGHUO JI BIANHUA
生活即变化

著作权合同登记号桂图登字：20-2021-186 号

图书在版编目（CIP）数据

生活即变化 /（英）朱莉娅·塞缪尔著；吕田妍译．—桂林：广西师范大学出版社，2021.9（2022.9 重印）
书名原文：This Too Shall Pass
ISBN 978-7-5598-2234-5

Ⅰ．①生… Ⅱ．①朱… ②吕… Ⅲ．①心理咨询—通俗读物 Ⅳ．①B849.1-49

中国版本图书馆 CIP 数据核字（2021）第 130028 号

广西师范大学出版社出版发行
（广西桂林市五里店路 9 号　邮政编码：541004
网址：http://www.bbtpress.com）
出版人：黄轩庄
全国新华书店经销
广西广大印务有限责任公司印刷
（桂林市临桂区秧塘工业园西城大道北侧广西师范大学出版社集团有限公司创意产业园内　邮政编码：541199）
开本：787 mm × 1 092 mm　1/32
印张：15.625　字数：263 千字
2021 年 9 月第 1 版　2022 年 9 月第 2 次印刷
定价：88.00 元

谨以此书献给

迈克尔、娜塔莎、埃米丽、索菲和本杰明，

我永远爱你们。

目录 | *Contents*

工作
Work

健康
Health

万物皆流，无物常驻。

——赫拉克利特

最早的英文引述“一切终将过去”[1]出现在1848年：一位东方圣贤被他的苏丹要求在戒指上刻下一句名言，要能够体现不断变化的世俗万物的真正趋势，他刻下了这样的文字：“而这一切，终将过去。”

1 This too shall pass，一句古老的名言，是作者写作本书时十分看重的哲学思想。——编者注

引言

Introduction

我还记得十岁生日那天我躺在床上，年龄终于不可阻挡地到了两位数，长大成人似乎近在咫尺。我想象着自己会过上跟母亲一样的生活，遇到一个男人，坠入爱河，结婚生子，立马变为成年人。一切似乎很明朗，自然而然就会发生。表面上看，我的一生确实如此展开。我的确是个幸运儿。但这并不能解释我的损失，那些迫使我在内心做出调整以适应它们的生活损失，以及我为此做出的转变。我与同一个男人分分合合，共有五段不同的婚姻，与每个孩子建立复杂的关系，面对自己和我所爱之人的健康问题时，我感到痛苦和无力。一切结束和开始，我表现平平的事业中的起起伏伏。即使有胜利，也从不是我设想的那样，仍然需要进行调整。度过一生并没有完美的方式。生活就是变化。理论我们都懂，但实际体验通常比我们预期的更加复杂，我们为此感到恐惧，甚至无力应对。然后我们认为自己肯定做错了。

变化是一个动态的过程，需要我们的投入和耐力，要求我们正视令人不安的真相。我们连未来十年的变化都会低估，更不用说一生的时间了。如果我们认真思考过当下所做的一些选择可能带来的影响，我们还会这么做吗？很可能不会。不幸的是，变化有好也有坏。当生活糟透了时我们说“一切终将过去”，并且希望如此——但是问题在于，当生活一帆风顺时，它也不可避免地会过去。我们必须面对的艰难事实是，只有死亡才能阻止生活的变化。

一个确定无疑的事实是，我们需要适应这一切，通过变化来实现成长。研究结果证实，那些固执地试图保持不变的人，在被迫改变时会更痛苦，这会限制他们享受生活的乐趣，甚至包括享受成功的能力。改变需要勇气。人人都想避免不适，没人乐意接受变化所带来的痛苦。我不止一次见识过人们用来麻醉痛苦的无穷创意，然而试图避免不幸只意味着痛苦会持续更长时间。痛苦是变化的动因，如果我们在它周围筑起高墙，它会一直保持原样存活在我们体内，缓慢地侵蚀其他情感。我们是在过去和未来两极之间的运动过程中适应变化的。我们与生俱来的前进动力非常强大，但我们需要放慢脚步，在新旧自我之间留出一定的空间。心理治疗上将其称为“肥沃的空白”，这是一段无知的时期，一段不确定的中间区域，会让人不适甚至疯狂。如果我们阻止它，同样的问题会在人生的每个阶段重复发生。如果接受变化的痛苦，并学习如何适应它，我们就有精力和信心迈出下一步。

自从达尔文提出自然选择理论，我们就知道自己与变化绑在一起。在最极端的情况下，这意味着我们要么改变，要么灭亡。我写这本书，是为了研究人一生中的变化过程。我们感觉最艰难的人生阶段，通常会伴随着恐惧和不确定性，比如从大学进入成年世界，安定下来结婚生子，人到中年经历更年期，退休进入老年并面临随之而来的健康问题。我在进行心理治疗的过程中，研究了正在经历这些变化的人的独特经历。这些客户的故事表明，即使是最强健的人，也会觉得变化很难应对。无论年龄或境遇如何，将所有人联系在一起的线索是，每个人都必须依靠主动努力，才能了解自己面对变化时的独特反应，进而形成必要的应对机制。但是，如果变化是自然规律的一部分，为什么我们中的许多人都感到无力应对？

我希望《生活即变化》这本书可以帮助解答上述问题，并且让读者更加深入地了解自己的经历。我相信互相了解带来的收获最多，那些接受心理治疗的人，他们朴素的故事是尤其有效的资源。或许一个正在努力找工作的年轻人，能够从二十四岁的卡斯身上得到启发，学习他如何在大学毕业后克服自我怀疑和信念危机。而宛德成为自己理想中的母亲的故事表明，一小步也能带来革命性的结果。这些都不是精心策划的关于生活的完美故事。我想道出生活艰难的真相——强调痛苦和悲伤，也强调欢乐满溢的辉煌时刻——让读者看到，通过简单的倾诉和聆听，不同的人如何挺过艰难时期，奋力求存甚至蓬勃向上。

社会变化会对我们的经历产生深远影响。过去五十年来，西方社会在人类生活的各个方面都发生了巨大转变，人们不得不应对比以往任何时代都要多的变化。过去不再是未来的有效向导，21 世纪呈现出更大的不确定性，所有确定的事情，包括年龄、性别、性取向都受到质疑，所有界限都被打破，我们似乎生活在拥有无限选择的文化中。大多数变化可能是好事，但生活现在变得极其复杂。这些因素加上我们面临的数不清的选择，增加了产生更多“存在危机”的可能性。

此外，社会变革意味着宗教和婚姻制度不再是固定的常态。这引发了关于忠诚度的大问题。我们可能仍然相信婚姻是最好的形式，但人类能活到一百岁的寿命预期引发了根本性的问题，即单一的关系如何持续几十甚至上百年？毕竟，婚姻是人类平均寿命仅为四十岁时创造的制度。医学的发展延长了我们的寿命预期，如果能够保持健康，这是积极的，但寿命更长代表花费更多，并且随着技术的进步，这给工作环境带来了巨大的变化。人生可预见的三个阶段——上学、就业、退休，已经不复如此。我们的职业生涯很可能会经历多个阶段，在其带来激动人心的机遇和可能性的同时，也可能带来令人恐惧的不确定性。

在本书中，我选择了五个不同的主题——家庭关系、爱情、工作、健康和身份认同，因为对我而言它们代表了组成生活的五个核心要素。我们不能放弃某个方面，或让它长期处于缺乏响应的状态，这都会对整体生活产生不利影响。当所有方面运作和谐时，幸福自然来临。每个部分中都有重叠的主题，比如其中一个客户 KT 的主要问题在于身份认同，但 KT 的初恋关系对我们的合作至关重要。不过，整本书中最重要的主题是人际关系。

“美好生活建立在良好的人际关系基础上。”[1] 我们如何构建关系是其他一切事情的根基。通过我的研究

1　罗伯特·沃丁格，《哈佛 75 年幸福研究报告》（*75-year Harvard Study of Happiness*），2017 年。——译者注（如无特殊说明，本书注释均为译者注）

和与客户的合作，我一次又一次意识到，无论处在人生的何种阶段，我们都不能独自做到这一点。人们需要彼此，当我们回顾自己的一生时，这些关系的质量才是对我们最重要的。最终，我们的幸福和健康，取决于我们与最爱的人的联系和亲密程度，他们的健康和活力与我们休戚相关。

我希望这本书能够帮助读者认识，甚至了解生活不同阶段中那些通常令人恐惧的时刻。如果我们有勇气面对自己的困境，给予自己同情，学着了解自我而不是分散自己的注意力，那么变化将会带来成长。随之而来的是保持谦卑，对当下心怀感恩，同时对美好的未来充满希望。我们一生都在不断成长，始终处于成为更好的自己的过程中，这不是我们要到达的地方，但如果我们知道前进的方向，我们才更可能蓬勃地成长。过有意义的生活，知道存在的理由，人生有归属感。用一生去爱，同时被爱。

生活中的变化过程

The Process of Change in Life

唯有变化才是永恒。

——亚瑟 · 叔本华

在流行文化中，我们主动选择的变化一向声誉甚佳，总是带着新奇和兴奋的光环。人们想起生命中的重要时刻，比如婴儿出生，画面总是完美的，连喘息声都带着愉悦。甚至退休也被视为“解放”，从此可以享受永恒的假期。然而从另一角度来说，衰老这件事则名声不佳。生命中的其他阶段都被视为更进一步，衰老却让人联想到滑向死亡的深渊，我们都会不自觉地竭力避免老去，抗衰老成为关键词。事实上，人生中每个方面的变化都需要努力应对。我们需要主动适应，这或许很容易，也可能充满挑战。尽管我们想速战速决，但情感与外部事件的同步需要时间，我们无法强迫自己的感情跟搬家货车，或是新工作、新角色、新身份一样齐头并进。

从小到大，我们以为生活是向上的旅程，是通往更美好境地的阶梯，每一阶都更上一层。然而现实远比想象更不确定，它有起有落，唯一确定的就是变化。

生活是一组交替的进程，在一段时间的变化之后进入稳定期，紧随其后又是变化。研究显示，我们趋向于每七到十年进行一次总结评估，考虑做出改变（是的，七年之痒确有其事），变化的过程可能需要长达一年之久才能完全融入我们的生活。变化有时像是成功，有时像是失败，关键是要有所收获。更进一步的研究表明，我们在面对生活中的变化时，越放开心态吸取经验，越有可能蓬勃成长。值得注意的是，尽管我们面对的变化充满未知，但所有过去的重要时刻都会与我们同行，正如我的客户玛莉亚所说："我将过去的许多痛苦铭记在心。"过往种种不会离我们而去，它们都是力量和成长的源泉。

如上面所说，变化并不是单一的，我们都携带着看不见的行囊。除此之外，还值得注意的是，我们在决定做出改变时，会经历一个周期。在下一节我将探讨变化的阶段。

认真考虑变化

变化始于评估。我们开始考虑变化时，会先想象它是什么样的，然后搜寻信息，以评估它会如何影响我们。这个过程可能很短，也可能耗时良久。它可能会在周期完成前戛然而止，因为接下来需要实际行动；我们必须做出决定，这本身要求一定的信任和自信，才能迈出关键的一步。

即使是我们主动选择的变化，比如确定伴侣关系，也需要情感上的调整。我们可能很笃定地想要与我们爱的人步入婚姻殿堂，但对这个人的承诺，不可避免地意味着要放弃其他所有想象中的完美伴侣，这种感受并不好过。对于一些人来说，这个过程的发生并不烦扰，但是变化很少会如此轻易地溜过。新的开始往往伴随着焦虑，未知让我们心生恐惧。不过，这种焦虑是一种能量，迫使我们调整心态，告知我们必须转变角色、行为或观点；我们必须像爬行动物一样蜕去旧皮，寻求新的生存方式，如此一来才能成长。

抗拒变化

那些我们不希望发生的变化，处理起来必然更困难，比如离婚或失业。剧烈的外部事件可能会引发心理危机，不过，失败也可能最终成为突破。人类总是渴求安稳，不愿放弃过去熟悉的种种，因为它们没有迈向未知那样可怕。无论我们是否能意识到，我们的内心都承载着过去的创伤或失望。当新的事件发生，比如丢掉饭碗，会燃起人们心中久远但强烈的感情。我的客户辛迪丢了工作，然后发现自己从未审视过“我是个失败者”这样的念头，而这可能会阻碍必需的变化。抗拒变化最常见的方式包括让自己过分忙碌，或者过分害怕而不敢应对。

变化考验着我们的信念，迫使我们去质疑曾经认为理所当然的事情。在坚持核心信念的同时，允许这些信念随着实际情况演变也非常重要，要让自己可以从新的经历中不断学习。有时我们不得不失败一次才能继续向前。有些人即使选择苦恼忧愁，也不愿承受不确定性带来的痛苦。然而我们根本无法控制生命中真正重要的关键事情，比如生死以及周围人们的行为和感受，在面对混乱时提醒自己这一点，也是一种解脱。我们能施加影响，但费尽心力试图去控制，必然会徒劳无功。

混乱的感觉

可能引起变化的外部事件通常很容易描述，但这种感觉却很难理解。我们一开始可能受到震动，但随着时间流逝，我们逐渐意识到，最初的震撼转变成了不同的感受。有时这些想法并不明朗，不过等我们更好地自省之后，就会感觉到成长。

当变化降临时，我们都有一种自然的应对机制，这是从孩提时代就学到的。这是一种惯性反应，你可能心中释然，可能不知所措，还有少数幸运的人能够立即消化并应对变化。我们需要真正理解自己的反应并从中学习，从而变得更加灵活。

在大多数客户那里，我都能看到心理学家卡尔·罗杰斯（Carl Rogers）提出的人本主义悖论，即关于变化自相矛盾的地方在于，我们越能接受变化中看起来无法接受的方面，变化越有可能会发生。在现实中，这意味着当我们停止主动抗拒变化时，我们越有可能拥抱它。

接受变化需要时间，这比任何人想要或容许的都要长。在从当前位置向目的地前进的途中，我们要允许空间和时间停下来，留那么一段时间给未知。这叫作“肥沃的空白”。作为人类，我们无法像机器一样关闭，然后简单重启。再次投入之前，我们需要时间来退出、反思和复原。前行的过程中充斥着恐惧、摸索和试探，我们可能会采取行动，尝试不同的事情，然后自然而然地倒退半步，评估一下形势。久而久之，新局面变得熟悉起来，感觉也没那么可怕了。

通常我们随时间流逝做出细微的调整来适应变化。所有的心理学理论都认为，没有什么是一成不变的，在有些情况下，突然的变化能够解放并改变某些人。不同形式的变化会产生不同程度的冲击，这取决于变化究竟有多大。支撑变化获得成功的方面也多种多样，它依赖于经济状况、情绪适应能力以及身体健康程度。而我们与朋友、同事和家人的良好关系，以及接受他们的关爱与支持，对于应对变化过程中的不适感至关重要。当我们动摇时，他们的爱护能帮助我们稳定下来。

希望

就我的经验来说，应对变化的一个关键因素是希望。如果我们不曾抱有“隧道尽头会有亮光”这样的希望，那么承受变化过程中的痛苦和忧伤将极为困难。如果我们的希望曾经实现过，那我们更容易抱有希望。而如果我们的希望经常破灭，那我们告诉自己的故事很可能就是负面的，通常会使用“从不”和“总是”这样绝对的表达，这样一来我们很难会相信这次能够挺过去。我们需要希望来支撑自己，没有希望，我们甚至不会尝试改变。

我们倾向于给自己足量的希望，能够与梦想的结局相匹配。不幸的是，我们无法控制希望，即便在开始时冀望不多，一旦梦想破灭，我们也无法保护自己免受失去的痛苦。

美国心理学家查尔斯·斯奈德（Charles Snyder）的研究表明，要想了解希望如何运作，最好是认识到它并非仅仅是一种情感，尽管情感对其有支撑作用。希望与我们如何思考有关，分为三个部分：设定实际目标的能力，实现目标的能力，包括备用方案的适用性，最后就是对自己的信心。

| 整合及其意义

变化的最后阶段是试探性接受，这会带来更大的平静感。随着时间流逝，我们可能会猛然意识到，自己不再想着变化这件事，它不再像以前那样困扰着我们，这预示着我们真正接受了变化，使它成为一种新常态。一个重要的附加动作是探索这些变化意味着什么，从经验中学习，理解我们现在的生活。通过讨论和反思，找出拼图的最后一块，整合到我们转变后的世界。这是人们放下过去的开始，过去作为他们的一部分不会被忘记，但它不再有那么大的影响力。这既是终点，也标志着新的起点，我们终于能直面变化的真正本质。在我们步入新生活时，它带来新的能量，有时甚至是新生的感觉。

下页的转变周期图表明了在变化过程中我们情绪的改变。最初的兴奋常常伴随着困惑和沮丧的感觉。我们需要花时间探索和理解这一变化，以建立新的信心，恢复常态。

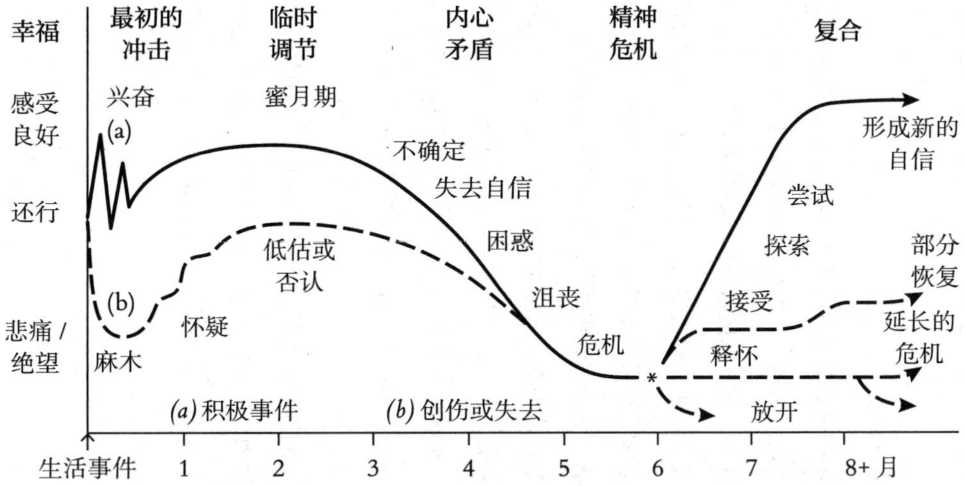

转变的循环——人类应对变化的模板（威廉姆斯，1999 年）

思考

在每个主题结尾的思考中，我给出了相关的统计数据和研究。统计数据提供了更广阔的视野，让我们知道无论感觉有多异常，我们都绝不孤单。我专注于针对特定客户的经历来进行研究和指导，以将我的知识从个体扩展到群体。关于每个话题的著作都不计其数，我选择展示那些特定领域中与我抱有同样世界观的专家的经验和智慧。我的观点不可避免地带着主观性和局限性，我作为一个不完美的女性、妻子、母亲和女儿，这些经历塑造了它。进一步的探讨请参考本书结尾处的“参考文献”部分。

家庭关系

Family Relationships

你留下的不是刻在石碑上的东西，而是编织在别人生活中的东西。

——伯里克利

莉娜：新娘的母亲

LEENA: Mother of the Bride

莉娜很生气。她的女儿安妮塔订婚了，她知道自己本应为此感到高兴。她也挺喜欢自己的准女婿，但她正在和女儿吵架。她说话时心不在焉地转动着手表，愤怒写在脸上。她的眼睛看起来像是在寻找目标，我怀疑有时候目标就是我。我猜测在她的愤怒之下是搏动着的受伤之感，我需要充分理解并记住这一点，以保持对她的共情。

我承认我们之间的差异巨大，特别是对待家庭的态度截然不同。我是一名不去教堂的白人基督徒，秉持西方信仰，倾向个人主义，注重自力更生，独立自主。而她是个印度教徒，信仰集体主义，依赖群体和权威。我能理解责任感是她的一贯态度，轮不到她去质疑责任感，作为一个女儿、妻子和母亲，她的责任就是遵守几代人制定下来的准则。我本能地带有偏见，她会不时地纠正我。从莉娜对我说话的独断方式可以看出，毫无疑问，她已经习惯了自己的一套行事准则，对不同的观点毫无兴趣。她很乐于纠正我。我请她告诉我一些关于她自己的事。

三十五年前她从印度来到英国，嫁给出身豪门的德文。因为是包办婚姻，莉娜在订婚之前没有见过对方，她着重强调了这一点，似乎要证明她在那个年龄的顺从。她说这话时下巴前倾，精心梳理过的头发整齐地上下摆动。莉娜在这里生活美满，她为自己的家庭感到骄傲——婚姻幸福，育有一个儿子和两个女儿。安妮塔是他们的小女儿，她是一名律师，也是最后一个结婚的孩子。莉娜在家族企业里工作，负责内务，同时管理他们的慈善事业。

德文不知道怎样解决她与安妮塔的争端，所以建议她来找我。莉娜说话时，气愤的情绪在体内回荡，如同竖起愤怒的盾牌将所有人都推开。她的每个想法都被愤怒这个过滤器处理并影响了。我能感觉到愤怒在她体内燃烧，她关掉了其他所有情感，封闭了亲切和温暖。她描述自己与安妮塔的冲突时，就像着魔一样要在脑海中对她进行立案诉讼，把她彻底击败，大有排兵布阵的架势。她的愤怒寻求行动，但她无法完全采取行动，于是愤怒被卡在了体内。现在她完全不讲道理，也没有缓和的空间，我需要让她充分表达出来。

我不想通过与她共谋来煽动她的愤怒，然后将我的义愤（虽然我没感觉到）叠加给她。我想让她知道，我已经听取了她的感受，并尽可能准确地考虑了她的观点和愤怒，让她知道我了解她有多苦恼。争辩并不能驱散愤怒，只会火上浇油。现在需要的是倾听和理解，以减弱愤怒的火力。

她们争论的核心是爱、分离与权力。争论围绕着她们各自设想的婚礼形式而展开。莉娜想办一场完整的传统印度教婚礼，所有家族成员和朋友都要在场。安妮塔则想要一个简单的婚礼，没有那么多华丽的仪式，只有她自己熟识的朋友和家人出席。进一步的问题是是否要在印度举办一场传统婚礼，她们根本没有讨论，因为知道这会带来更多冲突。

过去的几个星期，莉娜以不同方式说了好多遍同样的事。她认为女儿的自私、傲慢和一意孤行令人生厌。她觉得自己已经学会了去适应更西方的文化，但她仍保有对生活至关重要的核心信念，这与印度母亲的传统观念尤其一致。我问莉娜，她的女儿在某种程度上淡化了印度传统，不忠于她们的印度身份，为此她是否感到愧疚？

她点头认可，表示不想辜负母亲倾注在自己身上的骄傲与信任，但我发觉她有一瞬小孩做错事的心虚感。安妮塔为自己的想法而战，反抗家庭的观点，莉娜认为这是不对的，而且深受其扰。这威胁到了她对家庭的团结感。莉娜批评她的女儿，告诉她什么是对什么是错，这是爱她的一种方式。“别人谁会在乎呢？”她告诉我，“在印度没有私人空间，没有私人决定，没有私人看法。我们紧紧抱团以求生存。每个人都知道别人在干吗，每个人的意见都会被采纳。我们没有意见分歧，也没有关闭的门。”在她们上次的谈话中，莉娜强烈要求一场传统婚礼，而安妮塔则摆出一脸蔑视的神情。莉娜在描述这段刺痛回忆时，我能看到她眼神中的不安。她怎么能如此不尊重母亲？莉娜醒来后一直在回想，一整天脑海里都在跟女儿斗争。我温和地评论说她一定感觉很孤立，很疲惫，她点头同意。

进入莉娜的精神世界后，我能体会她的激动，我感觉她对安妮塔的爱与安妮塔的拒绝给她带来的痛苦不相上下。我开始怀疑莉娜的坚强是否掩盖了她早期的脆弱。我向她描述了愤怒的不同来源，它源于她的过往经历，而这些经历是如何被安妮塔深刻地挑战。她孩童时的记忆由强硬的母亲和祖母所支配，她虽然深深地爱着她们，但又对她们敬畏不已，如果她不是完全顺从，就会受到激烈的责打。莉娜的出身与强势女性一脉相承，但这些女性几百年来又屈服于男人和责任的召唤。她年轻时惶惶不安地来到陌生的国度，进入一个她从未见过的家庭生活，时刻谨记要对传统规则完全尊重。她的另两个孩子都没有带给她这样的感觉，他们的婚礼如她所愿——简单干脆。两个家庭结合在一起，涉及的是所有人，而不仅是夫妻双方的选择。

我能看到她对安妮塔感到震惊，这曾是与她最亲近的孩子，从小生活优渥，现在竟然坚定地违背她的要求。与养育之恩相比，这个要求看起来多么微不足道。安妮塔的固执使她困惑。莉娜坚信，作为安妮塔的母亲，她有绝对的权威要求她服从。不过，权威的背后是她的脆弱，是关于她作为母亲的失败：她究竟做了什么，错过了什么，才会有个这样的女儿？

莉娜与安妮塔的关系正在恶化。她们之前在厨房里吵了一架，起因是莉娜评论了安妮塔的新发型。我能从她重复事件的语气中听出，她看似无恶意的一句“我看到你剪了个新发型”充满了批评之意。安妮塔重重放下手中的杯子，看向莉娜的目光冰冷且充满厌恶，说了一句“你怎么敢这么说”就摔门而去。莉娜觉得那副表情中传达了很多没说出的话：“你是谁啊？我根本不认识你！我非常不喜欢你！”

从那以后安妮塔就拒绝跟自己的母亲说话，也不回消息和电话。这让莉娜感到震惊。她告诉我这些时，我能看到在她的愤怒和困惑之下，掩藏着的更多是伤痛。我能深切感受到安妮塔言语中的冲击力。接下来的几个星期，莉娜感觉内心好像在进行一场战斗，大多数清晨，她都在泪水中醒来，但随后就开始一天的工作，疯狂忙于无休止的会议和实地考察，用各种活动来麻木自己的痛苦。

尽管莉娜没说出口，但我能感觉到她想与女儿保持亲近的渴望。她感受到的痛苦，表现出来的愤愤不平，其实源自她对可能失去安妮塔的恐惧。我能感觉到她在担心未来，而我正在努力探究她究竟是怎么想的。我遇到了些微的抵抗，无论我说什么，她都只是点头，但却毫无情绪上的反应。我意识到她不想感受因失去最后一个孩子而留下的空虚之痛，她想尽快切换到“下一件事”，让她既能保持正确，又能再次开心起来。然而她没有这样做的情感推动力，因为她一直以来的做法就是抓紧不放。

我不知道更西方化的态度能否帮助她理解，孩子终究要长大成人，最后离家独立生活。我说话时，莉娜转过脸去。我希望能触达她的内心，作为女性和母亲，我能了解她的感受。我想让她明白，我清楚对孩子放手是多么艰难……没有结束就没有新的开始，我们必须经历中间的阶段，体验未知的混乱和动荡。我坚持的观点是，作为父母我们需要学习调整自己的位置，退后一步，让子女为自己的生活做决策，允许他们主动离开，在给予自由后，他们会再次选择回到我们身边。只要她能改变看待安妮塔的方式，就能促使安妮塔改变。双方关系确实重新调整了，但彼此的爱是不变的。

在接下来几周，我觉得需要重点关注她与安妮塔在更广泛的层面上的关系。关于婚礼的态度分化已经让她们迷失了方向。我建议莉娜给我看看安妮塔小时候的照片。她为这个想法感到兴奋，她喜欢那些照片。当她把照片带来时，我能看到安妮塔刚出生时埋在妈妈怀里，莉娜脸上则是为人母的喜悦，她沉溺在对她最小的孩子的爱里，想倾注时间和精力来照顾她。前两个孩子没能带给她这种愉悦。她一边说，一边缓慢地浏览照片，我几乎可以嗅到母亲与新生儿之间的深厚情谊，彼此的肌肤紧紧依偎。在其他节日和生日的照片中，我能看到一个快乐的小孩，搞怪而开朗，看起来跟她母亲很像——做鬼脸，跳舞，反而在青春期时显得比较安静。在我看来，这意味着许多导致成年子女与父母之间必要分离的冲突都没有得到解决。我还想知道，过着像西方的年轻女孩一样的生活的同时，安妮塔向母亲隐藏了多少，才能成为她母亲梦想中、口中所说的那个“完美的传统女儿”。

我从照片中抬起头来，阐明我看到的莉娜对安妮塔强烈的爱。我想方设法说出，在她的脑海中，爱在受控状态下是可以互换的。安妮塔曾经反对她，不是为了伤害她，而是想成为一个成年人，并且很快就要成为人妇。安妮塔作为妻子和成年人的身份，同时受到西方教育和印度传统的影响，两者她都想保留。在我看来，莉娜不自觉地将安妮塔的婚姻视为对母女关系的威胁，想要通过掌控婚礼的主导权，重获对彼此亲密关系的控制。她将爱和顺从混为一谈，如果安妮塔不听话，她就是不爱母亲。

我这样说时，莉娜僵住了。她的脸看起来年轻却又饱受挫折。我向她描述了我所看到的问题，然后指出她长时间没有呼吸了。莉娜深吸一口气，然后绷紧了身体，短促地呼吸起来。她不太能承受去了解自己最大的恐惧。她的沉默显示出她不再有把握，不再确信自己处在正确的立场。她在椅子上扭来扭去，两腿交叉又分开，好像她的一部分可以承受坚持或放弃的牵引，另一部分则不能。我告诉她我并不想强迫她往哪个方向走，我了解她两难处境的复杂性。我希望通过提醒让莉娜考虑她们母女的整体关系，这样或许能让她对正在发生的事情有更清晰的认知。莉娜点点头。变化的过程虽然令人不快，但已经开始。

在庆祝莉娜儿子生日的家庭宴会上，安妮塔一句话也没跟她说，但对其他的家庭成员亲切、热情，尤其是对她的父亲——他们的亲近与莉娜和安妮塔的疏远营造了整个房间的氛围。我能感受到莉娜的嫉妒与愤怒。我问莉娜心里觉得怎么样，她将手放在胸口，感到憋闷，喘过这口气时发出了困兽一样的声音，安静而痛苦。我让她坚持住，泪水从她脸上流下来。这表明她僵硬的情绪开始放松下来。

接下来的几周，莉娜一直身体不适。她感到头痛、肚子痛，背部也不舒服。我告诉她要聆听身体的信号，问她对此怎么想，身体可能要告诉她什么。我建议她开始运动，缓解焦虑，养成能帮助她平静下来的习惯。这对莉娜来说并不自然，她知道如何依靠毅力和决心克服困难，对于照顾自己却一窍不通。责任是她长期以来的行事规则，她从未满足过自己的需求，甚至不了解自己有什么需求。她开始不情愿地去上瑜伽课，更值得注意的是，她开始写作，这对她愤怒满溢、嗡嗡作响的脑子来说是一个出口。她对自己笔下写出的东西大吃一惊，她在日记中写道:“我从未被人问过自己的需求、感受、想法，或者我想要什么。我从未对我的母亲提出过异议或要求。”

这让我们得以探索她在孩提和青年时代的沉默。它可能已经传承了二十代，从母亲到女儿，很大程度上也从她传给了安妮塔。如果她们没有来到另一个国度，沉默可能会继续如此毫无争议地传承下去，然而现在安妮塔有了不同的期望。这是她们困境的核心，因为莉娜无法理解这种沉默给自己造成的情感代价。当她作为母亲想要影响自己的女儿时，她再一次没有被聆听，没有被允许来做出决定。感觉就像从以前到现在，她一直被压迫，如今受到的压迫则来自年轻一代。我们的工作就是帮助她更全面地了解内心正在发生的各种情感，它们通常是冲突。

我让她告诉我她丈夫和其他家庭成员怎么想。她叹息着，转动着手表。他们想要这场分歧尽快结束。她丈夫看她的眼神就像看一个疯婆子。她感觉与所有人都疏远了。我告诉她，想要保持“正确”会多么孤独和愤怒。最后，我觉得可以告诉她，我怀疑在她的愤怒之下，是一种原始的身体号叫，超乎了她的思想，她不想让女儿离开，那是她最小的孩子，她的宝贝。这就像她在为自己想要的完美女儿哀悼，却无法接受她真实拥有的女儿，这个女儿想让自己世界的中心从母亲转移到丈夫身上。她的感情如此强烈，一定吓坏了她女儿，我对此表示同情。她多么想通过失去女儿带来的伤害，来惩罚，甚至是摧毁这个世界上她曾最爱的、最想要保护的孩子。然而，发泄出的愤怒伤害了彼此。

莉娜把量身定制的外套拉到胸前，好像要作为抵挡我言辞的盔甲，不过她一直沉默着，她在接受我的看法，或者至少接受了一部分。

漫长的五分钟过后，她平静地开口问我应该怎么做。我同样平静地回复她，关键不在于她应该做些什么，而是她能允许自己到哪一步。她能既允许自己渴望不放开女儿，又允许女儿有一些独立性吗？她能让安妮塔保持自我，而不是成为她想象中应该成为的孩子吗？我承认这非常令人困惑，因为安妮塔成长于两种文化中，而且她以自己的方式来判断怎样过一种既是印度又是英国的生活。

莉娜像小孩受到挫折一样跺着脚，将手捂在耳朵上，像是要按着头防止它爆炸。我让她闭上眼，然后呼吸。通过放松训练，我要求她将身体保持紧绷，在几分钟内挤压每块肌肉，然后放松，最终松弛下来。随后再进行一轮放松练习。我能看到她的身体逐渐平静下来。现在不是说话的时刻，而是让她的身体好好放松的时候。她无声地离开，在这之前没有抗拒我的拥抱，当我抱着她时，她高大的身躯不停颤抖。

接下来的一个星期，我了解到，莉娜从我这里结束治疗后，给正在开会的德文打电话，让他回家去陪她。这是破天荒头一次。她需要他的拥抱，闻着他胡椒味的头发，感受他怀抱的温暖，她胸部的压力减轻了，感到全身心充满了安全感。他倾听着她长篇大论的失落与悲伤，愤怒和伤害从她体内流淌出来，落在他逐渐湿透的肩膀上。她哭了很长时间，泣不成声。他表现得很体贴，一直抱着她，给她沏了一杯茶。她感到平静多了，对此觉得很惊讶。他们一致同意，要一起去看安妮塔：他们需要找到前进的方向，无论这看起来多么艰难。

莉娜看着我的眼神中充满骄傲和温暖，我以前从未见过。人生不同阶段之间的过程可能会无比漫长，有时却又异乎寻常的简单。在这个例子里，莉娜发生了真正的改变，在丈夫的支持和爱护下，她能想象未来他们是亲密的一家人，而她不必要紧抓着不放。他们与安妮塔见了面，双方就婚礼的方案达成了妥协。安妮塔对她仍有隔阂，她们的关系肯定还有些紧张，但是她们已经克服了最大的障碍，并且有了前进的计划。莉娜爱死这样的计划了。

我能感受到体内的紧张感开始缓解。我告诉她我的信念，即父母对成年子女幸福生活的影响力通常被低估了。当然，这种关系需要重新设定，力量平衡需要重新调整，但归根到底，子女永远是父母的孩子。我想让莉娜知道，她可以使用自己的力量来配合安妮塔，而不必对她进行掌控。我谈到争论的重要性，话说出来总比按捺在心中要好。争论的方法有很多，可以争辩观点，但不要攻击对方。亲密关系可能带来坦诚的分歧，需要留出时间来冲淡不适感。争论从来不是问题的关键，补救关系的能力才是。

我谈及了她女儿结婚的象征意义。从心理上说，对莉娜而言，这是她身体开始衰老的象征，她必须放弃年轻时不自觉的长生不老的梦想。作为补救，她需要认识到母女间代际传承的治愈能力，甚至她未来的孙辈，这些才是青春和美丽常驻的所在。

莉娜没有必要再来见我，她允许自己做出改变，认为我们的治疗已经结束了。我也希望如此，祝她一切顺利。

卢卡斯：新手奶爸

LUCAS: Newborn, New Dad

卢卡斯通过搜索引擎联系到我，问我能否见他一面，帮他适应儿子的降生，他的儿子李，六个月前刚刚出世。他在电子邮件中告诉我，经过新生阶段的初始压力之后，生活开始平静下来。他想花时间关注一下自己的感受，而他的中心问题是“我是什么样的父亲？”

几个星期后他走进我的诊所，咧嘴笑着，坐下来时绿色的眼睛闪闪发亮。他块头不大，但很强壮。环顾了一下四周后，他点点头，并不一定是表示认可，而是要弄清楚自己所在的环境。我能感受到他以自我为中心。听过他的口音后，我犯了一个令人恼火的错误——认为他是美国人，结果他坚定地告诉我，不是，他是加拿大人，来自多伦多。

卢卡斯居住在伦敦，是一名从事媒体广告的自由艺术家，但这并不是他的选择。说到这里他压低声音，皱皱眉，用手托住下巴，像是要抵抗言辞中的窘迫。他之所以将自己的创作心血卖给商业领域，是因为他至今尚未（“尚未”这个词很重要）稳固自己作为艺术家的地位，不能以此谋得体面生活。他的妻子希瑟是华裔加拿大人，今年四十六岁，比他大七岁，是一家制药企业的高管，这意味着长时间的工作和频繁的出差。她的收入比她丈夫多得多。

我很快意识到这个过程与我通常的治疗工作有何不同。卢卡斯精力旺盛，好奇心强，在治疗过程中处于主导地位。为了适应父亲的新身份，他想要提高对自己各个方面的认识。他很苦恼，或许用“震动”这个词更合适，但他并不痛苦。痛苦不是变化的唯一动因。卢卡斯看起来很有信心。这将是一场更加激烈的交流，对我来说很有趣。

卢卡斯告诉我他的故事，以让我了解背景。他已经接受过治疗，想要用自己的童年经历作为养育李的反面参照，但他又不想深挖他的过往——他已经这么做过了。他的起始观点是，生活是不断变化的潮流，说这话时他加重了语气，非常肯定。“变化总会发生，但很少是沿着直线发展。”他说这是奥巴马说的，但可能不是确切的原话。我用力点头。

他认为他从小被灌输的观点具有欺骗性，即世界遵循一套固定的规则，如果遵循这些规则——从事规定的工作，穿特定的服装，去合适的学校——成功就会随之而来。小时候他对这种叙述感到困惑，但现在他认为正是这种生活态度给他带去了真正的不幸。当他告诉我“这是精神虐待”时，我不由坐直身体。这个说法很严重。我的理解是，因为没能从父母那里得到真相，他觉得自己被精神控制了，这太疯狂了。

我能看到幽默是他的预设反应，但在这之下，我能感受到多年来愤怒燃烧的余烬一直在缓慢地灼伤他。最大的谎言影响更加深重：他的母亲是个同性恋。很早以前她就知道了，但这让她感到害怕，她一直在压抑自己的性取向，直到卢卡斯十九岁那一年，她终于出柜，跟卢卡斯的父亲离了婚。他说这些时结结巴巴。他同情母亲的困境——当时同性恋不被接受——但他受到了伤害，因而无法信任他最爱和最需要的人。他听到的那些谎言，他父母为了维持“幸福家庭”而戴上的面具，正是家庭本身崩溃的原因。在此过程中，卢卡斯的童年经历被剥夺了，给他留下一片空白，他无法确定什么是真，什么是假。

可以理解的是，卢卡斯对儿子有极强的保护欲，这让他心绪不宁。他担心自己的故事，甚至更糟的是自己的痛苦会不自觉地转移给李。他清楚他们是不同的人，但他看过太多历史重演的故事。他努力想成为自己没能拥有过的家长，这一点让我感动，想到李能拥有这样一个父亲是多么幸运，我感到温暖。我也感到自己有点老了，因为我清楚地知道，作为这个过程的一部分，他必须在无法成为完美的家长时原谅自己，因为这是不可避免的。我们需要成为“一个足够好的家长”，正如英国儿童发展研究的先驱唐纳德·温尼科特（Donald Winnicott）所说的那样。不过，至少他失败的地方会跟自己的父母不一样。

卢卡斯形容他的妻子希瑟“聪明美丽，而且真的很有趣”。希瑟出身于一个商人家庭，20 世纪 90 年代从香港移民到多伦多。他们一个共同的朋友经常谈论她，并试图介绍他们认识，但希瑟因为工作总是抽不开身。当他们终于在一个画廊见了一面时，他感觉到了爱情的火花，“她真是棒极了”。第二天，他给她打电话留言，表达自己的爱慕之情，夸赞她是多么的美丽和聪明，然后表示想约她出去。他微笑着回忆起自己谈恋爱时多么“不酷”。她给最好的朋友打电话，询问自己是否应该接受卢卡斯的邀请，对方全力支持，坚信他就是她的“那个人”。

他们的第一次约会很糟糕，卢卡斯带她去了一个他认为很酷的酒吧，但那里又挤又吵，让他紧张尴尬得不行。希瑟却一直很放松，经过之后几次约会，他们坠入了爱河。她桀骜而独立，想要他的爱、亲昵和肌肤之亲，但她也想要事业所带来的自由。他爱慕她的才华和务实，他们共同的幽默感、做爱的激情和她的笑容，他想要彼此的生活更加紧密相连。在恋爱期间他们一直在吵架。金钱也是一个导火索，她信任他作为艺术家的工作，但希望他能赚更多的钱。

两年后他们结婚了。他想让我知道这些争吵有多糟糕，因为我对他的幸福结局做出了回应，而没有关注其中的混乱和焦虑。我认为或许在恋爱初期，彼此相爱但吵吵闹闹会是走向婚姻的有趣的基础，而不是像童话中的爱情一样无忧无虑。他们都看过彼此最糟糕的一面，找到了在争吵后修补关系的方法，并且对很多关键问题，包括性、金钱、权力和沟通都进行了检视和交叉检视，最终达成妥协，或者没有妥协，但彼此也知道困难所在。

他们花了五年时间，经过四个周期的试管授精才怀上李，这些费用都由家庭的主要经济支柱希瑟支付。我承认这么多年努力想要“怀上”孩子，夫妻关系一定很紧张、很困难，卢卡斯表示同意，认为那段时间太糟糕了：可怕的、无休止的等待，等待治疗，等待结果，直到熬过充满风险的日子。在接受治疗的混乱过程中，他们都曾经彻底崩溃。他们必须对治疗抱有希望，而每次受孕失败时，这些希望都成为泡影，心里都跟坐过山车一样，每次都要振作起来，重新尝试在日历上标出同房日期（希望能侥幸不通过试管而受孕）以及可能的预产期，挣扎着想取得对自然生理的控制权。

我们为“必须要做爱”笑了一会儿，他承认有时是有点僵化，但基本上“对男人来说，跟所爱的人做爱感觉没那么机械。再说，难道有不好的性生活吗？”我反驳说这当然存在，但我很高兴他还不知道。我意识到自己之前见到的都是绝望的不育夫妇，可能希瑟会觉得更极端一些，但我感觉卢卡斯抱着相当务实的态度。或者，可能他的应对机制就是否认？我告诉卢卡斯，这些糟糕的经历并不会驻留在他心里，影响他对未来的看法。现在他们有了李，他的痛苦已经消失无踪，现在只剩下初为人父的喜悦，以及熬过这一关获得成果的力量。他尖锐地否认，重申这段痛苦的记忆仍困扰着他，这让我震惊不已。

经过反思，我认识到自己本应该比大多数人都更明白，愉快的体验并不能消除痛苦的经历，哪怕随着时间的流逝，人们会有成长的感觉。过去的心理伤痛会隐藏在人的思想深处，一旦被新的痛苦经历触发，或者回忆往事时触及，就会以惊人的力量冲上脑海。这促使我与我的导师讨论了这个令人困惑的事实，即我总是忘掉卢卡斯所遭受的苦难，贸然看到充满希望的一面。我们一起探讨得出结论，可能卢卡斯干净的外表和积极的能量蒙蔽了我，事实上他的外在并不一定与内心的煎熬相匹配。他那双闪亮的绿色眼睛并没有表露一颗闪亮的、快乐的心。怎么会呢？他虽然已做过治疗，适应了所谓“精神虐待”的童年经历，但不可能擦除这段记忆。我怀疑其中是否也有表面上的加拿大式乐观主义的感情影响，进一步蒙蔽我看到他的真相。

希瑟终于当上母亲时激动万分，但她被这种情绪冲垮了。伤口缝线带来的身体不适，涨奶时的疼痛，再加上她不知道该做什么和怎么做的恐慌，这些都意味着无尽的焦虑。希瑟是需要睡眠保持正常的人，不知道需要什么时候醒来引发了她的强迫症，最终到了即使李在睡觉她也无法睡着的程度，因为担心他会随时醒来。负面情绪越积越多，记录她睡了惨淡的几小时的手写日志就是证据。跟导师谈过后我已经变得更敏感，忍住了没告诉他，希瑟的感受都是正常的。将某人的独特经历描述为“稀松平常”，这就有点贬低的意味了。

最开始时卢卡斯兴奋不已，抱着李喜极而泣，感觉松了一口气。这感觉很不真实，很难相信自己一直梦想着、渴望着的事情，曾担心永远不会发生的事情，如今终于成为现实。然而几个星期之后，他感到不知所措。他是那种用行动解决困难的人，尽管他会帮助抚慰李，给他换尿片，照顾希瑟，但他始终感到不安，保持着警惕，好像在寻找未知的危险。我们都认可，当感到焦虑不安时，我们知道自己实际上已经处于适应变化的过程中。学习新的生活方式一开始总是让人感到不适应。为了满足李，卢卡斯和希瑟必须抑制自己的需求，这是在任何产前课堂都学不到的。他在叙述时意识到，在每个层面上他都丝毫没有适应，这让人震惊。他强烈地想让我知道，他有多么爱李，和他在一起是多么快乐。他摇了摇头，试图抓住他对孩子的爱，以及对这个小家伙的绝对责任滋生出的恐惧。他不时感到绝望，感觉他才是那个孩子。

我想知道在最初那欢乐和痛苦交织的几个月里，谁能够支持他们？两个人的父母都分别来了一个星期。他们的出现缓解了孤独感，希瑟的母亲夜里帮忙看孩子，但这种行为自身也会产生代价：卢卡斯必须单独探视他的父母，而他的母亲无法照看他们，自己反而更需要照顾。两家的父母之间也有较量，合计着谁照顾李的时间更多，这看起来更像源于他们自己的不安全感，而不是对李的爱。随后卢卡斯又想收回说过的话，担心自己过于刻薄，他知道双方父母在他们不育期间也很煎熬，并且也因为李的降生欣喜若狂。

卢卡斯和希瑟都曾感受过第一次远离家乡付出的代价，思念着大学时期的朋友和与其他亲人的旧日联系。希瑟在英国分娩信托机构的同学是她社交圈中最亲密的人，但由这些同学组成的社交网络群却喜忧参半，有时会提供一些有用的信息和窍门，但其他消息则充满竞争意味——“哪个孩子/家长最完美”——这引发了有害的自卑感。希瑟告诉卢卡斯，在自己身上寻找母爱，就跟一个演员使用道具，比如用一双红鞋子才能进入新角色的过程类似。她必须下意识地努力学习，推动自己成长为一个母亲，尝试各种方法，不断练习，直到这成为她的第二天性。

我看到卢卡斯望向窗外，然后回过头来强调他不想把疗程都用在回顾过去上。这有助于解释事情的缘由，但他想要的是探究他们的当下。希瑟准备回去上班了，这又带来了很多复杂的问题。

在接下来的几次会面中，卢卡斯讨论了希瑟回去工作，以及由此带来的关于金钱和职责分工的问题。他将之描述为贯穿他们整段恋情的话题，并且一直没有得到解决。他觉得这个问题就像一个网球：双方打来打去，但球最终会落地，他们终究要为此吵上一架。希瑟希望他能赚更多的钱，她不想再承担作为主要养家糊口者的责任，并且希望能改变自己在工作中的角色，减少上班和出差的时间。她重申了这些陈词滥调，她相信他作为艺术家的天分，希望他能追求梦想，但同时也希望他能赚到更多的钱。

卢卡斯的困境在于，他曾试过放弃梦想，从事其他赚钱更多的工作，但不久就心生厌烦，还是回到了艺术家的行列。每个人都告诉他“不要放弃你的梦想，那才是真正的你”。他也觉得那才是他自己，但也看到了其中的困境。在低潮的日子里，他怀疑自己是否在痴心妄想，像彼得·潘一样，是否需要长大。但随后他就摇摇头，他还没准备好。他天生就要成为一名艺术家，并且不愿意放弃。他低下头说道:“赌注下得太大，我已经全压在这一把上，没办法回头了。”卢卡斯坚称，实际上是在对他自己说，眼下他会坚持下去。他认定有一天自己会功成名就，他也已经得到了一些成就和好评，一些作品的销售情况也让他保持了希望。艺术品交易变化无常，他基本上无法控制。他能掌控的是自己的作品及其质量，每周他会留出一天时间来从事创作，并开放工作室以供参观，让人们看到他在做什么。他把自己的精力和希望都放在了这上面。下定决心，直到希望再次出现。

我们更深入地谈到了他和希瑟之间的关系，想弄明白自从李出生后，这种关系发生了哪些变化。卢卡斯开始起劲了:通过内省，他意识到不孕的那些年已经耗尽了他俩的心力，而李的出生又在很大程度上充实了他们。谈到这些时，他很兴奋能够表达自己的观点，作为父母他们找到了相互协调和配合的方式，这很新鲜，让他们感觉得到了成长。我们庆祝了这个事实——这对伴侣磕磕绊绊地迈入婚姻，却相对简单地解决了育儿问题。如果他们意见不一致，就更好、更快地吵上一架来找到解决办法。卢卡斯说道：“我想给这一点打个红标，这确实是我在这里发现的自己需要解决的事，并且我们已经做到了。”

接下来的几个星期，他们恢复了性生活，这不可能是巧合，因为他们感觉到了一种强烈的渴望和联系，这赋予了他们力量。他轻声说道：“直到我们重新开始做爱，我才发现自己感觉有多孤单。那曾是我们生活中很重要的部分。”卢卡斯伸出双手放在面前，看着这个新局面，像做出承诺一样说道：“这是永远不变的。”我可以看到，他们对家庭的承诺，在他们之间建立了更为稳定的纽带。有了孩子的夫妻都会希望如此，但现实通常相反：新生儿带来的混乱，往往会在早就存在的断层线上造成更大的裂痕。

卢卡斯想进一步探讨他们作为父母对彼此权力平衡的影响。他在阐述自己的角色时，在椅子中坐得笔直，不断用手在大腿上摩擦：“我是个很投入的爸爸，我们的性别角色几乎是互换的，现代婚姻就是这样。”我了解大多数的职责分工是自然形成的，尽管在轮到谁做什么这件事上，常常会发生奇怪的争斗。总体而言，希瑟提出想法，而他负责实施。当李断奶时，希瑟坚持他的食物必须极其健康，像是自制的有机骨头汤，不能有任何添加物。我能感到自己在为这个想法不由自主地叹息。卢卡斯最开始不愿意这么干，因为他才是负责采购和做饭的人，这样对他来说太麻烦了。然而在描述自己有多喜欢做这件事，因为给李提供健康的食物而感到满足时，我看到他骄傲地挺起了胸膛。这相当于他的“母乳喂养”，能让李茁壮成长。他决心余生都要这样做，并因自己的承诺咧嘴笑起来。

我承认是他们对李共同的爱让希瑟回归了家庭，也让他们的关系更亲密。不过，他们关于金钱的争论仍在继续，尽管我们已经讨论过了，这仍然是一个风险因素。卢卡斯坐着不说话。他把手掌托在下巴上，这是他感觉不舒服的信号。“钱的问题就像河里的卵石。”他清楚这一冲突将来会加剧，“因为你永远没办法完全弄清楚。”他说得没错。

经验告诉我，婚姻中经常会有一场争斗贯穿整个过程，通常是关于相爱的程度、性或金钱。如果双方都没有行动，听之任之，风险就是这些争论会年复一年地累积起来。双方都会更加捍卫自己的立场，直到成为僵局，最后双方要么保持沉默，要么互相攻击。时间长了，两者间就会立起一道坚不可摧的隔离墙。我问卢卡斯，他是否设想过改变？

他没有回答。接着，好像要在希瑟不在场时继续与她争论一般，他告诉我，即使是她也承认，自从李出生后，他灵活的工作时间确实是个福利，因为他承担了很多补位的工作。卢卡斯在描述他们的日常生活时，看起来很自豪。每周他会有一天时间照顾李，那天上午他会带李出去做一些有创意的事情；到了下午，他们会参加本地图书馆的游戏小组。他照顾李起床穿衣，负责托儿所的接送工作，喂他喝茶，给他洗澡，看护他上床睡觉。希瑟尽量在李睡着前赶回家，总是负责晚上的照看工作，她与他单独相处的时间非常宝贵。卢卡斯明确提出了自己的主张，认为现在不是解决金钱问题的时机，他的工作模式非常适合他们的生活现状。

我想知道他成为父亲后内心的调整是怎样的。“就是相信我有……”他踢着腿，不只是用言语表达，抬起头来眼中含泪，最终“李”这个名字脱口而出，他似乎开始完全领会拥有一个健康鲜活的儿子这个事实。他啜泣起来，那是解脱的泪水，混合着以往不曾哭出来的眼泪，在想要孩子的那些年，他经历了坐过山车一般的希望与心碎。我们把李的照片挂在我们中间，彼此眼中都带着微笑。敢于相信他拥有这个健康的儿子是个长期而复杂的过程，此外还有些什么呢？

卢卡斯想成为一个轻松有趣的父亲，但在他脑海深处，有一股预示厄运的黑暗力量。他说话时意识到，他担心在自己真正相信一切安好的那一刻，厄运就会降临，狠狠打击他们。这决定了他的行为方式，他讨厌朋友们抱着李，害怕李被传染疾病；当他们带李出去时，他会警觉过度；想到飞机几乎都会给他带来恐慌。我们探讨了他如何同时面对两种感觉，让他的恐惧和信任相安无事，不会互相倾轧。这会帮助他将来为李做出选择。

卢卡斯只预订了几个疗程，不久就是我们最后一次会面了，我不知道这段治疗是否有效。他告诉我，通过倾诉和倾听，他让自己明白了直觉上已经知道的事情，不过可以更有信心地坚持下去。我们之前谈过，他又重申生活就是不断变化。人们试图让自己理解为什么某些事情在某个时刻发生，好像生活本身有它全局的设计，他认为这没什么用处。他所了解的是，有一个家庭标志着他已经完全步入成年。拥有自己的家庭是通往成长和变化的重要的新基石。他显然正在成长和改变的路上。

宛德：职业母亲

WANDE: Being a Working Mother

三十八岁的宛德（叶宛德的昵称）通过一个老客户联系到我。她想知道我是否听过她的名字，因为她是个挺出名的单口喜剧演员，也是自己节目的编剧。当我告诉她我没听说过她时，她做了个鬼脸，露出了半笑不笑的扭曲表情，还咬着下唇，似乎我证明了她的价值如何。宛德告诉我她已婚，有个八岁的儿子。她想接受治疗，是因为觉得自己在真实性问题上苦苦挣扎——她是一个有着公共形象的表演者，回到家又要做一个母亲和妻子，她有点转换不过来。当说到“如何做一个母亲”时，她低垂着头，声音变低，这是最让她感到不安的部分。她紧张地拨弄着头发，浓密的黑色头发被她绑成了一股松散的马尾，跷着腿，绿色的马丁靴静静地晃动着。她仰起头，用吸管猛吸了几口饮料。我能看出她的美丽和成功并没有带给她自信。她给我一种内心散乱的感觉，碎片被吹到了她够不着的地方。

鉴于她是黑人，我想知道接受一个白人治疗师是什么感受。当我们相遇时，我们的人生故事也相遇了，不同的遭遇影响并塑造了我们。我是一个幸运的白人女性，出生在纵观整个历史过程都对有色人种处于支配地位的白人文化中；而她作为黑人女性，虽然也是受过教育的中产阶级，但那是一个完全不同的故事。我让她告诉我，我是否做了错误的假设，或者无意中让她不快。她同意这是她身份的重要组成部分，并且很高兴我能开诚布公。她觉得如果我们之间存在误解，彼此坦诚会很有帮助，因为这里是罕有的能够切实消除误解的地方，讲出来总比默默承受伤害要好。

宛德觉得她不该来找我，还有很多人比她更受煎熬，她已经很“幸运”了，但随幸运感而来的却是恐惧：“我比以前更担心钱的事，我有一种预感，将来会变得穷困窘迫，生活不幸，一切都会变糟。”她仓促说完这些话，又有了更明智、更通情达理的想法，然后以更安静、更深思熟虑的口吻说出来：“从根本上来说，我相信无论是坐牢的人还是幸运儿，我们都是一样的，都会感觉到不安。”

我认识到她似乎对自己持有至少两种对立的观点，一种比另一种更为宽容，我想知道是否还有更多。她睁大眼睛，声音激动了许多，告诉我她是一个“冻住的女儿”。她父亲发生过一场可怕的车祸，经历了很多年的缓慢康复过程，这让整个家庭陷入休克状态。与在家里不同，她在舞台上表演时充满活力和自信，但一离开舞台，她就会被孤独和恐惧所困扰——有段时间她被悲伤和疲惫压倒，甚至没办法下床。

她说话时，两个自己在脸上交替出现。我向她指出，她们似乎并没有互相倾听或交谈，我们需要更好地了解每个重要的方面。我没说太多。她似乎从大声说出萦绕在脑海的想法中受益匪浅。从一名新客户那里了解到如此多信息，可能需要数月时间，但作为一个编剧和表演者，她本身就会将自己作为素材进行剖析，以便在治疗中随时可用——这是额外的收获。

直到会面结束，我才猛然焦虑地意识到，宛德问了“这有什么意义”这个问题，但她没有回答。这是我们下次会面伊始就需要讨论的。她有自杀倾向吗？还是这只是一个关于生命意义的简单问题？她告诉我，她跟朋友讨论过自己的自杀念头，他们一致认为，有时候他们确实相信世界没有了他们会更好。我轻声问她是否在以自己之外的第三个人的身份说话。

她屏住了呼吸，一动不动，脚上的靴子挺得笔直。一阵长长的沉默。她看着我，目光像穿透过去似的，喃喃地说："我被缠住了，我赢不了这场战斗。"我等了一会儿，留出时间让彼此都能体会话中的全部含义，然后请她跟我讲讲这场战斗。

阐明它花了不少时间。她的话卡在喉咙里出不来。我能想象，那些话自然而然地落在她的脑海中，不断萦绕着，但要把它们曝光，把它们说出来，一定痛苦万分，需要下决心才能做到。最后我了解到，她心中的恐惧是一层一层的，有些源自她父亲车祸的痛苦经历。她在恐惧外面建了保护壳，这意味着她感觉不到真实，她觉得自己在人前戴着另一个"我"的面具，内心无法吸收积极的因素或是成功的喜悦。她的大部分精力都被用来阻止自我伤害的念头了。酒精和社交媒体击溃了她，使她绝望。"我像落败的狗一样不停转圈。"她知道如果自己死了，儿子凯米会受难，这确实约束了她的自我毁灭，但作为母亲的角色，也带给了她另一种焦虑。我建议我们暂时搁置这一点，将精力集中在她努力压制的那些想法上。我们需要将它们暴露出来。

这是一架没有尽头的"必须要爬的阶梯"，有些是关于告诉自己她很懒惰但必须工作，有些是关于信任和恐惧感，还有些是关于被发现自己是个冒牌货。她通过酗酒来与之抗争，虽然她很清楚应该停止这么做，但下不了决心。她内心的地理环境发生了变化，而她自己却没有地图。不过，通过倾诉这些忧虑，地图正在成形。在会面结束时我们做了放松练习，我们都很需要，因为我也感觉精神紧绷。我看得出她镇静了一些，离开时她对我粲然一笑。这次会面实在太紧张了。

然而，好景不长。离开之后宛德感觉镇定了许多，但她随后就一头扎进了无休止的全国巡演中。她远远离开家，在紧张刺激的表演后用酒精来麻醉自己放松一下，而这让她早上不想醒过来。我温和地回顾她描述的这些有害的生活方式，尽量避免让她感到羞愧，告诉她我能感受到她所经历的苦痛。她大声抽泣了很长时间，泪流满面。她一边有节奏地从盒子里抽出纸巾擤鼻涕，一边笑出声来，为用了我太多纸巾而道歉。宛德承认了自己痛苦的事实，我们彼此都感受到了释然。

她终于止住眼泪，用纸巾使劲擦着眼睛，深吸一口气，抬起头直视我的目光："我必须停止酗酒了。"我点点头。她让自己确切地明白这一点，不再费劲去想应不应该，这让笑容回到了她脸上。她向我描述清醒的生活应该是什么样的，像一部 3D 彩色电影：精神焕发地起床，充满活力，自由自在……我问她计划如何保持清醒，这可能会有一点点困难，但对她重回正轨很重要。“一天一天过，慢慢来。”她充满自信地说。在我面前，她很快做出了决定，但这背后是宛德数月时间的思考、研究、摇摆和焦虑。这次交流只是漫长过程中的一部分，我们并不总是能选择重新来过。在做出选择时，我们不是简单地按按开关而已，这需要时间。留出时间来撤离、后退，甚至凝固不动，然后才能再次尝试。在宛德的例子中，有什么东西响了起来。宛德进行了校准，感觉到一阵嗡嗡作响的能量。在她允许自己悲伤下去、倾诉她的问题、做出选择和决定之间，她按下按键，嘭！豁然开朗。

我们用了好几个疗程来增强她在清醒状态下对生活的信任。每次会面她都以“第二周我没喝醉”“第三周我保持了清醒”来开头，我与她一起欢呼庆祝这荣誉的标志。宛德越来越善于思考，欣然接受我的目光，还经常取笑自己。我并不认为这是一种防御，倒更像是她想活下去的放松表现。我感觉到她负面的思想在消散。

以我的经验来说，宛德重新振作的速度非比寻常。这表明她内心存在深层次的强大韧性：她的童年平安顺利，父母相爱，朋友成群，生活结构牢固。她的核心认同感和信念为她打下根基，在受到威胁时能保持稳固。她父亲的事故是一条断层线，动摇了这些根基，扭曲了她自己作为女性、母亲、成功的编剧和喜剧演员建立起来的自信。酒精，这个她口中的伪神明能让她感觉好受一些，却加剧了思想的断层。我们需要做的是探索并理解她人生经历的各个层面，使她从过去的自己整合转变为现在的她。我有信心随着时间，她能配置出全新的自己。

当宛德专注于自身时，她会抬头望着天空，向着光明的方向，这能引发她快乐的回忆。而当她感到一丝悲伤或痛苦时，会向左侧注视，似乎有个坏人坐在她的肩膀上。宛德努力追寻自己的真实身份，而不是她认为自己应该是谁，这部分在于她是否允许自己知道，她有多不喜欢做母亲这个十足的苦差事。抱怨感觉是一种禁忌，似乎抱怨会让不好的事发生。她的父母从小被灌输努力工作以摆脱贫困的重要性（这也是她祖父母离开尼日利亚的原因），作为他们的后代，她觉得抱怨是不对的，甚至是不道德的。当她的祖父母毫无期望却从不抱怨时，她却“虚度幸运的人生”，这种沮丧感让她痛哭失声。随后她深吸了一口气，在我的帮助下想象与祖母交谈的场景，感受祖母眼中的温情。片刻之后，宛德突然兴奋起来，她想起了祖母浑厚的笑声。当她谈论这些难关时，我可以看到这位单口喜剧演员在表演，心中清楚地知道这肯定会成为她的素材，但我不想错过她掩藏在内心深处的情感。某些时刻她真的很想喝一杯，不过在做完我们事先约定的呼吸练习后，她的注意力就转移到其他事情上，以此来阻止那些迫切的想法。

宛德不可避免地跟她的丈夫泰吵了很多次架，这些循环的争吵让双方都感到受伤和苦恼，他们互相指责，但又知道没有人应该受到指责，而他们真正需要做的只是拥抱对方。泰的形象逐渐清晰起来，他童年时受过霸凌，非常孤独。他善于分析，数学思维很强，跟宛德的技能正好相反。不过他很有耐心，本性很善良。他想以正确的理由做正确的事，如果某件事宛德能向他解释清楚，而他也能理解，他就会付诸实践。自从宛德接受治疗以来，他引以为傲的一项新技能是让宛德倾吐她的忧虑，他会聆听而不给她回复。看着他严肃的面孔，以及他为忍住不给她解决方案而做的努力，宛德非常感动。她觉得自己获得了情商博士学位，等同于他的普通中等教育证书（GCSE）[1]。指出这一点时她忍不住笑了，随后眼神突然亮了起来——了解他们之间的差异，能帮助她更有耐心、更清楚地将自己的感觉解释给他听。

提及自己的父母时，宛德的声音变得很小，好像怕他们听到似的。她对他们怀有极大的爱意和尊重，但跟她生活中的很多方面一样，也有一些困惑。即使谈论他们，她也感到

1　General Certificate of Secondary Education，简称 GCSE，是英国学生完成第一阶段中等教育会考所颁发的证书。——编者注

愧疚。她的父亲在出事前是个传统的家长，跟她说话的方式像老师一样，希望她能遵从，然而她很少听话。不过，自从那场事故发生后，他跟她母亲更像了，越来越柔软，但她却怀念起他的权威来。

那场车祸发生在一个雨夜，在离他们家很近的地方。为了躲避一辆在路中间迎面飞速开来的车，父亲突然转向。他差点没命，在重症监护室昏迷了好几天。当他终于苏醒时，医生都不能确定他的哪些脑功能还正常。几个星期之后他发现自己能说话了，然后缓慢地学习交谈，然而他的脖子也伤到了。他在医院住了五个月，曾被告知今后再也无法走路了。通过多年的理疗和强大的毅力，他克服了这个难关，尽管他依然没办法控制左侧身体，还要依靠拐杖支撑走路。有时这样过于疼痛，他不得不使用轮椅。

那次事故像个雷区，她不想再次涉及，每次提到时她都会屏住呼吸，因为紧张而吞咽口水。她接受了快速眼动疗法（EMDR）[1]和心理治疗，以减轻创伤后遗症，但是伤口正好

1 Eye Movement Desensitization and Reprocessing，简称 EMDR，是指“眼动脱敏与再加工治疗”，一种心理治疗方法，由美国的夏皮罗于 1987 年提出。主要步骤为询问病史、准备、评价、脱敏、安置、身体扫描、结束、再评价等。对于创伤后应激障碍、多梦、焦虑、恐惧等多种精神与心理疾患有较好的疗效。——编者注

在表层以下，一旦被触发，她根本来不及阻止。虽然他们很亲密，她仍感到自己现在的状态和生活方式，跟她的长辈之间存在着代际差别。在大学以及随后的职业生涯中，她都跟“上流社会的人相处……社会流动性这件事对向上流动的人来说就是一种意淫……在大学里我感觉生活在两个世界中，一个是我跟朋友们在一起的世界，非常英式，周围大部分是白人；然后我回到家，就像去了另一个有着异国美食和肤色的国度，处事态度和规则也不同，还有个卧病在床的父亲。不过，我也并不清楚上层白人社会的规则是什么样的”。她能感到父母为她而骄傲，但他们没有说出来的是，一个黑人女性喜剧演员，在由白人主导的文化环境中工作，这让他们感到恐惧。他们早就接受了那种对他们不平等的体制，默默承受着苦难，尽管如此，他们仍然成功地为自己创造了美好的生活，同时停留在自己人的社区中。宛德踏入的是一个未知的世界，这既让人兴奋，又充满风险。

我们对转变的反复关注主要集中在三个方面，包括身份认同（我们是谁）、独立自主（我们的自由感）以及创造意义（我们赋予生活的根本目的）。有了孩子以后，所有这些都被打乱了。在我看来，宛德适应母亲身份的过程因凯米的出生创伤而受阻，而十几年前她父亲的车祸经历则使适应过程更加困难。事业的成功加上公众的认可，进一步增加了她在身份认同上的压力，因为她觉得有些人无缘无故地喜欢她，其他人就可能会无缘无故地讨厌她。虽然在表演时信心满满，但作为一个不称职的母亲，她却感到无比羞愧，当她试图在家里写作时，这让她备受打击。“我一直觉得自己有点像鼻涕虫，有人要往我身上撒盐。每次当我坐下写作，都要面对这样的情绪。”她也对自己的曝光感到矛盾，尴尬于将自己的私事满世界宣扬，因为这与她的家庭价值观相悖。当她意识到自己渴望获得关注时，自我厌恶的情绪像有毒的花一般在她心中盛放，阻碍了她敞开胸怀接纳美好新事物的意愿。一旦摆脱了自我厌恶，她就变得务实起来。她意识到自己从事的工作“简直太棒了，做这个工作意味着我每天都能去接儿子放学回家”。

她的父母是尽责的祖父母，会在她和泰忙于工作时定期帮忙照看凯米，凯米也很爱戴他们。说起父母她就开始流泪，不是因为痛苦，那是温柔和觉悟的泪水。我看到她握紧拳头，问她是怎么回事。她担心他们做得太多了，这使她意识到：“让我感到困扰的是，我消极地将自己与父母做比较，我觉得自己在做对凯米不利的事情，但我不清楚那是什么。”她认为他们本能地就知道如何做父母，比她强多了。他们一直很可靠，一直陪在她身边。此外，她与他们的关系在多年前的车祸后发生了变化，她觉得自己必须要让他们开心，同时要抑制自己的恐惧。她对父母隐藏了真实的自我，为此她觉得有点难过，并且也付出了代价。爱一个人是有风险的，致命的事故可能发生在她最爱的那些人身上，以前她很幸福，对此一无所知，现在则不复如此。

我问宛德是否已准备好谈谈凯米。她低下头，将戴着美丽珠宝的手指按在前额上。随着他从蹒跚学步的快乐幼童长成复杂难懂的男孩，她感觉他们母子关系的基础不再稳固，更让她羞愧的是，她很开心自己能逃离他，回到不断的演出中去。离开时她会想象这个幸福的家庭，渴望回家，而一旦回到家中，迎接她的就是这个愤怒的孩子。“凯米能把我们都肢解了，放在篝火上烤。”她努力承认儿子在她身上引燃了怒火，最后放下狠话：“我不确定生孩子是个好主意。我没有足够的安全感。”她若有所思地补充，作为女权主义者，她认为女性离开家去工作完全没问题，但现实与理论完全不同。当她不在家时，她感到愧疚，当她回到家时，凯米则对她感到愤怒。理论对此没有提供任何解决方案。

凭着直觉，我让她回顾一下，告诉我她与凯米早年相处的经历，从什么时候起她觉得出问题了。宛德说她经历了一场可怕的分娩，最后以紧急剖宫产告终。她一直处于痛苦中，尖叫却无能为力。穿着绿色手术服的人进来把她的肚子切开，她差点死掉。凯米出生后没什么事，但他险些害死了自己的母亲。会诊医生事后用颤抖的声音对她说：“我们差点就失去你了。”但宛德没有高兴的感觉，她只觉得“被毁掉了”。我明白分娩这件事为她开启了一个复杂的过程，而这直到八年后我们谈起时才被揭示出来。凯米可怕的降生过程，“拿刀医生”的画面，以及爱自己的儿子就像爱一颗定时炸弹的感觉，重新激起了父亲车祸时带给她的痛苦和恐惧。她拥有成为一个好妈妈的意愿和决心，这意味着在她给凯米哺乳时，她能对苦痛置之不理。然而，当她再次开始工作，并很快取得巨大的成功后，她变得忘乎所以，这让她不安稳起来，特别是在与自我认知的关系上。她如此享受别人的赞誉，为此她也憎恶自己。她求助于“推特”和酒精，来麻醉觉得自己“一无是处、毫无价值”的强烈想法。

我们的工作不是要根除消极情绪，颂扬积极情绪，而是要让她在内心中寻求许可，允许两种声音并存，然后将她的想法调整为更易于控制的形象，使她可以继续工作。

在接下来的几周中，宛德对跟凯米的关系思考了很多，也跟泰进行了交流，并由此改变了她与儿子说话的方式，因为她意识到他对母亲的工作一点也不感兴趣。他将之视为一场竞赛。如今她让儿子负责他们在一起的时间，并且她也花了更多时间跟他在一起。她会告诉儿子有多想念他，还会玩他喜欢的游戏，包括《精灵宝可梦》和一款类似于集换式球星卡的游戏，虽然她觉得很无聊。他喜欢这样。在早晨上学前的时刻，他们常常冲突不断，他会突然发怒，而她能更好地应对了。她认为他们已经达到了一种状态——他可以表达自己的感受，而她成为自己想做的那种母亲。在接下来的几周里，她惊奇地发现，自己与凯米在一起时变得多么快乐。她读过的一本书上说“所有的爱都需要努力经营和坚定的承诺”，她将此作为自己关注的焦点，这帮助她摆脱了愧疚感。

因为假期，我们中断了一次治疗，当我们再次交流时，我发现宛德对自己的谈论变多了。“我真的喜欢清醒的状态。”她骄傲地笑着说，看起来像个赢得奖牌的少女。她享受清醒的生活，不过有时她能听到耳旁有个声音在质问她，是否自己真是个嗜酒成性的酒鬼：“我真的必须要这么做吗？为什么我不能成为一个正常人？”这是她保持清醒的关键。以前，她脑海里是一片嘈杂的声音。现在，她能清楚地听到进入脑海的交叉信息，也就能选择出哪个信息才是适合她的。这以一种她以前从未体验过的方式，将她放在了自己人生的方向盘前。

我能感受到宛德对自己的信心与日俱增，虽然真实的自我十分复杂。她将清醒的时间和精力花费在这上面，意味着在两次治疗之间她的内心改变了很多。她说：“让我们感到不适的是我们的秘密。”表达想法并被倾听的神奇魔力正在发挥作用。我们都同意，她人生这一阶段需要的治疗已经结束，宛德现在非常了解自己，能够给予自己所需的注意力，以让生活保持正轨。“我意识到，如果我花时间关注事情好的一面，同时也注意到坏的一面，而不是把它一把推开，这对我很有用。活在当下，心怀感恩。”

关于家庭的思考
Reflections on Family

“家庭”这个词的词源很有趣，它来自拉丁语“famulus”，原意是“家庭中的仆人”。这种我们为家庭成员服务，家庭成员也为我们服务的意识，是一种新颖的视角，听起来也很真实。家庭关系可能是我们最有意义也最重要的关系，但要处理好它绝非易事。甚至“家庭”这个词给我们每个人带来的印象和感觉都不同。

传统的西方家庭形象是由父母和孩子组成的。他们生活在一起，是孩子长大成人的稳定和支持性的基础。在英国一千九百万家庭中没有一个统一的标准，每个孩子、家长和伴侣都是独特的，创造属于自己的生活方式。家庭不再由生理、婚姻甚至住所来定义。过去几十年来，建立家庭的新方式不断发展，有单亲家庭，同性家庭，几代同堂的大家庭，群婚家庭，没有血缘关系的朋友组成的家庭以及由夫妻、他们一起生的孩子和他们与前任生的孩子组成的混合家庭。

家庭的作用尽管十分复杂，但对我们的幸福，乃至整个社会的福祉而言，都再重要不过。对大部分人来说，家庭是我们最亲密的人脉网络，由我们始终热爱、对我们了如指掌、在需要时能提供可靠支撑的人组成。家庭是影响孩子生活和未来成就的最重要因素，它让孩子感受到关爱、联系和保护，对于孩子的茁壮成长至关重要。孩子从家人那里学习如何建立关系，在社会中发挥作用和参与工作。快乐、有安全感的孩子，更有可能成为快乐、有安全感的大人。

当家庭运转良好时，它就是我们根深蒂固的信心源泉，让我们知道自己被深爱着，永远有一群人想要支持我们，信任我们，关心我们的生活和内心世界。家庭构成了无形的团结胶水，让我们知道自己并不孤单，带给我们力量以面对生活的艰辛。强大的家庭甚至会支持彼此之间的地盘之争，以及让家庭成员坚持自我的争斗。世上没有比这更伟大的馈赠了。然而，家庭往往是我们最强烈的痛苦之源，爱得越深，彼此之间的憎恨和伤害也越强烈。因此有句谚语说，父母的快乐程度取决于他们最不快乐的孩子。每个家庭成员都对其他成员有着深远的影响，无论好坏。

家庭是复杂的体系，其在表面之下的活动比我们在表层看到的要多得多。每个祖父母和父母的背后，都有他们童年时期留下来的后遗症，即“育婴室的幽灵”，它创造了相关的行为模式。当我们去爱和害怕失去爱时，这些模式会触发所有的原始情感：嫉妒、愤怒、痴迷、希望和绝望。在家庭中，爱的版图是我们自觉或不自觉争夺的隐藏领地。在我看来，这是我们一生中大多数机能正常和不正常的根源。

生活是艰难的，给家庭带来了各种严峻的挑战，比如失业、丧亲或者生病，这些都是必须要适应的。即使没有负面事件，工作和家庭兼顾的各种要求也常让人感觉烦扰。建立一个运转良好的家庭，需要花费大量心力——时间、金钱、耐心、自觉、忍耐和奉献。这里我指的不是理想中完美的家庭关系，而是温尼科特的“足够好”的理念。它允许我们有缺点和软肋，但总体上家庭成员之间要建立一种可靠的、互相关爱的感觉，家的本意是为家里人着想，每个成员都作为自己而无条件地被爱着。

一个健康的家庭，积极的互动一定比消极的多，每个人都受到尊重、珍视和聆听，能承认并修补冲突——冲突总是存在的，有人的地方就有分歧。一个运转良好的家庭，其力量源自成员彼此开放沟通的能力，以及他们的归属感，大家选择在家里共同消磨时光，一起玩乐、欢笑，因为见面时感受到的爱和温暖而信心倍增。一个健康的家庭具有基本的信任度，他们知道有人站在自己身边。它还使每个人因自己的成功而得到赞扬，而不必担心会招致嫉妒——这是家庭中的常见问题。所有这一切都需要对家庭做出奉献：它必须优先于其他生活需求。回到拉丁词源的含义，家庭需要我们的服务。

我的案例研究集中在家庭的育儿方面：比如莉娜在意识到安妮塔是需要自主权的成年人时所处的困境，卢卡斯向父亲身份的转变，以及宛德作为职业母亲，需要为她八岁的儿子做出调整。本书中的每个故事，都花了很大篇幅聚焦在他们的家庭上，因为家庭无论运转正常与否，都是我们生活的基石。关于莉娜、卢卡斯和宛德，重要的一点在于，他们都意识到了自己有责任做出改变。尽管过程很痛苦，他们仍愿意为了自己去探索困难，防止因未能直面变化而引起不可避免的胶着和损伤。运转失常的家庭，其问题在于，家庭成员无法对自己行为的后果承担责任，并且会持续重复那些具有破坏性的行为，而不是努力去改变它们。

家庭系统

一个家庭中，每个成员都会帮助组建一种信念模式、行为方式，以及在家庭内部允许或禁止讨论的内容。每个人都有自己的角色——比如有解决问题的，有难相处的，有聪明伶俐的——每个成员之间都有互动，并且又反过来影响着每一个人。所有这些组成一个家庭系统，和其他系统一样，它也青睐平衡：每个元素都发挥其作用，确保平衡得以维持。当某个成员行为不符其角色设定时，平衡就会被打破。父母是变化的首要推动者，肩负着解决家庭困难的重任。能够进行开放式沟通，具有一致的边界和自我意识，成员彼此能保持善意和信任的家庭，在应对转变以及随之而来的、不可避免的破坏时，通常表现得更加强大。解决问题并不一定是最紧要的，关键是通过开放讨论建立信任。

有缺陷的家庭一般不知道如何应对困难，没人清楚该期待什么，无论口头上或行为上，也不相信自己的困难会被承认并得到解决。最坏的情况下，冲突和不良行为不断发生，孩子也疏于照管。这会给家庭中的每个人造成极大的困扰，也有可能导致家庭破裂。

托尔斯泰有句名言："幸福的家庭都一样，不幸的家庭各有各的不幸。"我不这样认为。我相信每个家庭都是独特的，没有哪个家庭会一成不变，评定它们是好是坏其实没有多大帮助。大多数家庭都在一个范围内运转，随着不同的时间，它们会趋向正常或出现缺陷。

一个常用来表示家庭系统的图像是婴儿床铃。当家庭运转良好时，床铃的各个部件之间是动态的，它可以根据环境的不同重新校准，以找到平衡点。如果某个部件丢失或者移位，床铃就会沿中轴向一侧倾斜，而要重新校准它则需要耗费大量精力。家庭中的某一成员可能会通过精神或身体疾病、破坏性行为或生理成瘾，在整个系统中发挥毒副作用，除非整个家庭系统承担责任并共同解决问题，否则所有人的功能障碍都会持续存在。这些模式会变得根深蒂固，破裂的关系也会越来越难以改变。一个惨痛的例子是手足之争，这是一种经常在家庭中流传的毒素：兄弟姐妹互相倾轧，必须将对方打倒，以谋求自己上位。它带来的结果是，大约三分之一的人在描述与兄弟姐妹的关系时，会采用敌对或疏远的字眼。

我们都知道，家庭不和会对心怀不满的人造成巨大的破坏，并影响到其身边的每个人。它对于离婚的父母和他们孩子的影响跟对兄弟姐妹们的一样真切。美国家庭治疗师莫妮卡·麦戈德里克（Monica McGoldrick）认为，我们无法在一个情感系统中强调逻辑，这意味着我们必须寻求各种方法来处理情感，无论有多痛苦或多具有破坏性。例如，逻辑会告诉已经离婚的父母，他们必须为了孩子凑合过下去，即使他们的每一根神经都想要毁灭对方。麦戈德里克还指出，即使我们为了保持心理健康做出了艰难但必要的决定，切断了与家庭的一切联系，家庭成员也永远不会完全离开我们。我们心中总有某个部分会因为与家庭分离而感到寒意。

自觉或不自觉地，家庭系统会受到之前几代成员的影响。理论家认为，从未表达的损失、秘密或是负面事件，会一代一代流传并保存完好，直到其中有人愿意解决它们为止。典型的例子是，某个家庭成员悲惨离世，或是堂亲之间互不来往，只因他们的祖父辈曾为金钱发生过争执。家庭治疗师经常使用家谱图来揭示这些虽已过去，但在当下仍发挥威力的故事和信息。麦戈德里克建议："要想做出最好的决定，我们只能关注自己的出身和未来——我们亏欠祖父母、父母和孙辈什么？"

丨父亲的重要性

在传统的核心家庭结构中，母亲负责家庭事务，父亲则是经济支柱，负担家务之外的工作；父母至少养育一个孩子。在这种模型下，父亲容易因家庭参与感不足而受到谴责，其角色的重要性也常常被忽视。在过去，父亲担任全能的家长，之后他们的价值由收入来衡量，甚至在心理学研究中，父亲也不是重点对象，研究的焦点都放在母亲身上。如今情况起了变化，特别是父亲身份的范围（比如同性恋关系中）已经扩大了人们对父亲角色的普遍认识。

研究显示，父亲的角色在当代家长关系中越来越重要。这一角色正在变化，但它的演进过程并不清晰。当代男性过渡到父亲身份的期望是多方面的，他们可以是家庭经济支柱，也可以是爱人、导师、朋友、玩伴或看护者。在新式父亲身份的研究中，频繁使用的术语是："陪伴"的重要性，这显然跟上几代人不同，他们的经历往往是童年有个"缺席"的父亲。这里明显存在着代际转变，像卢卡斯一样的父亲想要更多地参与到孩子的抚养过程中，如果错过了关键时刻，他们会感到难过和沮丧，同时他们也不想独自承担养家的压力。

随着孩子的成长，父亲的角色变得和母亲一样复杂，当然也变得一样重要。从孩子的婴儿期开始，父亲的参与就对孩子自尊心的发展有着直接影响，甚至比母亲的影响还要大。这还关系到孩子之后的学业，以及理想情况下事业的成就。那些父亲参与抚养，并花费时间陪伴的孩子，在心理上会更有安全感，使得他们有信心探索和走出自己熟悉的安全环境。与父亲关系稳固的孩子，在长大后更容易与他人建立强大的社会联系。父亲能为孩子树立积极的榜样，有助于青春期的男孩和女孩建立性别角色认知。对于青春期女孩来说，父亲为她们树立了关于男性的正面评价和经验，会对她们未来的恋爱关系产生深远的影响。

新手父亲

在李健康降生后，卢卡斯和希瑟认为，他们已经为有这个孩子忍受了多年的痛苦，现在因为学着照顾李而导致的疲惫和焦虑，肯定会被解脱和欢乐的感觉抵消。然而事实并非如此。他们的快乐和对李的爱无穷无尽，但这并不能使他们免遭因为李的降生而带来的动荡。

新手父母面临着诸多层面的困境。有神经生物学层面的变化：催产素水平升高，睡眠和苏醒模式被彻底破坏。在人际关系层面，夫妻关系必须进行重构，因为他们与婴儿形成了新的关系，几乎没有时间留给彼此。在现实层面，他们正在学习许多新的任务，以抚慰和照顾这个不能自理的婴孩，同时需要重新安排工作和应对财务挑战。

这种巨大的转变发生在新生儿对照顾的需求特别强烈，而他们自己对睡眠和关爱的需求基本无法满足的时刻。这一阶段的夫妻关系处于严重紧张的状态。自相矛盾的是，当他们成为幸福的三口之家时，新手父母比以往任何时候都更感到孤独。他们能见识到与以前完全不同的自己，并对这样的自己心存厌恶，怨恨和指责会逐渐累积。这需要大量的深呼吸，全心投入和良好的沟通技巧，才能避免关系的破裂。关键是夫妻的相互支持：建立起信任，敢于面对新思想，通过反思来对变化保持开放的态度。希望通过这段坎坷的旅程，他们能意识到现实与梦想不同，如果对于完美家庭有自己的想象，那他们必须学会接受甚至拥抱这一现实，即“完美”并不存在。

成为父母不可避免地迫使像卢卡斯一样的成年人去审视自己的童年，这会导致孩提时代的焦虑再现，以及产生害怕自己重蹈覆辙的恐惧心理。鉴于此，国家分娩信托机构的调查结果并不令人意外，他们 2015 年的调查发现，38% 的新手父亲会担忧自己的心理健康。在 2015 年的另一项研究中，最让男性感到惊讶的是孩子的到来给夫妻关系造成的剑拔弩张。从某种意义上来说，你永远无法为孩子降生带来的冲击做好全面准备，不过男性彼此之间似乎交流不多，他们也并没有完全意识到这将是一段动荡、紧张和混乱的时期。

英国国家统计署 2017 年的数据显示，全国有 232,000 名全职父亲，有趣的是，这是 2014 年以来的最低值。自从 1993 年以来，这个数值一直在上升。评论家认为，全职父亲正在重新进入职场，因为和女性一样，他们觉得社会并不重视或奖励他们为家庭所做的工作。他们认为只有通过带薪工作才能获得较高地位。卢卡斯和希瑟可能代表着未来，因为他们必须协商决定谁去上班，谁待在家里。角色不太可能是固定的，而会随着时间和环境变化，因为夫妻应该共同养家，而不是只依靠一个经济支柱。所有的研究都指出，人有必要在生活中彻底改造自己，并具有在不同的职业间切换的适应能力。

当母亲在哺乳时，父亲可能不知道如何去“参与”，但通过思考，他就有可能找到其他方法来与孩子保持亲密，并且照顾他们。肌肤接触、给孩子洗澡或是在喂奶后的抚慰，都是与婴儿建立联系的手段，这样做的额外好处是还能让母亲稍事休息。2006 年的一项研究显示，相比于那些不怎么上心的父亲，花时间独自照顾孩子的父亲与伴侣分开的可能性更小。

育儿：我说了算

“育儿”一词最早于 1959 年开始被广泛使用，但对于那一代的大多数父母来说，这显然不是个熟悉的概念。20 世纪 70 年代后期以来，人们对育儿的重要性有了更多的认识，因此育儿方式也发生了变化。如今的文化中，父母尤其是母亲，对孩子的健康、日常生活和成功等各个领域都格外重视。对某些人来说，做父母变得消耗巨大，他们的时间和资源都花在了照顾孩子生活的方方面面。随着社交媒体的出现，在某些人眼里，育儿已经成为一种竞赛，家长通过完美的家庭生活形象赢过别的家长。不过现在也有运动反对这一趋势，有些新颖而坦诚的博客文章，例如苏珊·柯比（Susan

Kirby）的《时髦妈咪》（*Unmumsy Mum*）和吉尔·西姆斯（Gill Sims）的《妈咪为什么喝酒》（*Why Mummy Drinks*）等，就在试图恢复平衡。

正是在这样的社会环境下，宛德认为她做母亲太失败了。她与之对抗的争论之一是，作为女权主义者，她有绝对的权利去工作，然而悲惨的现实是，她的儿子因母亲的缺席愤怒不已。任何一个家长想要成为他设想的、为之骄傲的家长，都有必要理清自己内心中许多复杂的情绪。写日记是个好办法——每周随手记下想法和感受，思路就会变得清晰。

父母的主要转变之一，就是关爱和回应眼前拥有的孩子，而不是他们想象中的孩子。我们可能因为孩子像自己而跟他亲密，或者因为同样的原因而疏远他，甚至因为他跟我们已经与之离婚的，他的父亲有着相同的特质而憎恨他，但这是不可接受的。我们有责任公平地看待和爱护真实的他们。

在有关育儿的大量建议中，我认为最有效的是帮助孩子建立适应能力的理念。我在此引用迈克尔·安格尔（Michael Ungar）医生的著作，这位加拿大家庭治疗师是世界上最出名的适应能力的研究者和作者之一。他的著作《我仍然爱你》（*I Still Love You*）——书名已经说明了一切——表达出的观点是，想要让孩子适应能力变强，可以在复杂多变的世界中茁壮成长，我们需要九种因素：结构，后果，亲子联系，大量且密切的关系，强大的身份认同，掌控感，归属感 / 文化认同感 / 精神性 / 生活的目的感，权利和义务，安全和支持。我喜欢他简单明了的归纳，至少让我清楚需要给孩子哪些东西，即使这看起来是个艰难的任务。

培养成年儿女

莉娜面对的是女儿结婚带来的挑战，她正在失去对安妮塔的控制。随着生活的继续，她们之间肯定还会出现无数大大小小的状况。当孩子成年时，我们的西方价值观更重视自立和独立。成功的定义之一，就是当孩子不再需要父母，也不再接受他们的恩惠时，父母的任务就算圆满完成了。

然而，当代父母对待分离远不如前几代人干脆利落。婴儿潮一代的父母，希望孩子一到十八岁就赶紧离开家自己过活，而出生在婴儿潮的这代人，却跟自己的子女有着更密不可分的关系。作为当代父母，在随时提供支持和不抛弃、不干涉孩子之间，我们如何划定一条界线？这一平衡很难达成，而且会随着时间的流逝不断变化，从子女刚刚成年，到他们成为父母，再到理想的情况下，他们最终要照顾自己年迈的父母，这条界线的位置都会改变。

如果我们考虑周到，并与成年子女讨论有哪些可能引起紧张关系的领域，如何进行处理，这会很有帮助。与所有艰难的对话一样，你的沟通方式和所说的内容都预示着对方能否听进去。你的语气和肢体语言，最好是开放的、有发散性的，不要颐指气使，这样有利于讨论进行下去。

有些父母认为自己理应获得更多认可甚至回报，而这个目的可以通过保持对成年子女的控制来达到。也许父母永远无法收回他们付出的一切，或者相反地，他们可能会收到丰厚的回报。或许子女只有在自己有了孩子，回顾往事时才会意识到父母为他们所做的一切。即便如此，成年子女与父母之间的新界线也必须加以划定，权利不再由父母专享。

父母需要尊重子女的决定和选择，总的来说，就是只在被请教时才给出意见。关心子女是一件困难的事，我们希望他们知道，我们关心他们和他们的生活，不过，类似找伴侣或生孩子这样棘手的话题，最好由子女自己提出来时再予以回应。

在很多层面上，金钱这件事总是很复杂。它充满了需要承认的强烈感情，即权力、爱和对某个孩子的偏心。子女向父母借钱时产生的问题，借钱的条款，或者遗产的处理等，都是一些常见的挑战。保持清晰、透明，有问题时公开讨论，有助于防止日后的不满和争执。每个家庭都是独一无二的，这意味着当我们为子女提供金钱或救助计划时，并没有笼统的、因年龄而定的规则，但我们的态度很重要：我们的本意是信任他们的观点，尊重他们的计划，不让他们对我们负有义务，不试图控制局面。对于成年子女的父母来说，困难的地方在于，我们天生就会保护子女，保证他们的健康和幸福，这种保护的本能在他们成年后并不会消退。对我们而言，在某种程度上，他们永远是我们的宝贝。不过我们必须爱护并接受发生在他们身上的事情，退后一步，同时找到其他方法来缓解自己的焦虑。

通过婚姻或同居，新成员加入家庭，改变了原有家庭的构成。当这对夫妻有了共同的孩子时，情况更加显著。对于结婚或同居的人来说，值得注意的是，除非出现裂痕，否则你结婚的对象既是自己爱的人，也是他（她）的整个家庭。这将两个世界和两种生活方式汇聚到一起，一种极端是可能会引起严重的冲突和不安，另一种极端则是带来绝对的快乐。数代同堂的家庭，如果相处融洽，在处理生活中的困境时更具有适应能力，原因很简单，这里有更多人可以求助。每个人都有责任去适应：保持开放、灵活、敏感的态度，互相配合。时机很重要：彼此的信任和关爱建立之前，恋爱初期的冒犯言论和行为，可能会长期影响到关系的发展。

成功的父母意味着给孩子提供根基和翅膀。成年子女需要离开“母舰”（或“父母舰”），创建自己的人生之舟。他们的生活不是我们的生活，我们必须承认他们与我们不同。

我们不仅需要接受他们，还要拥抱真实的他们以及他们所爱的人。想要对孩子施加控制或影响，只会导致关系的破裂。《不情愿的关系》(*Reluctantly Related*) 的作者、心理治疗师狄安娜·布兰 (Deanna Brann) 医生的研究表明，成年子女必须忠诚于配偶 / 伴侣，而不是自己的家庭和出身。如果他们仍将忠诚献给家庭和出身，那么他们的恋爱关系很容易破裂。以我的经验来说，批评自己孩子如何养育他们的下一代绝非明智之举，尤其是发出叹息声和哼哼声，或是进行消极的、带有挑衅意味的评论，比如“你这样做真是奇怪…… 当初我……”这样肯定容易冒犯，而且你的理念可能已经过时了，并不适用于孙辈。

在我看来，父母对成年子女幸福的影响被低估了。重要的是我们能认识到这一点，并且仍尽力去重新设定关系，调整权力平衡。你还记得自己作为一个成年人，一回到家就变得孩子气，或者更糟，变成脾气暴躁的青少年的经历吗？这是因为我们与父母的关系体现在我们身上了，并且它以光速触发，远远超过我们的反应。我们还是小宝宝时，需要父母的关爱和照料才能生存，这种联系的力量永远不会彻底消散。

这对成年子女的父母来说也是如此。当父母和孩子互相关心，或产生严重分歧时，彼此间的情感会变得无比强烈。

我在这里指的不是那些能被轻易原谅和忘记的小争执。莉娜的愤怒就意味着，她想惩罚和粉碎那个她一直全心全意爱着的、保护着的孩子，愤怒中的她是令人恐惧的。在一段关系中表现出这样的情感，具有极大的毁灭性，它会变成双方的相互惩罚，相互伤害，并逐渐升级为僵持状态。有些话一旦出口就永远不能收回，而且会一直对双方关系造成困扰，在下次争执时还会出现。

当你对孩子非常生气，或者非常担心他们时，如果你能避免在愤怒之下开口说话，这会大有益处。跟朋友或同伴闲逛两圈，把怒气发泄出来——但千万别对着孩子发火。我们必须练习自我控制，不管那有多困难。愤怒的伤害性话语会破坏你和孩子的关系。它们通常来自某个伤口，可能是因为遭到了拒绝，然而你的孩子已经成年，他们需要拒绝你，过他们自己的生活。让你的愤怒或担忧平静下来，然后练习你想说的话——把它写下来。认真思考一番，因而当你说出口时，这些话会被认为是深思熟虑的建议，而不是攻击。

父母与他们成年的子女疏远，进而与孙辈不相往来，隔阂让他们活在痛苦中，这样的故事世上有很多。关系破裂的缘由因人而异。有些情况不被成年子女的父母所控制，无论他们多么努力地想要修复与孩子的关系。他们面临着痛苦的任务，即必须找到一种方法来适应这种新的、毁灭性的损失。相反的故事是，当父母选择与孩子脱离关系，或者仅保持微弱的联系，这对孩子来说同样是痛苦的生活损失。就我的经验来讲，主动切断联系的人之所以这么做，很可能是因为他们的情感过于强烈，唯一的应对方法就是将这些情感埋藏起来。恨不是爱的对立面，冷漠才是。

疏离是有害的，很多无辜的参与者都会受到伤害，通常还会转移到下一代身上。我呼吁每个被波及的人都要尽最大努力挽回关系，当然这并非易事。它需要勇气来克服因拒绝带来的巨大伤害，并需要敢于经受更深的伤害。但是无论多么困难，重要的是你内心深处清楚地知道，你自己已经尽全力搭建了和解的桥梁。为了修复关系，你可以寄送一些象征重新联络的小礼物，比如贺卡和照片，或是一些有趣的东西：并不需要多重大或者多费事的表示。通常是一些微小的动作来缓慢地重建联系。在某些情况下，寻求专业人士的帮助，比如治疗师或调停人，在安全的、可控的地方揭开发生的事，可能会有突破性的进展。永久的疏离遗留下来的伤害永远不会消退，甚至死亡也无法让它消失，通常还会让它更加强烈。

啃老族

越来越多的成年人，像本书后面会提到的卡斯一样，无法或不愿离开父母家，或者在几年后又回到父母家住。这些所谓的啃老族的数量正在不断增加，英国国家统计署 2015 年的报告显示，全国有 3,300,000 年龄在二十到三十四岁的年轻人与父母住在一起，这是自 1996 年有统计数据以来的最高值。主要原因可能与经济因素有关，或者子女迟迟不能与他人建立恋爱关系，或是事业无法起步。但是，这也值得父母反思一下自己在其中发挥的作用：是否提供了太多免费的东西，导致子女不想离开？他们正在使子女越来越幼稚吗？他们害怕子女离开后自己只能与伴侣单独相处吗？对于任何一方而言，子女待在家里都不一定是件好事。伦敦政治经济学院最新的研究显示，当子女搬回家后，父母的生活质量会下降。财务上的忧虑也直线上升，因为父母的储蓄被花掉，使得他们年老后面临着风险。

鉴于这种情况，我的观点是父母要为成年子女设定一套新的规则。具体参考如下：

- 从一开始与成年子女就关于在家居住的时间期限达成一致，如果稍后再谈只会更难办。
- 成年子女要向家庭提供双方约定的财务贡献。
- 就分担家务达成一致。
- 讨论成年子女搬出去之前经常发生的分歧爆发点，并探讨如何在当下避免它们。
- 就有关交友、听音乐等家庭规则达成一致。

| 文化与育儿

在这里我主要讨论亚裔文化，因为这与莉娜有关，不过当前社会，传统、文化和不同背景的人之间的互相融合，三者复杂地交织在一起，对于任何移民及其后代都是真实的。

研究表明，来自集体主义文化的第一代移民，强调整个群体的需求和目标，并将它置于个人的需要和期望之上。这种方式在我们西方人看来，是一种控制专制的育儿风格。这些父母可能会坚持包办婚姻，或者让子女从事特定职业，以在异国他乡保持认同感；他们甚至可能会在一定程度上，陷于自己过去经历中某个特定的历史文化时间点上。这会与他们的第二代、第三代和第四代人产生紧张状态，甚至激发巨大的冲突，因为这些人已经适应了更重视个人主义的西方文化。

其他亚裔父母希望向子女传达能反映种族渊源和文化的规则及义务，以保持他们的遗产文化，并融入英国的亚裔群体。然而，他们也希望子女能融入英国文化中，学习英语，在学校和大学等机构中深造，并且庆祝英国主流的传统和节日。这需要在两种文化间进行复杂地摇摆，以找到一种方法来鼓励子女坚持他们的传统，同时融入并成为其现有文化的一部分。成功的话，这将给他们的子女带来更多深层的体验以及在两个世界间灵活游走的创造力。

调查显示，当第二代亚裔英国人成为父母时，他们会主动考虑孩子上学地点的多种选择。如果孩子遭到种族歧视，他们会感到极其不安，比他们父母那一代要难过得多，尽管他们遇到的公开歧视远少于他们的父母（大多数是轻微的挑衅）。他们常希望自己的孩子有各种各样的朋友，因为他们很多人的父母对此都不以为意。传统对他们而言依旧很重要——对我们所有人都一样——他们可能还会求助于自己的父母，让祖父母教给孩子重要的文化传统，包括宗教习俗和烹饪方式，这些他们年少时可能因为反感而没有学会的东西。

第二代、第三代和第四代人创造了自己的规则，比如反对与异族通婚，或者相反。我们都知道，有的家庭存在特殊传统，可能会超越宗教节日或生日，而这种传统可能要追溯到很多代以前。事实上，对于所有家庭来说，他们都在发展自己的仪式和公认的行为准则。创造规则和习惯让我们得以一起生活，在社会上的生存变得更容易，这是人性的一部分。它满足了家庭的关键需求——保持家庭系统的稳定。

祖父母

宛德的父母对外孙的照顾非常上心。卢卡斯和希瑟的父母在（外）孙子出生后伸出援手，这让他们觉得收获巨大。对正常运转的家庭的研究表明，祖父母平均每周花八小时左右的时间照顾孙辈，会收获一种满足感；在英国，有2,700,000 位祖父母会定期照顾孙辈。

祖母与母亲一样，有可能承担更多照料的工作，也有可能改变自己的工作规划来承担照料的职责。从事兼职工作的人，付出的也和全职退休的人一样多。研究发现，在英国约三分之二（约 66%）的祖父母为孙辈提供某些形式的照料，使得父母外出工作更加容易。每个家庭因此每年能节省约1,786 英镑的保姆照管费，整个英国每年能节省 161 亿英镑。节省出来的财政资金非常重要，甚至能挽救其他的家庭。

在父母分居或离婚的情况下，祖父母往往通过免费照顾孩子，来解决随之而来的经济问题。最大限度的祖父母看护发生在分崩离析的家庭里，但这与祖父母的满足程度并不匹配。他们得到的满足感更低，大概是因为帮助痛苦的孩子和父母要困难得多。最近的一项调查显示，90% 的祖父母认为照顾孙辈对他们的生活有积极影响，但很多人发现自己必须不辞辛劳，而且几乎一半的人觉得没有得到孩子的感激。另一些人则认为自己是迫于压力，承担了过多的照顾责任。

最常见的困难是，当祖父母不认可子女的管教方式时，他们会感到无力控制自己的孙辈。

照顾孙辈有重要的收益：祖父母围绕着小孩奔波劳碌，

健康状况因此得到了改善，孙辈则因为深爱他们的两代人的投入，生活变得更加丰富多彩。对于父母来说，知道他们的孩子是由自己信任的、爱自己的人来照顾，这种安慰是无法估量的。

爱情

Love

我决定持守友爱，因为仇恨实在令人不堪重负。

——马丁 · 路德 · 金

玛莉亚：婚姻和外遇

MARIA: Marriage and Affairs

见面之前，玛莉亚和我先通了电话，她一口美国口音，说话很快，好像有太多的话要说。玛莉亚想见我，因为她正处在人生的十字路口：她已经五十多岁了，结婚二十六年，有三个女儿，有一些关于爱情和婚姻的根本问题需要解答。

我们第一次见面时，她匆匆走进我的房间，坐下来深吸一口气。她很爱笑，有一双活泼的棕色眼睛，脸庞看上去像是经年累月在室外活动。她告诉我，自己是个园艺师，并向我挥着指甲里有泥巴的手作为证据，这就讲得通了。她说话的时候拽着刘海，好像这能帮她把想法从脑袋里拉出来，其余的棕色亮发打着卷，垂在她的脸旁。

玛莉亚对她和肯的婚姻产生了疑问，不知道是接受现状，尝试改变，还是离他而去。现在的情况相当复杂：肯对她的女性魅力无动于衷，甚至在她试图诱惑他时加以嘲弄。他拒绝就彼此的关系展开交流，还说“干吗讨论我们的婚姻来破坏美好的一天呢？”他只对关于孩子或工作的话题感兴趣。作为天主教徒，玛莉亚觉得很受伤，认为他违背了他们的结婚协议。她最渴望的是做爱带给她的那种亲密感，彼此敞开心扉，展现脆弱的一面。当玛莉亚接受肯的观点时，他们相处得很好：他为人风趣，作为孩子的父亲也很称职，她知道他是个好人，工作也很努力。

让事情更加复杂的是，玛莉亚在过去五年里有个情人安德鲁。她单恋了他数十年，现在和他有着亲密而满足的肉体关系。她曾把这件事和信仰联系起来，她清楚自己信仰上帝，但不必遵循天主教的教义，做个完美的基督徒。安德鲁让她第一次知道，能提高生活质量的“令人神魂颠倒的性爱”是怎样的，从而给她整个生命注入了新的活力。

然而，让这个本已复杂的故事更混乱的是，她又跟她的同事泰德有了一年之久的婚外情。泰德比玛莉亚年轻二十岁，想要结束他们之间的关系，重新回到自己的婚姻和家庭中，特别是他还有个两岁大的儿子。被这个情人抛弃给她带来了极大的痛苦，动摇了她的生活和婚姻。她一直在为他哭泣：尽管在逻辑上她尊重他的立场，但她觉得他们的爱是独一无二的。她以前从未和任何人有过这样的关系，甚至跟安德鲁都没有，她相信他们双方都因此变得更好。他们的亲密不仅体现在卧室里，也体现在工作中。他们共同打造美丽的花园时，经历过亲近、汗水、努力和身体接触，这让没有他陪伴的工作时光变得几乎难以忍受。她和泰德在一起时，创造出了自己最有成效的工作成果。玛莉亚同意他们必须结束肉体关系——尽管她觉得很刺激，但她也觉得同时拥有两个情人不太自在——但她无法接受这段友谊的终结。

有趣的是，没有什么秘密可以长久。肯在一定程度上知晓安德鲁和泰德的事。她也把这个年轻人的事告诉了安德鲁，他们都尊重她的婚外情。

我如释重负地发现自己并没有评头论足，只是对玛莉亚的痛苦感到同情，并致力于帮助她找到一种合适的生活方式。玛莉亚兴奋又惊讶地发现，如实倾诉有助于她加深对自己的了解。当她把想法隐藏起来时，它们萦绕在她脑海中，累积到了一定程度，让她觉得自己快被淹没了。我们都想探究她对泰德的爱源自哪里：为什么她能容纳另一个情人？她究竟有什么需求未能满足？

经过几个疗程，一些洞察浮出水面：她和第一个人的婚外情开始于她患癌症之后，这绝不是巧合，因为病情一度看起来严重到致命。性是终极生命力，是面临死亡时的本能反抗。金钱的匮乏是她一生中反复出现的主题：她想要的不过是够用就好，但总是担心经济状况让她疲惫不堪。我们都想知道，通过多段关系获得满足，是否有助于减少她财务上的不足。通过拥有两个情人，玛莉亚发现了自己全新的一面：每个男人都开启了她不同版本的自我，在与肯的婚姻保持忠诚的那些年里，这些自我一直隐藏着。

她的两个女儿都工作了，最小的那个还在上大学。她们都住在家里，所以她不会觉得自己是空巢家长，但我们一致同意，与忙碌的育儿时期相比，她现在无疑有了大量的空闲时间。当她意识到自己的女性魅力时，脸上流露出骄傲的神情，在某种程度上，尽责的母亲身份也使她得到了满足：她一直用母乳喂养三个女儿，直到她们一岁半大。用她的说法是，“她们把我吃光了”，而女儿们也一直依恋着她。

她的育儿风格不同于她的父亲：他坚信爱需要行动，而不是表达。他一直很疏远，这导致她总希望自己被别人渴求，面对拒绝时则十分脆弱。她现在爱的三个男人在不同时刻都拒绝了她，给她造成了伤害：肯不再与她过性生活，安德鲁在她年轻时拒绝了她，那时她相信他是自己一生的挚爱。现在她意识到，自己嫁给肯是对被安德鲁拒绝的反应。

如今泰德拒绝了她，结束了他们之间的外遇。一切都太复杂了。

在旁人看来这很明显：让泰德走吧。尽管适应失去他的过程会很痛苦（工作在一段时间内也会是个麻烦），但他已明确将她视为稳定生活的威胁，而不是渴盼中的情人，她怎么还对这个年轻人抱有希望呢？她保持着他们将会在一起的希望，这毒害着她每天的生活，吞噬着她对孩子的爱所带来的快乐以及她从工作中得到的满足感。我们都清楚，如果我们的欲望能与对我们最有益的东西相匹配，生活就会无比快乐和轻松，然而大多数的决定都是不理性的：它受到我们的感受和此前经历的影响。要使这些想法和感觉相一致，需要大量的心理建设。

以玛莉亚为例，如实的倾诉使她了解到自己发生婚外情的原因，但这并不能阻止她希望泰德回到自己身边。她不断重申他的话："如果我们命中注定要在一起，我们就会在一起。"几十年后她终于让情人安德鲁爱上了她，这个事实让她相信，愿望终究会实现。她认为如果等得足够久，事情就会成真。

我承认她对泰德的爱以及她为此遭受的痛苦，我也提供了一些我的看法。无论她多么希望这是真的以及昔日的情人回心转意的经历，都不能用来预测她与泰德的未来。我问她能否设想这样一个未来——她所有的需求都能从一个男人那里得到满足。或者，是父亲的冷漠塑造了她？这种冷漠主要表现为漠不关心，就好像她不存在似的。这点燃了她对关注的渴望，我怀疑她是否相信自己永远不可能拥有想要的一切。

玛莉亚的反应很强烈。她对此想了很多，告诉我她身边的朋友婚姻都不完美，她相信完美的关系是一种幻觉，或者极其罕见。结束这些关系以期待某个更好的人出现，这感觉太冒险了。

我们有几周的时间没见面，因为玛莉亚要回南卡罗来纳州探望家人：她的母亲活泼而精力充沛，但她的父亲如今因病不能出门。她为自己的无能为力感到愧疚，离开时悲伤不已，因为想到父亲可能去世，而自己再也见不到他了。这让她产生了熟悉的割裂感，她从未完全属于英国，她的出生地远在大洋彼岸。我们都想知道，这是否助长了她发展外遇的能力，把这些不同的关系分别保留下来。我们没有得出明确的结论，但我们真正理解的是，玛莉亚总被吸引到新的领域，想要突破界限。当她需要离开家时，她在英国遇到了肯，体验新的生活，进行新的冒险，二十多年后，这种动力仍然存在她心中。

玛莉亚需要花点时间，详细回顾一下“这份生活中通常无法体会的伟大的爱”，她心中所想的无法用语言来形容。泰德和她结识于一个园艺项目，当时她的资历更深。一开始泰德很仰慕她的专业知识，时间长了，他们开始无话不谈。项目结束后，泰德发消息说他很想念她，随后引发了无穷无尽的消息和东拉西扯的邮件往来，他们对彼此的生活畅所欲言，两个人都越来越感到兴奋。我能感受到玛莉亚的动情，她扯着自己的刘海说：“外遇是什么时候开始的呢？他说是我去找他做爱那次，我引诱了他。对我来说是第一次接吻，感觉我们有了承诺。当他在咖啡馆里抚摸我的手时，感觉就像做爱一样。”在那一年里，他们有机会就做爱，那是令人快乐、充满创意的愉悦的性爱。她向他展示了对他来说全新的技巧。此前他在这方面有点笨手笨脚。他们列出彼此爱慕的地方，互相发送情诗，一起笑，一起哭，尽管他们从始至终都清楚自己永远不会离开各自的配偶。

玛莉亚信任泰德，她从未如此信任过其他任何人，并且认为这种信任不容侵犯。她痛哭着承认，正是自己对他绝对的信任深深伤害了她。她曾坚信彼此心中的爱不可撼动，如今他甚至不想跟她说话。她为此辗转反侧，怒不可遏，她意识到他才是主导的一方，这跟他们一开始所处的地位相反。当意识到泰德握着多大的主动权时，玛莉亚警醒过来，第一次，她开始感觉到愤怒。

愤怒使玛莉亚不再甘愿当受害者，她设法说服泰德来看她，此前八个月里他一直在拒绝。这是一次重要的会面：他对她很冷淡，避免与她肢体接触。离开时，他的残酷无情让她震惊又受伤。但在消化这件事的过程中，她看到了一个完全不同的泰德：她绝对不会想要这样的泰德。她甚至不喜欢他。我想知道他是否说了什么狠话，让她明确意识到彼此没有希望重归于好。她的回答让我惊讶："他说什么都改变不了我的想法。我会一直爱他，相信他也爱我。"我原以为我们看到的是同样的状况，但她解释道，虽然她坚信他们会在未来的某个时刻在一起，但她清楚此刻自己必须拒绝他。我发现她可以持有两种信念，在心里找到一个地方让他们激情的爱得以永驻，同时意识到她爱的那个男人已不存在。我表达了自己的担忧，她所希望的"如果我放弃他，他就会回来"是一种幻想，她是在与至高存在者的力量讨价还价。这消耗了她大量的精力，如果将其用在当下，她可能会得到丰厚的回报，但我的这份担忧如同石沉大海。

尽管玛莉亚觉得自己更坚强了，我们还是在这个过程中来来回回。她在社交软件上寻找泰德，悲伤地发现他不见了。随后她积极地面对生活，享受拥有情人和孩子的乐趣。我坚信，如果她想找到一种适当的方式继续前行，就必须停止与泰德的任何接触——每条消息都会勾起他们的过往以及梦想中的承诺。她原则上同意，但发现实际上做不到。我知道这有多难，充满希望地搜寻对方的消息带来兴奋感，巨大的失望又带来进一步搜寻的需求。

当玛莉亚谈起她的女儿，说她多么为她们感到骄傲时，一个关键的解读出现了。我顺便问她，是否曾希望自己有个儿子。她最初的回答是否定的，还特别向我强调说拥有三个女儿是多么美好。但这在她心里播下了一颗种子，经过一周的酝酿，再见面时她试探地说："泰德耗光了我为儿子留着的那部分自我。你永远不会放弃自己的儿子，对吧？"还有一次，她在想她流产的三个孩子中是否有一个男孩。接下来的几周，这个新的意识在她脑海中逐渐成形。她记起泰德曾说过她多么富有母性。潜意识里她觉得，他在她心中占据了那个留给儿子的位置：他是她从未拥有过的儿子。这帮助她摆脱了自己的偏执以及有一天他会乞求回到她身边的幻想，她本来想到时候得意扬扬地拒绝他，把他给的伤害都还回去。

玛莉亚再来时剪了个新发型，神气活现地向我展示她的新靴子。确实漂亮。我等着看这是否代表了一种内心的转变。这双靴子是肯寻求了女儿的指导后，送给她的生日礼物；整段回忆让玛莉亚从头到脚乐开了花。他们享用了一顿丰盛的生日大餐，包括一只喷香的烤鸡。她很满意和肯一起建立的家庭，这个容纳了孩子和许多朋友的家——她认为这是她生活的中心目标。看着肯时，她意识到如果离他而去，自己的问题不会得到解决，还会有新的问题出现。她想保护自己的女儿。当她与肯结了婚，他的问题就变成了她需要解决的问题，反过来也一样。如果他们离婚，问题就会落到孩子头上。她不希望成为女儿眼中的受难者，而是度过充满冒险的生活的榜样。她意识到自己对她们所负的义务都完成了，现在该庆祝女儿们给她带来的快乐，享受那些艰难的育儿时光的回报了。

理想情况下，玛莉亚宁愿没有情人，但她知道生活是不完美的。安德鲁用一种充满爱和意义的方式填补了这些空白，同时没有侵犯她的生活。这段感情可以封存起来。然而，泰德使她的生活脱了轨。她曾做过一个关于他的梦，他们在美国沿着她家乡的街道散步，他用胳膊搂着她。说这些时她抬起头看着我，眼睛里闪烁着笑意："他在我的内心深处，我别无选择。"随后她非常得意地说，她不再感到被拒绝，不再活在幻想里。"我不是很理解，但我不觉得难过。我觉得有太多事值得感激，我真的很爱泰德。我很高兴能有这样一段经历。我不后悔。"

她让我感到温暖，我为她能找到方法来度过这样一个痛苦的过程感到骄傲。片刻之后她却提到："我可能会在汉普顿宫廷花卉展上见到泰德。"这给我敲响了警钟，我很生气，因为她所有的努力都可能因再次见到泰德而瓦解。我明确表示，这会激发她所有的身体记忆，让她开始新一轮的渴望。她觉得为了工作她必须去。我不知道她是否在找借口，以此来测试自己的内心，就在她说觉得已经进入人生新的稳定阶段时，又被拉回到他身边？离开时，她告诉我会认真考虑这件事。

玛莉亚还是见到了泰德，而且确实受到了震动。他激起了她想要抚摸他的欲望，却被冷冷地拒绝了。他乞求她不要和他联系，还告诉她这对他的幸福和婚姻是多大的威胁。她花了好几周时间来集中心神，告诉我："我很不开心。我觉得不跟他联系没什么用。这让我很伤心。"我能察觉到她脸上有个小热点，痛得直跳，她忍着疼痛，呼吸急促。我想知道她到底在坚持什么，这对她来说究竟意义何在，她有什么不能放手的地方，毕竟泰德坚定地认为他们之间已经完了，甚至指责她引诱自己，好像他是玛莉亚爱情的受害者。她哭着对我说："我几乎相信以前那个他已经死了，但我相信他会回来的。"

啊，我感觉到一股能量。或许我们正在接近问题的要害。"回来"是什么意思？我想知道这是否与她的天主教信仰，基督复活这样的信念相关？她想了很久，手指按在下巴上，就像罗丹的雕塑作品《思想者》。她语速缓慢，仿佛在探索一个新的异域，告诉我她必须找到一种可靠的处理方式，她知道自己是个浪漫主义者，热爱神秘和救赎的想法。她随后的语气有点激动，也许她一直在坚持的原因是，她觉得如果自己放弃找回他的希望，就会失去他们的爱。但她终于看清了现实，说这是“我的转折点。我终于明白了，以前我拒绝接受事实，尽管他以前需要我，现在却不需要了。我不想让思念他成为自己生活的主旨。知道我们曾经拥有什么就够了。我可以留着它，时不时地去探视一下，但它已经不在了”。

我为她感到宽慰，如今她找到了一种方式过好现实的生活，而不是活在自己的幻想里。这段关系已经终结，面对这样的现实是痛苦的，但总好过试图复合的空洞希望。

接下来的几周，尽管经历了高潮和低谷以及思念泰德的巨大痛苦，玛莉亚还是觉得自己的处境好多了。她精神抖擞地告诉我，她的生活丰富多彩，她很享受自己的工作，正在着手有意思的新项目，而且也能享受与孩子共处的时光，并从中发现新的乐趣。她陪肯参加了工作聚餐，这很罕见，人们都来跟她说他们多么羡慕肯，这让她很受用，笑着说：“如果你嫁了个工作狂，那成功的工作狂总比失败的好。”然后她抬起头来，似乎找到了让她吃惊的新词语来形容肯，她告诉我："我相信肯。他一直忠于自己。"她没完没了地想着泰德，现在则觉得他没有在过真实的生活，这削弱了她对泰德的迷恋。

我告诉她我能看出她的生活多么丰富：从她的脸色以及她在椅子上的坐姿。她很享受，更加兴奋地对我说："我和安德鲁的关系也很融洽。我和他在一起很开心。我理解他，为我们所拥有的一切而感恩。我渴望新的经历，而我们的婚外情（毕竟我们都结婚了）成功了。我们热爱在一起的性生活，我们是彼此最亲密的盟友，我们非常相爱。"她离开时给了我一个温暖的拥抱。"我想我可以继续自己的生活。我感觉已经把过去的很多痛苦埋藏在心底了。它们永远不会消失，这我理解，但我现在能更平静地对待了。"

杰克逊：爱情、健康和家庭

JACKSON: Love, Health and Family

我在私人生活中从来没有耐心，但在工作时我能依靠自己的耐心，直到杰克逊走进我的诊所为止。杰克逊在很多层面上都考验了我的耐心。他二十五岁，身材瘦小，有一双深色的眼睛，黑头发扎成整齐的马尾，看起来很脆弱，而且他不说话。他的穿着非常整洁，严格按照约定的时间到达。我猜想他的抽屉连近藤麻理惠[1]都要拍手叫好。

杰克逊坐在那儿，他的腿晃来晃去，弓着背，胳膊肘压在膝盖上，一会儿看看自己的脚，一会儿看看被咬断的指

1　日本整理和收纳达人。

甲。他仿佛在向我传达一个信息——他只需要出现在这里，我则要读取他的思想，然后给他答案解决他的问题。我很熟悉充满感情或空洞的话语，也能轻松驾驭话语之间的沉默，因为这是治疗中的节奏和韵律，但这意味着面对杰克逊时，我感觉自己毫无用处。

几周以来，我试着与他交流，然后几周变成了几个月，我使出了浑身解数，试图进入他的内心世界。我偶尔会收到一两句话或一个点头，但大部分是沉默。为了缓和我挫败的愤怒，我必须强烈控制自己，最终我适应了——我放慢了速度，平息了想深入探究他的冲动。当我接受了这是他需要的状态时，我了解到杰克逊的沉默具有不同的维度，有些是紧张或愤怒，有些是相当绝望，有些是忧郁，还有一些非常平静。但我主要感觉到的是他内心深处的孤独，他没有能力爬出那个黑洞。我会陈述和他同处一室的体验，通过简单的观察，我能看到他的身体逐渐舒展。

很久以后，当我们谈到这段起始经历时，我们都明白杰克逊的行为并不是一个有意识的选择，而是一种条件反射：他走进我的房间时会自动关闭自己，无论脑海里有什么信息在盘旋，他都无法说出口。这让我想到乌龟缩进壳里的画面，敲打外壳只会让它缩得更深。杰克逊只能在我没有施压的情况下建立对我的信任，当我展现出不做评判的态度，只用温暖的目光凝视着他，关注他的整体存在时，他就能按照自己的节奏做出反应，而不必跟随我的节奏。

没有什么突破性的时刻，但在六个月之后，杰克逊开始慢慢告诉我他的故事。他的母亲是个成功的黑人女性，担任市政厅的高级顾问，她和杰克逊父亲的关系很短暂，有了他纯属意外。他的父亲是个白人记者，如今有自己的妻子和两个孩子，他对他们更尽责。在我们进行治疗的那些年里，反复出现的话题主要与杰克逊的爱情生活、健康状况和他与家庭的关系相关。每次治疗他都会谈到所有这些话题，因为它们之间有深刻的联系，但为清楚起见，我还是分开来说。

杰克逊曾是个“好孩子”，学习刻苦，就读于一所顶尖大学，如今在科技行业有一份高薪工作。我能从他说话的力道看出他是多么努力地在生活，他紧咬着牙关，低着头，像个机器一样，只追求把一切做到完美。然而在已经完成所有人生的必选项的同时，杰克逊从幼年起就有多种健康问题，湿疹、过敏，周围只要有病菌，他就会感染。同时他还遭受着严重的经常性呼吸道感染，需要无休止地接受抗生素治疗，大学第一年时他还得了腺热病。当他说这些时，我注意到他在挠眼睛，一个熟悉的红疮斑在他憔悴的脸上，我再次意识到他有多精疲力竭。我想到为了取悦父母，他的脚一直使劲踩在油门上追求成功，与此同时他虚弱的健康状况却一直扳住手刹，他正把自己疲弱不堪的身体逼到崩溃的地步。

这一次他听我说出不同的声音，低语道："我就是个空壳。"听到杰克逊承认了这一点时，我感觉如释重负，因为我们现在有了一个相互理解的小小立足点，我们可以在这个基础上共同努力。

随着他对我越来越有信心，杰克逊轻松谈起了他日常生活中的琐事——他每周一和周四都要吃昂贵的金枪鱼三明治犒劳自己。我意识到他这样做是为了控制他的外部世界，这对他来说很重要，因为他知道我们的治疗要取得进展，就必须深入他未知而恐惧的内心世界，并对里面发生的事情进行探究。我们的重点是要发现杰克逊心里告诉自己的信息以及信息的来源。这段治疗的过程破碎又难熬，因为他开始感觉到自己掩藏在疾病和疲惫下的真正的痛苦。他确实能感受到母亲的爱，她给他读床边故事，和他一起玩趣味游戏的温馨回忆可以作证，但我能看到他眼中的伤痛，因为他记起母亲对他不断生病感到烦恼，这是一个单身母亲最棘手的问题。他收到的信息是"这是你的基因""这是你的命运""你比别人软弱"以及"你必须撑下去"……

为了成功，杰克逊的母亲必须克服许多障碍，所以她需要长时间工作，周末经常加班，是将工作做到极致的劳模。当杰克逊表现出色时，她会表示祝贺，但他几乎没有被她照顾的经验，或是自我照料的需求。他只知道如何克服自己的疾病，并且学到不可以要求别人的关注，这意味着你对提出要求充满了羞耻感。我在消化他告诉我的这些话时，感到胃里一阵寒意，然后惊叹地大声说：“我也许正在感受你无法感受到的东西。”当他意识到自己对我产生了影响时，我能看到他眼中的惊讶。这对他来说完全是一个未知的概念，更不用说体验了，随后他带着柔和又羞涩的微笑点了点头。

他和他母亲一起度过的最美好的时光是节假日，在牙买加阳光明媚的海滩上，与表亲和家人在小木屋里打发时间，这些都是他珍贵的记忆。杰克逊很少直视我的眼睛，其中一次就是他讲到在海滩上玩接球游戏的时候，他的微笑如阳光般灿烂，我从中体会到了苦涩的甜蜜，那段记忆是多么珍贵，又多么稀缺。这触动了我温柔的内心：我想让他知道，他值得拥有的远比他已经得到的多。

杰克逊得了一种持续数周的衰弱性咳嗽，我们都想知道，是不是他的回忆触发了这场疾病。我们正在开发一种语言，这跟我们理解他的身心健康是密不可分的，当他感觉不到自己的身体时，他也感觉不到自己的内心。正如他在一个强有力的时刻说的那样，“我不是”。他用这三个字告诉我们他感觉自己多么不受欢迎以及他为此付出的代价有多惨重。几次治疗后他啜泣起来，全身颤抖不已，他将汗湿的双手放在腿边摩擦，试图使自己冷静下来。他找到了要表达的言辞，在内心深处，他不相信自己有生存的权利，随时都在担心受到羞辱，因此他不得不保持高度警惕，比任何人工作都努力，确保自己不被取代；他不得不保持低调，以免引起负面关注，并且绝对不能失败。

我们知道，他与父亲的关系能发挥一定的作用，但我担心如果我们在开始前没有建立起他的心理免疫系统，他会崩溃。他曾多次濒临崩溃的边缘，我感到有责任保护他，不想让他强迫自己，但这一次我意识到，他可以对自己温和一些，改变态度，开始认真对待自己的健康问题，我意识到他无法独自面对这些，而需要别人的帮助。我们审视了他现在可以做些什么，我看到他棕色的眼睛里闪烁着光芒，这个研究项目需要他全神贯注地对待，这一概念激发了他的能量，有那么一刻他意识到："我不能继续这样对自己……我必须找到出路。"

他阅读了很多书籍和论文，决定去咨询营养师和针灸医师（预约地点相隔不远，以使自己担负得起），他尝试了多种锻炼的方式，参加搏击课程，使用高强度间歇性训练的手机应用。他还尝试了冥想和放松，然后有点得意地告诉我，这些对他来说有点夸张了。我们都欣赏他在寻找自己的"不适"时体会到的操纵感。没有一夜之间的转变，但经过几个月的时间，他自律的生活方式对他起了作用。他创建了一个艰难但可控的机制，并因此获得了回报。随着体力的增长，他的精神力量也变得更加强大；他骄傲地向我展示了他大力水手般的手臂肌肉，不能算发达，但显然更强壮了。杰克逊开始掌握如何监控自己的精力：他意识到累了就应该休息，而不是无视疲惫。此外还有一个令他惊讶的好处，就是思维更加清晰了，他得出的结论是这归功于饮食结构的改变，使他的肠胃恢复活力，而不是增加负担。

杰克逊生平第一次认识到，界线不仅是别人的专利，对他来说也很重要。他逐渐地学会了检查自己真实的反应，发现自己真实的是与非。他告诉我："我的身体不再冲我尖叫了。这就像那些攻击我的飞弹已经掉头而去……"他深吸一口气，慢慢地晃着双腿："我知道当我压力过大的时候，它们还是会冲我尖叫，但大多数时候我已经离开了战区。"

我本想和他击掌庆祝，但我换了一种方式，告诉他我为他感到骄傲，因为他正致力于如此困难的一个项目，不畏沮丧，坚持不懈，如今正在收获回报。

与此同时，当杰克逊谈到父亲时，他脸上的痛苦和愤怒令人心碎。那种锋利刺痛了我的胸膛。他的感情纠结而激烈，但故事本身——就我听过的多个版本而言——却简单得令人心痛：年幼时，父亲每个月见他一次，完全是出于责任，而不是出于爱或欢乐。当父亲看着他时，杰克逊能感觉到他的恼怒，或者更糟的是他的冷漠。杰克逊没有办法保护自己，他相信自己毫无价值，并把它转化为自我伤害。在青少年时期，杰克逊一直闷闷不乐地保持沉默，偶尔会爆发出愤怒的情绪，可以预见，他这样做的结果是带来进一步的拒绝。有一次，当杰克逊的伤痛爆发时，他记得父亲脱口而出的话："只是看着你就让我恶心。你看起来跟你妈一样。"当杰克逊说出这些多年来一直刺痛他的恶毒言语时，就好像他脚下的地板崩塌了。他在空气中抓来抓去，试图抓住一些实在的东西，不让自己消失。在他的允许下，我走到他身边，轻轻将手放在他背上，鼓励他缓慢地呼吸，让他安定下来。他渐渐找到了自己的重心，低语道："我长什么样不由我决定……这是爸爸的问题……"这实在是个重要的、有治愈作用的澄清。

杰克逊的继母用很多方式来表达她对杰克逊的恨意。她讨厌他对钱的需求，讨厌他生病，拒绝让他在家里逗留，以保护她的孩子不受"感染"。这个家里没有分配给他的地方：他睡在客厅的折叠床上，而他两个同父异母的兄弟都有自己的卧室。看着他们过着自己梦寐以求的充满爱的童年生活，对他来说是一种痛苦的扭曲。作为人类，关于我们糟糕的天性的残酷事实是，杰克逊越是渴望接近父亲，越是扭曲自己来取悦他，就越会让父亲远离自己，而他也会越变得焦虑和缺乏自信。甚至当他被人祝贺时，杰克逊也不会相信这是真的，还想要得到更多。这让我想起之前读过的一篇研究论文，里面提到不被关注比被打或被骂更痛苦，后者至少让人觉得自己是存在的。

在大学里，杰克逊和另外三名同学建立了亲密而重要的友谊，这是他自己组建的“家庭”(多亏了他们)。他们劝他不要再让自己经历痛苦的循环，于是他减少了与父亲的接触，每隔几个月吃一顿饭，这足够让他与父亲保持联系，又防止了更频繁的见面让他遭受的打击。我们无法治愈他的伤口，但至少可以给年轻的杰克逊一个表达的途径以及自我安慰的方法。我们使用视觉化的方式来更容易地进入年轻的杰克逊的内心——视觉化听起来像是江湖骗术，我很不喜欢。在实践中，视觉化是种强大的工具，能让我的客户进入内心世界里凭思考和交谈都无法到达的部分。它是心理疗法中的喜力啤酒！

通常最容易出现的场景是一片漆黑的松树林，年轻的杰克逊一个人静静坐在地上，什么也不做，什么也不看。我会问他是否想找什么人。他需要什么？但我只听到他说“不是，我什么都不是”。他用蛮力维持着他的受害者地位，冻结了他的伤口和绝望，因为这是他熟悉的地方。敢于转变，敢于暴露多年来的脆弱，这是未知又可怕的。

几个月后的一天，杰克逊度假归来，笑嘻嘻地走进我的房间，坐在另一把椅子上。我微笑着，不知道发生了什么，希望他是找到了喜欢的女孩，然而并非如此：他做了一连串强烈的梦，梦到自己是个喷火的超级英雄。他炸毁了父亲的房子，用脚碾碎了他的汽车，把他的继母扔到了宇宙的另一边，最棒的是，他揪着衣领把他父亲拎起来，冲着父亲的脸怒吼，看到了父亲眼中的恐惧。到头来，他的父亲才是受害者。不知道他的潜意识是被什么触发了这样的力量，但他的想象力迸发出来的创造威力让他成长了起来。这改变了他的受害者心态，也让他得以自由地从不同的角度探索自己。

杰克逊再次向我证明，人们需要追求变得更好——我们都在经受苦难，但可以选择是否保持受害者的心态。随着时间的推移，很长一段时间内，杰克逊都靠勇气和细微的日常行动支撑着自己，在收获了许多微小的突破后，他笔直地坐在椅子上，闭上眼睛深呼吸，泪水顺着他的脸颊流下来，但他的声音平静有力，给自己以肯定："宇宙希望我降生。我值得被爱……我值得存在。"

如果他睁开眼，就会看到泪水也在我脸上流淌。我不知道他的变化是否会引起他父亲不同的反应。我希望如此。

当杰克逊向我敞开心扉时，他唯一清楚的是他想有个女朋友。他的一些朋友仍在快活地拈花惹草，而他希望与某人相爱。他描述了大学里驳回了他的示好的“女生法庭”，在女生中间时他感到紧张又无望。她们让他感到羞耻，这意味着多年来他甚至拒绝了爱情的可能性，只能借助色情片满足自己的需求。尽管他的好朋友们确实让他有所改变，但我仍能看到在他内心深处，悲伤和孤独在恶性循环，但现在，他不想再做那个“害怕爱情的铁石心肠的人”了。

对恋爱关系的渴望给了他面对健康问题和他父亲的动力。我了解到杰克逊的约会情况：他觉得在酒吧里找人搭讪有点毛骨悚然，在约会软件里双方都同意见面，这比较正常，当然有些人还是通过朋友认识的。约会软件很适合杰克逊，因为它让他有时间思考该写点什么，这里提供了大量选择的对象，何况他长得很不错，足以吸引女性的注意力；他知道他有些长得不太好看的朋友经常谎报身高，还想方设法美化自己的照片。

几次成功的约会后，一些需要通过的关卡会出现，这通常由年轻女性主导：首先是“我们在约会”，这意味着彼此可以见面和做爱，接着是“我们名花有主”，这意味着对彼此忠诚，但还不是男女朋友关系，通常经过三四个月后，最终变成“我们是男女朋友关系”。咻，终于松一口气。杰克逊明白每周约会多次是很正常的事，但他每周只能鼓起勇气约会一次，我能看到他的焦虑，他搓着双手，既害怕又渴望。

我听到了杰克逊某个周六下午约会的细节。在出发前，他有很多个人障碍需要克服：首先是他看起来如何——他花了很长时间打扮，想变得无可挑剔，试穿了各种鞋子和衣服，将头发梳成不同发型，但老觉得不满意。他的另一个障碍是将自我形象和梦想的形象做对比：他想象中的爱情是好莱坞浪漫电影式的一见钟情，但他不知道如何能成为那样主动的男人，他天生害羞内向，不知道如何调情，但更加扭曲的是，他担心如果这么做了会被视为性骚扰者。

那次约会并不顺利：女方觉得和他看不对眼，就开始漫不经心地看手机，而可怜的杰克逊还在试图继续交谈。他被彻底击溃了。还有一些类似旋转门一样重复的约会，有些情况好点的能见两次面，还有一些发生了关系，但没有一个长久的。我很同情他，他不断收到一直向自我灌输的负面信息："我不可爱。"要不是因为最好的朋友，他早就放弃约会了。他们带他出去玩，给他做晚饭，在他诉说自己受伤时拥抱他，关爱他，每天都跟他发短信联系。我们一致认为，杰克逊健康状况的改善意味着他变得更加强韧。

然后他遇到了苏琪。她很可爱。他不敢相信自己的运气，因为是她先追的他。他们克服了第一次发生关系的尴尬——她甚至让他知道，美好的性来自快乐，是通过交流带来的欲望之舞，而不是疯狂地冲向高潮。随着时间的推移，他学会了克服自己焦虑的表现，信任彼此的触摸和联系。我告诉他，苏琪的自信给我留下了深刻印象，然后我们都笑了，一致表示认可。她在教导杰克逊和帮助他建立信心方面做得很好。他们快乐地通过了“在约会”和“名花有主”的阶段。

杰克逊很兴奋，当他把她介绍给好朋友时，他感到充满了骄傲和活力。他笑着告诉我，苏琪对他的外表很感兴趣，甚至在她的建议下他剪掉了马尾辫。他觉得一个全新的自己正在成长，并且很感动自己能够亲身经历。然而六个月之后，他们之间拉响了一些他想无视的警报。她开始推迟他们的见面，不肯跟他做爱，也不再回复消息；她的疏远让他陷入疯狂的恐慌之中，他无法入睡或集中精力，似乎只能靠她的消息发来的提醒音过活，但随后她告诉他不要犯傻，表现出很无辜的样子，用做爱来抚慰他。当他尝试和她做一些特别的事情时，她显得不感兴趣甚至很冷漠，但其他的时候，她又会变得很热情，说一些他想听的事，她有多关心他之类的，甚至想象他们将来在一起的图景。

当我质疑他的时候，他看起来很伤心，告诉我他没有挑三拣四和甩掉她的资格；相比于介意她带给他的大起大落，他更需要她。他不相信如果失去了她，自己还能找到别人。

他无法忍受重新回到约会赛道的想法。我承认他有很多不跟她分手的理由。我们讨论了她忽冷忽热的行为如何引发了一种疯狂的状态，即过分看重你所不能拥有的，而不珍惜你所拥有的。

最后是杰克逊的朋友哈兹给他敲响了残酷的警钟。苏琪有两个脸书账号：一个跟他互为好友关系，页面显示她正在与杰克逊“交往”，而另一个他根本不知道，显示的是她在与其他人聚会和交往。这对杰克逊来说是奇耻大辱，他当面跟苏琪对质。结果她立刻跟他分手了。这导致了他数周的绝望和痛苦，身体也受到了打击：他的哮喘和湿疹发作了，根本睡不着觉。他一屁股跌坐进我房间的椅子里，像我们刚开始治疗的那几个月一样悲伤。他向母亲寻求安慰，母亲十分慈爱地和他一起出去散步，希望他能再次振作，但她自己从未有过一段成功的恋情，这在杰克逊破碎的心中，轻而易举地激起了他对于爱情注定失败的想象。它助长了他心中那个缺乏自信的孩子以及他父亲充满厌恶的眼光中的幽灵的形象。我想把我的温暖传递给他，让他知道这一次他并不孤单，我听到了他内心深处的悲伤，并准备支持他渡过难关。

我说这些时，他向我投以怀疑又锐利的目光，但我也感到有什么东西打动了他。他在孩提时就学到不管失去什么都要继续前进，这种机制对他产生了帮助；工作和锻炼分散了他的注意力，打破了他回家后等待着他的悲伤之井。我们都希望能让他的头脑和内心协调一致，因为他在内心深处知道苏琪是个坏人。然而，她在他心中留下的印记与他早年的伤痕如出一辙，他无法想象自己能再信任别人，也不相信会有人真心爱他。虽然他清楚苏琪在玩弄他，但这并不能阻止他对她的思念，或是回顾旧日的场景，他希望自己能说出正确的话，成为自己想象中苏琪希望他成为的那个人。那样的话她就会爱他了。迷恋是如此疯狂。

杰克逊表达出了悲伤的力量：他痛哭哀号，退回到了过去，缩成一团，然后去练习搏击，大声地尖叫。他下意识地去看针灸师，对方很关注他，还让他的朋友们关爱他。他们带他去乡下度周末，定期组织一起出游，这让他感到安慰。现在的他和井中那个空虚的男孩不同，那个男孩无声地尖叫着，从不寻求帮助，因为他知道没有人可以帮他。现在这是一个有应对机制的男人，更重要的是，他拥有爱自己和自己爱的人。

到现在为止，我已经和他见面两年了。杰克逊如今二十七岁，与年龄更大的咨询对象相比，治疗对他更容易发生作用。他身上有一种自然的青春活力，一种驱动着他的原始的繁衍欲望，他的行为模式还没有固化，就好比他不会一直沉溺于受害者的心态中。与苏琪分手六个月后，杰克逊又开始外出约会了，他不可避免地带着恐惧，但又尚存一丝希望。与苏琪良好的性体验意味着他在这方面更加自信，他告诉我这些时，给了我一个相当灿烂的微笑。我对他也很有信心，因为我知道现在的他拥有了情商和处理关系的自我意识，这比花哨的举动更适合他。他又约会了很多次，其中有些女孩很有趣，不过这次他交了一名叫凯蒂的朋友：他们经常一起欢笑，喜欢去看展览和电影，还通过彼此扩大了他们的朋友圈。他直言不讳地告诉我，她对他不感兴趣，但这反而使他极为振作。新的友谊也令人兴奋不已。

现在，当我看着杰克逊的时候，有时我还能看到那个脆弱的、受伤的年轻人，但我也可以看到一个敢于面对自己心魔的年轻人——他已经真正打败了它们。我看到一个年轻人勇敢地允许自己脆弱，表达情绪中的混乱，同时保持着抽屉的整洁（这是当然的），他已经使自己的位置发生了根本性的改变，从一个不被允许存在的人，转变为一个真正活着的年轻人，为他身上正在发生的一切而活着，创造属于他自己的故事。我等不及要听他人生的下一篇章了。

治疗的过程还在继续。

罗比：爱与失去

ROBBIE: To Have Loved and Lost

罗比写邮件给我，要求预约。那是一封简短的、有些粗鲁的电邮，带着一副理直气壮的语气，让我很恼火。我本能地想告诉他我的预约已经满了，但还是给了自己时间反省。我建议先进行一次评估，让我们都有机会看看能否合作，同时也可以选择退出。尽管俗话说第一印象都是可靠的，但我认为他们说的更多的是我而不是别人。抑制我自身的本能反应是很重要的。

几周后，六十三岁的罗比按响了我的门铃。我能感觉到自己的心理防御在提升，假设他的粗鲁会从键盘转移到我身上。他缓慢地走上楼梯，中间停下好几次，当他瘫坐在我房间的椅子里时，通红的脸膛因为汗水微微发亮。他的夹克衫和他的脸一样，陈旧而发亮，已经无法洗干净了。罗比说话慢得让人痛苦，一个字一个字地往外蹦，还受到感冒流鼻涕的影响。我发现自己不耐烦地在座位上扭来扭去。

他是一所学院的院长，他的妻子苏珊两年前死于脑出血——当时他像平常一样按时下班回家，发现她死在厨房的地板上。她已经死去几小时了。从他的语气中我了解到，这个故事他已经讲过很多次了，因为他的语调很空洞。罗比和他们三个成年的子女一起，度过了最初几个月暗淡的日子。在他大女儿的严格指导下，他们接受了家庭治疗，他惊讶地发现这对他很有帮助。他们对苏珊去世的反应各不相同，这反映出他们的个性和与苏珊的关系。无论从现实还是情感上，一家人共同讨论都使他们避免了大的分歧。当他的孩子们无视他的意愿时，他感觉极其难过，但他知道，关于他们母亲的事，他必须听取他们的意见。

当罗比告诉我他的孩子们过得很好时，他笑了。他女儿杰丝是一名数字内容制作人，已经结婚了；儿子菲尔在纽约从事金融工作；小儿子里奇则在坎布里亚郡当木匠学徒。如果有哪个孩子需要担心的话（实际上一直都有），那就是里奇。他工作的时间很长，独自居住，而且从没交过女朋友。

当一位密友告诉他需要“向前看”时，罗比被激怒了，但他内心也有一部分知道自己有多孤独。他半信半疑地看着我。“我能帮到什么吗？”我对罗比院长的语气很警惕，这使我想起了那个“愚蠢的学生”，但这是我要解决的问题。我的态度实际上已经和缓了。在他鲁莽的外表下，我可以看到罗比的脆弱和他那颗受伤的心。我告诉他我希望能帮到他。很显然，我现在没有答案，但我希望能与他一起努力，让他在人生的下一个阶段继续前进。这并不是忘掉苏珊继续前行，而是在怀念她的同时，找到一种重新生活的方式——希望能够重新去爱。我可以看出他明显放松了一些。

我让他跟我谈谈苏珊，结果引起他的一阵咳嗽。他拿出一条蓝点手帕捂着嘴，这条手帕成了他的老友，也是他痛苦的信号。最终他告诉我，苏珊是他的“灵魂伴侣”，温暖而有爱心，有问题时他都会咨询她的意见。当工作压得他喘不过气来时，是她让他脚踏实地，最重要的是，她承担了照顾孩子的大部分责任。他为没能与她分担育儿职责而哭泣。她曾是一名兼职全科医生，让人感到尤其残酷的是，就在去世前不久，她一直在考虑退休，希望能用剩下的人生做些与宗教相关的事。他描述了自己的悲伤：第一年他感到麻木，有时又会突然感到某种锤击般的疼痛。他既要工作，又要安排苏珊的葬礼，处理遗嘱，等待尸检结果，两边忙得不可开交。他没有兄弟姐妹。朋友、邻居和苏珊的家人会经常过来拜访，送些吃的，但半年后他们就都不来了。罗比的预设反应在很大程度上起了作用，尽管家里的每个角落都会让他想起她，他依然让自己坚强面对。回忆会突然袭来，他会发现自己在哭泣，想念着她，重新意识到他们一起创造的整个世界已经消失了。

那时里奇还住在家里，他们的关系变得越来越近，这算是一个出人意料的好处。罗比发现给儿子做饭既是爱儿子的体现，又能舒缓身心。他抬起头看着我，调皮地笑了笑，很高兴自己的家务技能让我感到惊奇。接着他告诉我，他的悲伤现在没有那么强烈了，身体上的痛苦已经减轻，但仍感到巨大的空虚。我想知道他说话慢吞吞的，是反映了那种空虚还是因为感到疲惫，或是两者都有？我问他睡眠质量如何。从苏珊去世那天起，他一直睡不好。最初几个月，他曾借助安眠药入睡，但因害怕上瘾而停止服用了。我从心底感到他孤独的寒意以及身心的瓦解。我发现自己想把温暖注入他体内，我把双手压在大腿下面，阻止自己想去抚摩他手臂的冲动，就像想安慰一个从冷水中爬出来的孩子那样。

数周以来，我听到了同一类经历的不同版本。罗比觉得未来很艰难，他可以看到时间在他面前毫无意义地延长着。他发现独自一人生活很凄凉，尤其是里奇几个月前离开家之后。当罗比转动钥匙，打开这座空房子的门锁，里面只有没完没了的家务和冷冰冰的床，没有他的伙伴、参谋和“灵魂伴侣”，这让他觉得虚弱至极。他的痛苦压得我喘不过气。我羞愧地意识到，自己相当害怕与罗比在一起的治疗时间，这不是我想成为的那种治疗师。我不想把他从痛苦中拽出来，因为痛苦是改变的媒介。我告诉自己，这是他必须经历的一段过程。我需要耐心陪他度过。

直到有一次，我坐在椅子里往下陷的时候，脑海里出现了自己被活埋的画面，就好像被他沉闷的重复给憋得喘不过气来。我试探性地找到了一种方式来告诉他我的感受，我想知道被活埋的景象能否在他身上产生共鸣？他喘着粗气，如同往常一样慢吞吞地告诉我：“我感到人生很黑暗。我想去另一个世界和苏珊在一起。”我轻轻告诉他，我能听出他内心有多痛苦。罗比开始悄悄地抽泣，逐渐变成颤抖地大声啜泣以及原始的痛苦哀号。我走过去坐在他身边，本能地感觉到他需要我的手搭在他肩头的温暖，他的痛苦在身体里累积，逐渐散布到了整个房间。

当罗比的痛苦平息下来后，我回到自己的座位上，感觉轻松多了。他抬起头，没有说话。我建议他那天晚上要照顾好自己，做些能让他放松的事情：出去散散步，做顿晚饭，听听音乐（他有个播放列表，平时用来平复情绪），还有千万不要像以往似的工作到半夜。

在接下来的治疗中，我们的重点不再关注过去，而是着眼于未来，这是一个变化，当然绝不是直截了当的。当我听到罗比说他想找一个伴侣时，我松了一口气——“没有爱的生活不叫生活”——但他不清楚应该怎么做。找到一个值得爱并爱他的人，能给他的人生带来最需要的希望，我同意这一点，但我也担心，他的疲惫程度是否会成为他成功约会的障碍，而这将进一步地打击他。我们讨论了在他求助婚介所之前，应该如何重新振作起来。罗比告诉我，宗教信仰对他来说很重要，即使在最暗淡的时刻，他也感到自己与更高的力量——神明——有联系。佛祖和耶稣对他来说都有意义，他想找到一种能认识到他们重要性的精神实践。

我们一起制定了一个他必须坚持的机制，不能有“我今天可以吗”这样的矛盾心理，而是要全力投入。这是他的家庭作业。我能看出他喜欢被赋予具体的规则：每周选三个早上快走或慢跑，用三个晚上进行精神冥想，感到精神被召唤时就去当地的教堂；周六或周日进行较长时间的锻炼，最好跟朋友一起。为了改善他的睡眠，我们达成一致，他的卧室温度不宜过高，睡觉时戴上眼罩以保持黑暗，上床前两小时内不看手机或电脑，晚上七点后不工作。他经常工作到半夜，难怪会睡不着觉，因为他满脑子都是工作的压力。

在随后几个月里，罗比的精力水平逐步提升，他坚持了新的训练方法。他上楼梯时仍然气喘吁吁，但已经不那么沉闷了，说话也显得更有活力。我们都更加清醒了。有个朋友告诉了他一套睡觉之前的心理训练，因此他睡得也更好了。在他最好的朋友（我在心里感谢他是一个真正的朋友）和他女儿（一个女性视角）的帮助下，他已经为打算注册的婚介所建立了自己的网络档案。对罗比来说，不同寻常的是，他再来治疗时心里已经有了主题，想要讨论在一场可能的约会中，他要找什么样的人。我想跟他确认一下，在约会时他把苏珊放在哪里？我们都知道，逻辑上来说他现在是单身，但他心里呢？

罗比早就想到了这件事。他已经为此考虑了很多，而且相信苏珊会希望他再次爱上别人，不过他需要做一些实际的事，来释放她对自己的影响。他相信过去藏身于现在，而现在影响着他的未来。苏珊将永远在他心中占有一席之地，但他需要身体力行地描绘出一种视角的转变。经过多次讨论，罗比决定去海边，一个全家人以前经常去的地方，然后通过出海的方式在心里慢慢放下她。

到了计划中的那天清晨，当天光大亮时，他坐在沙滩上，吸取着来自大海的能量，呼出自己的痛苦。他能感觉到悲伤在一层层脱落。然后，在他的小船上，他回忆着苏珊。

他手里捧着她最后的一些骨灰以及她最爱的花，告诉自己要放手，但又挣扎着无法松手。他把骨灰握得更紧了，苦苦挣扎着，喘息着告诉我，这是他做过的最难的事情，最后他将它们撒进了大海。他缓缓地把船划回岸边，知道自己做的是对的。他在附近的中世纪教堂里待了一段时间，为苏珊的灵魂以及自己平和地踏上启蒙之路而祈祷。一周后，他在婚介所注册了账号。

罗比开始描绘他的未来。他称之为一本新书，而不是新的篇章。出现在他生命中的新女性不能仅仅是个伙伴，他不会满足于此，他想要另一个“灵魂伴侣”。他听起来很兴奋，因为他可能不再孤单。几周后，这发展成了一场约会“阅兵”，浏览别人的资料，拒绝那些有十几岁的孩子的人。还有那些没有孩子的人，尽管她们常常看起来很吸引人，但他知道自己不能再生一个孩子了。他会满怀希望地赴约并喝上几杯，然后失望地回到家，因为彼此之间没有火花，或者更糟的是，女方与他意见相左，还固执己见。他表示，看到她们与自己一样孤单和绝望，他很难过，想让约会有结果，但他清楚这不是对的人。罗比无比渴望年轻时约会的纯真。他没想到六十多岁的人约会如此复杂，每个人都带着自己的包袱和缺点而来，而且性是个麻烦的问题。这段时间的性爱让他感到很空虚。在他的记忆中，那是有趣而刺激的，但那种纯真的快乐似乎早已远去。每个人都有一个失落、痛苦或背叛的故事，隐藏在微笑和希望的承诺之下。

当罗比遇到一个喜欢的女人，而她不想再见到他时，他感到一阵冰冷的失望，这使他退缩了。有时他会强迫自己进行第二次约会。他甚至吻了一个自己不太喜欢的女人，然而随后不得不面对因此带来的难题——给了别人一线希望后又拒绝她，这让他感到很不好受。所有的未知和渴望，罗比有时希望前方有人在等他，有时又认为自己不得不学会独自生活，这一切都让他发狂。他对苏珊的怀念也因此变得更深，他决定停止约会。

我也觉得有点崩溃。我曾认为这将轻而易举，我的设想是，他作为一个男人，会因选择过多而被宠坏。然而，如同所有假设一样，我错了。

罗比恢复了以前的应对方式：努力工作。这并不能阻止痛苦，但能让他在痛苦中稍做喘息，并将他与自己的能力联系起来。他在管理学院方面成就斐然，在过去五年内，他将学院从“不合格”提升到了“优秀”水平。他整顿了不良行为，提升了教职工素质，因此校董事会和家长总体上对他很满意。他的困难在于无休止的辛劳，需要他实践和负责的事情远远超出他所拥有的时间。他总有处理不完的文件，要应对激进措施带来的风险、安全保障问题以及超出他控制的随时变化着的政策。

不过，在这一切的背后，罗比在他的工作中找到了意义。他在学校里四处走动，认识了许多孩子，感受着他们的活力，并尽他所能地帮助那些有问题的人，这些事支撑着他。他对自己的新花园和学校食堂的改善项目充满激情。罗比不断有新的目标要达成，这让他充满活力。他对自己的工作很擅长：他喜欢领导别人，并使自己的愿景成为现实。当他私下感到脆弱的时候，这些事能重建他的尊严。只要他保持正确的看法，每次只做一件事，回家后就忘掉工作，这对他是有好处的。他不得不在五年内退休，而他的梦想就是找到一个新的伴侣，跟她在一起能够“重塑自我”。

整个夏天，罗比都和他的孩子们在一起，他过得很享受。他发现他们的气味、他们拥抱的亲密和熟悉感让他感到宽慰。不过，有时跟孩子们一起，他会发现自己会在他们聊天说笑的时候沉默下来。他对苏珊本应待过的地方更敏感了，这让他觉得自己缺了一半。而且，他们开始对他指手画脚，告诉他应该做什么，就像苏珊的翻版一样，但又显然不是苏珊。他们摆出一副高高在上的姿态。我能看出他向他们重复“别管我”时，情绪有多么激烈。

幸运的是，漫长的暑假让罗比得以跟随一个鼓舞人心的导师，在赫布里底群岛上参加禅修。这使他受益匪浅。和志趣相投的人在一起，进行坦率的交谈，这是他日常生活中从没有过的方式，滋养了他的灵魂。当罗比告诉我时，我看到了他眼中的光芒："我内心的渴望是平静……我已经阐明了自己的目标是生活在爱中，在他人需要时及时出现并给予帮助。"他说这些话时哭了起来。这是解脱的泪水。我能感到他心中有了更多快乐的空间，也能体会到我们是多么希望他能拥有快乐。

经由婚介所，露的一张照片出现在他的电脑屏幕上，他约她出来喝了一杯。他们在见面的那一刻产生了火花，没过几天就陷入了兴奋与激情的旋涡中。罗比开心得直接取消了与我的会面。当我再见到他时，他的体重减轻了，高兴得要跳起来。他甚至穿了一件不同的夹克，不再是那件沉闷的"老朋友"了。那个坏脾气的老头儿消失了，这让我微笑不已。露是个很有魅力的艺术家，来自黎巴嫩，已经离异，孩子都已成年。让他吃惊的是，他跟她一起享受了一生中最美好的性爱。他与苏珊的关系中，性爱只是很小的一部分。与露在一起后，他发现了自己不为人知的一面。他们尽可能多地见面，尽管双方都有挡在中间的承诺和义务。他感到活力充沛，精神焕发。爱情并不受限于年龄：当我们坠入爱河时，无论年纪多大，它都会让我们感到新鲜。唯一让他扫兴的是里奇，他拒绝与露见面——并不是因为他反对父亲拥有一段新恋情，他告诉罗比自己只是“不想去那里”。罗比对他很生气，觉得他对自己不公平，尤其是考虑到他们所经历过的一切。

接下来，在热恋了两个月之后，露突然切断了与罗比的所有联系。她不再回他的短信，也不回他的电话，就这样从他生命中消失了。他完全崩溃了。他写了一封长信，告诉她自己对她的感觉，他们在一起的时光是多么特别。他知道为彼此腾出时间是个问题，但他觉得他们刚刚发展起来的恋情十分宝贵，需要温柔以待。她没有回应。他对她的沉默感到愤怒。

最后，她回了消息给他，内容却含糊不清，说是因为太忙，这让他更加生气。这是一种不同的破灭方式，让他的想象力去填补他不知道的空白。罗比给她发了一条愤怒的短信，告诉她人们在一杯咖啡或一个电话之后才会说再见。他们曾经是恋人——她之前很快就会打招呼，如今怎么能以不体面的方式说再见呢？他不再开车去她家，也不再查看她的社交媒体状态，但都是勉强如此。他的工作迫使他坚持下去，每天穿上院长的斗篷，让他在以为自己要支离破碎的时候保持清醒。他讨厌独自待在家里，再度打开那扇通往空虚的门。最近刚发现的性兴奋所带来的刺激感一旦失去，就会每晚打击着他，引发他的失眠症。但更大的损失是联结。他渴望肌肤接触，渴望与人联系。他渴望他们的身体紧密结合在一起，抱着她入睡。

我对露感到气愤，虽然我从未见过这个女人，但我感觉她沉默的退出难以捉摸。我们一致认为，如果她不能干净利落地结束他们之间的关系，那她显然不是他要找的人，这更加深了我们的愤怒。我们试图通过研究她的恋爱史来解释她的行为：这是否表明了她的存在方式？罗比不知道自己是否“太沉迷了”。“需求”和“爱”之间的分界线很难判断，“需求”的体验是希望别人填补你的空白。爱则更加开放，尽管爱可以作为一种需求来体验。或许这是一个在未来的约会中需要考虑的因素。我们没有放过任何可能，试图弄明白一些只有露知晓答案的事情。

当罗比的怒火平息之后，他来看我，心痛又难受。一切都感觉不对劲。我建议他做一个可视化训练，来阻止他脑子里的胡思乱想。他看到自己背部有个地方：又红又肿，像个湿漉漉的球。当我问它是否能说话时，它号哭起来，哭了很长时间。然后他吸入了光明和爱，呼出了黑暗和痛苦。他能看到那个红色的球沐浴在柔滑的光线中，能感到自己的心恢复了平衡，告诉自己他们可以一起完成这件事。他无法把球踢走，但他能感觉到，尽管现在很疼，痛苦终究会过去的。这不是永恒的。虽然没有路线图，但他有一种感觉，前方的时光会越来越轻盈：他需要倾听自己身体的智慧，相信他的身体和天性。可视化图像成功地把他的关注点从他无法控制或影响的事情转移到了自己，这个他能够影响、支持和同情的人身上。罗比再次明白了，他脚下的路看起来没有那么混乱，要与自己的不适共处。随后，看似矛盾的是，平和就会降临。

罗比没有谈过他的父母，事实上都没有提起过。也许我收到了一条无声的消息，让我不要谈论这个，因为我也没问过他们的事。他的父亲在八十多岁时去世了。然而，他九十多岁的母亲现在开始生病了。他不得不从学校赶过来，陪她去医院看病，或是去她家探望。去她家里着实令人沮丧：她无法再保持家里的清洁，也拒绝任何额外的帮助。他讨厌那些腐烂的气息，黏糊糊的地面，而且照顾她是件费力不讨好的事，因为她一直在抱怨。罗比知道她独自生活已经不安全了——她很容易不关煤气或摔倒。如果把母亲送到养老院去，他害怕她的反抗会很激烈。他已经力不从心了，而且每件事总会回到他身上的现实又一次打击了他。他的一生就是，如果他不去做，那么什么都不会发生。无穷无尽的责任的负担，沉重地压在他身上，从他童年的时候起就是如此。

他说话时，我能感到这重负压在我身上，而他恢复了缓慢的语气，并且不断叹息。这让他有了一种负罪感：他厌恶照顾自己的母亲。从童年起，他就没怎么受到过善意和爱的对待。父母对他的感情都被“拘捕了”。他的母亲对自己的狗都比对孩子要好，而他的父亲一直不在——“五十五年来他从未给我做过一碗亨氏番茄汤，连一片吐司都没有”。他母亲所要求的照顾，感觉像是时间和金钱上的无期徒刑，两者他都不想花费。他很生气，因为情况将他最坏的一面暴露了出来。

在感人的顿悟时刻，他为将要发生的事情向八岁的自己道歉。他在思考时，那异常浓重的眉毛拧在一起。我能想象到年轻的他在学校的课堂上也是那样，有时集中精力，有时神游物外。那个可爱的小男孩睁大双眼，天真无邪，却被罗比追求成功、做个听话的孩子以取悦父母的欲望所击溃，这些欲望凌驾于他真实的自我之上。当他痛苦地缩成一团时，罗比又变成了那个八岁的小男孩，从他更老、更红的脸上显露出来。正是在那些时刻，他很难展现出足够的力量，去做那些能帮到他的事情，比如吸收一些能够使他恢复的活力和关爱。但在我们的治疗中，罗比有了反思的空间，他提醒自己大自然能让他冷静下来，与孩子们的亲密关系也有同样的效果。他需要给滋养了他灵魂的事物排序。他深深地叹了口气，低头看着双手，笑了笑，然后从椅子上站起来，看上去很悲伤，但有了新的目标。

夏天过后，罗比知道自己要开始寻找女伴了。露让他尝到了欢乐的滋味，他想要再次拥有。但他现在左右为难。他已经被伤害过一次，害怕再次受伤。对爱情的追求让他高呼，“带我走，吞了我，爱我，找到我”，但恐惧则告诉他，“停下来，不，别动”。他梦想着如果自己停止寻找，爱情会来找他。他应该如何前进？我没有答案。我相信罗比会自己解决的。

罗比没有强迫自己走得更快，这一点上他做得很对，受伤的、可怜的他已无法承受太多。他正完全听从自己的内心。他把时间花在努力工作上，但也经常与朋友们见面，这让他逐渐建立了信心，还通过精神练习和散步恢复了正常。他又花了八个月时间才准备好，这比我预想的要长。他决定不再在婚介所或社交软件上注册：他希望能自然而然地见面，就像他年轻时一样。他知道这会限制他的选择范围，但他无法面对随之而来的情感创伤。

通过一位大学老友，他偶然遇到了简。我能感受到他说话时声音里的乐观。他喜欢她。他们一起开怀大笑，用相似的视角看待这个世界。他不像以前和露在一起时那样疯狂地陷入爱河。他克制住自己，希望能够慢慢来，让彼此充分了解。他喜形于色地说：“我在考虑某个人，那个人在考虑我……”听起来好像他们的关系日渐亲密。他们两个逐渐明白，他们不再是孤独的，因为他们向对方展示了真实的自己，感到自己被看到，被认识，被接受了。希望这段关系能够长久。

我们的治疗仍在继续。

艾丝特：从头再来，爱在古稀之年

ESTHER: Starting Over, Love at Seventy-three

艾丝特读了我的《悲伤的力量》[1]一书后，写信想要见我。她描述她对治疗的需求时直截了当，让我觉得很有说服力。六个月前，她和第二任丈夫理查德的离婚协议终于敲定，而且她似乎过得很不错。“我的朋友都说我越来越好了，我经常探望我的儿子迈克尔以及他的两个孩子，还去美国看望过女儿瑞贝卡几次，甚至照顾过她两岁的女儿。我是平纳犹太教堂的活跃分子，我常去健身房，重新开始学习艺术，去听音乐会，读了很多书。我结交了不少新朋友，也跟老朋

1　书已于 2018 年 12 月由广西师范大学出版社引进出版。——编者注

友保持着联系。”

她告诉我，她今年七十三岁，五十岁出头就跟孩子的父亲离婚了。第二次婚姻的终结让她感到解脱，却又被一种巨大的失败感所掩盖。她辩称离婚就像死亡一样是一种损失，有其自身的复杂性、悲伤和痛苦。她来看我是为了最大限度地过好自己不得不过的生活，而不是沉浸在恐惧和失望的情绪中，她一直对身边的人隐藏了这种情感。事实上，她已经在下意识地尽己所能来处理这种损失，这让我觉得我们的工作可能会有积极的结果——她已经站在自己一边了。我积极地回应，同意通过网络电话来谈一谈。

艾丝特身材高大，皮肤黝黑，浓密的灰发齐肩，穿着一件色彩鲜艳的衬衫。她给了我一个略带调皮的微笑，好像在说“我抓到你了”。我很感动，因为我意识到她立刻信任了我，好像她通过我的书早就认识了我一样，如此一来，我们就能跳过最初建立互信关系的前三四疗程。当我说话时，不需要说太多，这些话就能直接落进她的心里。她会判断我说的是否属实，让她的情绪反应浮现，然后找到词语来描述她的感受。她会不时地俯下身，记录一些笔记，以备之后认真思考。这种模式贯穿于我们的治疗过程中，并提醒我信任是关键：她知道我不会评判她，会对她坦诚相待，而我也全心投入到了她过去几年的生活中。我敢肯定，她可以凭直觉从我的眼睛中看出，我觉得她富有感召力。除了名人之外，我没有太多老年女性的优秀榜样。我对衰老的唯一印象是缓慢的衰弱和退化，这意味着我自己也害怕衰老。

艾丝特告诉我："看你那本书时，我在看到关于父母去世的章节时哭了，而在伴侣去世的那一章没哭，这很可能说明了问题。"这让我们都洞察到，她在心里仍觉得自己还年轻。我们最初的治疗是为了在她脆弱时给予支持，同时揭示其他事情所要"说明"的状况。我问起了她跟理查德的关系如何。

经过几个疗程，艾丝特为我们阐明了他们之间的故事：她五十七岁时在一次会议中遇到他，当时她是活动组织者，而他是个工程师，来展示他的工作成果。从遇见的那一刻起，他就对她产生了明显的吸引力，也正是他对她的渴望让她印象深刻：他与她那相当保守的第一任丈夫截然不同。理查德承诺在感情上和经济上照顾她，让她过上一直渴望的稳定生活。认识他不到一年，她就离开在牛津的家，搬去跟他一起住，远离了以前的生活，最重要的是离开了她的两个孩子。她的儿子迈克尔当时二十三岁，觉得自己被母亲抛弃了，因此非常生气。理查德不愿意让她的孩子参与到他们的生活中，使得冲突加剧。他们之间最初的热恋持续了很多年，他们互相激励，找到了一种对彼此来说既有趣又快乐的生活方式。

断层线是理查德的控制欲，尤其是他在艾丝特和她的孩子们之间竖起的那堵墙。这引起了无休止的争论，而且一直没有得到解决，艾丝特处于一种窘迫的境地，她觉得自己既是坏母亲又是坏妻子。随着时间的推移，他们的关系不断恶化，艾丝特告诉我："让我选择理查德而不顾我的孩子是不可能的。最终这要付出的代价太大了，会把我们割裂开来。"

艾丝特是第一个宣布他们婚姻结束的人，这让她想起了第一次离婚时的痛苦回忆。理查德很震惊，他没注意到他们争吵的警示信号以及艾丝特希望他改变的恳求。他被激怒了，竭尽所能地要夺回控制权：他拒绝搬出他们的房子，还用财务结算来作为惩罚她的方式。他拒绝跟她说话，而她诉诸法律抗争，度过了地狱般的一年。对艾丝特来说，独自生活，害怕孤独终老，经济上没有保障，这些在她的身体里激起阵阵的焦虑，使她身体虚弱，睡不着觉。她诉说着自己的内疚、解脱以及在争吵终于结束时感到的巨大悲伤，面对我大声哭起来。她哭的时候会在椅子上摇晃，握紧拳头来抗拒痛苦，然后深呼吸，感受着允许自己痛哭而得到的解脱。我们都知道，用语言识别出她复杂的情感并不能神奇地让它们消失，但这是促使改变发生的关键的第一步。

我建议她给理查德写封信，并不一定要寄出去。我刚说出口，她的脸就皱了起来，胸口起伏，抽泣个不停，想要说些什么。我轻轻告诉她先深呼吸，敞开了哭，直到她找到合适的话说："是的，是的，这是我能做的。"接下来的几周，艾丝特给理查德写了封信，并一次次地修改。那是一封我从没读到过的长信。在她脑海里积攒了多年的话流淌而出，没有经过我的任何指导。她告诉我，在信里她谈了他们最初的爱情，结婚时的力量和幸福的回忆以及他们的困境。她写下了那些希望能和他一起解决的事情以及当冲突摧毁了他们的爱情时，她有多么悲伤。通过这封信，她开始以更加宽容的视角看待彼此，这也减少了她翻来覆去的思考以及想让他理解自己的无止境的尝试。她本想以某种形式和他继续保持关系，但他坚决地将她从生活中剔除出去，并停止了一切联系。这是一个活生生的损失，艾丝特觉得理查德的行为就像她已经死了一样，但对她来说，当她想要平静地面对时，这段关系仍然存在，而且没有得到解决。

我们的关系变得更加深入，彼此建立了信任。我简单但准确的反应，意味着艾丝特感觉自己被倾听了，关键是她真实的自己被看到了。我觉得她也感受到了我对她无声的关心和钦佩。艾丝特开始谈论当祖母的事，她本想做一个轻松而快乐的祖母，然而她办不到。她的朋友们不断告诉她，自己和孙辈在一起有多么开心，她会点头微笑，然而这并不是她的真实感受。她越来越焦虑，因为她的儿子迈克尔想带妻子出门度假一周，让她帮忙照看孩子。她虽然同意了，但却感到非常害怕——独自一人做这件事会很困难。如果有理查德在场，就算他不帮忙，也比自己百分百负责要好，她觉得心慌意乱。她知道会有愉快的时刻，但她感到压力巨大。她记起了上次照顾孩子们的场景：当他们搞得一团糟，或是不听话时，她不得不抑制自己朝他们大喊大叫的冲动。

我们意识到这与控制力有关：从她的童年时期就开始的控制。当她还是孩子时，从来没有发过脾气，也没有抱怨过。因为担心得不到关爱，她不得不做个乖乖女，生活在她母亲严厉的管教之下。她四岁时，因为吃饭时吐西蓝花而被扇了耳光，早年的记忆让她的脸颊因为羞愤变得通红。作为一个母亲，这些遭遇不知不觉地在她身上留下了痕迹，对此她并不真正感到愉悦，因为出于同样的原因，她需要控制力，并且感到焦虑。照顾两个孩子是她的绝对极限。再多的话，她的脑袋就会变得“模糊”。

我们探究了她“模糊”的根源，发现她心底有一种来自父母的挑剔声音，不断地贬低着她。我们第一次清楚地看到，她没有快乐的回忆，没有玩耍的经历，没有关于娱乐的身体记忆。她小时候从来没有拥有过，也从来没有和自己的孩子一起玩乐过。当开始明白这一点时，她的声音中流露出真正的悲伤，她迟疑不决地意识到，她内心的孩童从未被允许发脾气，现在则必须容忍她的孙辈们可能会发脾气。这触发了她内心的愤怒，因此变得“模糊”起来。

我和她一起想知道，如何才能抚慰她内心的童真以及如何才能将她脑海中关于母亲或祖母的完美形象抹去，让她接纳自己更为现实的凌乱形象。也许她可以发脾气——吐出西蓝花而不遭到指责。这种可能性激发了她的能量，她笑了，顽皮的一面变得生动起来，我们度过了愉快的一刻。我告诉她，我在她身上看到的这种活力，胜过其他人评论她的那种不断担心的样子，她微笑着直视我的目光，然后走到一旁思考这件事。

艾丝特与孙辈们共度的一周非常成功。为了控制焦虑的情绪，她为自己的公寓安装了儿童防护装置，还安排了一大堆事情去做。她挑剔的声音偶尔会出现，特别是当她和其他祖母们在一起时，她觉得她们拥有自己所缺失的神奇的育儿技能。她意识到自己可能总是有一些焦虑，不知道随着年龄的增长，这种焦虑是否会加剧。但她身上闪耀着自豪的光芒，她对自己能做些什么有了更深刻的认识，和孩子们在一起享受了真正的快乐。在她描述将孩子们推下滑梯后他们多么高兴时，我能从她的目光中看到，那些情不自禁拥抱的时刻以及孩子们的阵阵笑声，如何以一种新的方式点燃了她的爱。作为一个母亲，同时也是一个孩子，她克服了自己一些伤痛的记忆。照顾孩子让她疲惫，身体上也付出了代价——她的膝盖受了伤，背部也感到疼痛——这让她接触到死亡的气息。她在道别时随口告诉我，就像在评论天气一样，说她害怕的是衰老的过程，而不是死亡本身。我一直在思考这个悖论：当我们年老时，一旦意识到活力，就会不可避免地引发对退化和死亡的觉悟。

当艾丝特去找迈克尔时，她感到有趣的是，我们的治疗让她对周围的人有了更强的洞察力。她的第一任丈夫也在场，她观察到他也不是个投入的祖父。他大部分时间都在读报纸，自言自语。艾丝特看到当第一任丈夫和她在一起时他是如何惹恼了自己，而现在，他也同样惹恼了她的儿子，这让艾丝特感到满足。她注意到迈克尔也没趴在地板上陪孩子们玩耍，他有些心烦意乱，而他的孩子们在争先恐后地吸引他的注意力，有时甚至很粗暴。他们没有听从父亲的行为指导，她反思了一下，发现他们想要的正是她小时候想要的东西：父亲的凝视、坦率的感情和他的时间。他们至少有父亲陪伴，而且不像她小时候那样充满恐惧感——他们甚至在父亲工作时给他打电话——但是他的忙碌以及他用来对抗真正的亲情的盔甲，仍然存在于他身上，就像他之前的几代人一样。

艾丝特的困境在于要不要对此说些什么，为这我们争论了好几次。这是她的角色吗？会不会被儿子认为是批评？她有责任对此指手画脚，或是横加干涉吗？她和迈克尔的关系仍然脆弱，他觉得理查德从他身边抢走了母亲，多年后母子关系虽然慢慢得到重建，但他心中仍有很多愤怒，时不时会爆发出来，尤其在他喝完几杯酒之后。她尝试过写信给儿子，写了很多版本但都被她撕了。她认为他不会花时间好好读信的。她心中的母性想要帮助他，保护他不再重蹈自己的覆辙，找到一种方法，说出那些她现在终于想明白了的心里话。然而，她最终什么也没说。她希望将来有机会，他们可以一起进行讨论，届时她能够承认自己的角色和感悟。治疗给了她穿越时空的能力，让她从七十三岁的祖母身份中走出来，并从自己过去的经历中学习。她强烈希望这种领悟能够向前迈进，改变她家庭未来的代际模式。

艾丝特对婚姻终结的伤感贯穿了她大部分的治疗过程。她本身并不怀念理查德，但他们一起生活的方方面面不断给她带来失落感。失去那么好的公寓着实让她烦恼，虽然她并不希望这样。尽管她为自己能过得称心如意而感到骄傲，但理查德的钱并没有给她带来幸福。不必再费心处理他们之间不断的争吵，这让她感到解脱，但她怀念那些彼此分享生活细微瞬间的简单陪伴：一起看个很棒的电视节目，以此从与交通或网络的日常斗争中放松下来。

有一种失落让我感到震惊，那就是社会对她恢复单身的反应。她笔直地坐着，握紧双拳，告诉我现在有些人是如何轻蔑地对待她的，就好像她已经跌落到了重要性等级的底层，说的话常被人不屑一顾。参加宴会时，人们会把她安排在也被认为不重要的人旁边，她对此心知肚明。住在朋友家时，她不再被安置在客房里，那是为已婚夫妇预留的，她只能住在阁楼的儿童房里，与里面的“蝙蝠侠壁纸”做伴。艾丝特第一次体会到，身为单身的老年妇女是多么不受重视，人们对她往往一瞥而过。

我们发现了理查德的存在如何在社交上给了她信心：面对外界时，夫妇二人是强有力的组合，而她现在感到无比的孤立无助。失去了能保护自己的夫妻关系的盔甲，她不敢再争辩，也没有勇气展现强硬的一面——这非常棘手，因为当她真的外出时，她会感到更加恼火。在 21 世纪，夫妻二人比独自一人坚强两倍的想法是错误的。或许这是我们原始的、本能的无意识反应，认为一个单身老人不再构成威胁，也不具有价值，可以被抛在一边。

离婚带来的另一类得失是友谊关系。人们必须忍受整个重新调整的过程。艾丝特觉得，其他女性将她视为潜在的威胁，而不是朋友。她认为有些朋友对她不忠实（为此她很气愤），特别是有个朋友曾与理查德共进晚餐，但对她撒了谎。其他朋友都很棒，她感到在他们面前敞开心怀倾诉悲伤，拉近了他们之间的距离。她深爱的两个最亲密的朋友都结婚了，尽管她从与她们一起的时光中获得了力量，她仍然意识到平衡已被打破，现在她是单身。她们回家都有各自的伴侣守候，而她回家却独守空房。如果有朋友带伴侣出席，聚会就变成了三人行，感觉很不对劲。她们的丈夫也有一种未说出口的紧张情绪，他们不喜欢她“偷走”自己的妻子，并对她们谈话的开放程度感到害怕：她对他们的了解远远超过他们可以接受的范围。不过，当艾丝特回忆起她们是如何力争跟自己见面时，眼睛里闪烁着光芒。她们有时感觉到她在退缩，就会给她发短信坚持见面，因为她们担心她认为自己给别人添了麻烦。

然而，尽管面临上述挑战，艾丝特仍精力充沛，享受着刚刚获得的自由。她在犹太教堂做义工，帮助难民，这让她觉得很有意义。她严肃地对待并采取措施以防患认知症[1]：锻

1　原文 dementia，一直被译为“老年痴呆”，但随着人文主义观念的修正，老年痴呆的说法已不再被广泛使用，因其并不能客观反映一种疾病，并对老年群体不友好。因此，我们将其译为目前医学上使用的“认知症”一词，使其能够涵盖这种疾病的一切症状。——编者注

炼身体，参加艺术课程，练太极。我对她的活力感到钦佩，并且直言相告。她不会用“一把年纪了不能尝试新事物”这样的陈词滥调来限制自己。有一次，艾丝特低下头，羞愧地低声说，她不停地想着男人。她咬着嘴唇，斜眼看向一边。犹太教堂里的某个男人让她觉得很有魅力，她为在他身边时感到的性吸引力而尴尬。我不知道她的羞愧是否源自与她年龄或宗教相关的性压抑。我们试了几条死胡同，最后发现这来自她早年时为母亲感到的耻辱，她的母亲是个调情老手。她爱好勾引男人，当然，自己的丈夫除外，她对他不屑一顾。这在艾丝特心中留下了一条无声的禁令：不准调情。

我承认早年经历的影响力，但我更看重它的另一面，这样的经历让她成为一个充满生气和魅力的女人，至少还能再活二十年。我还提醒她，最初联系我就是因为她很孤独。她笑了起来，我们一致同意，被人渴望是令人愉悦的。随后，就像一扇门砰的一声关上了。她在椅子上坐起来，交叉双臂，提出了一个精彩的论点，说明她为什么不愿意也不能够进入另一段恋情中。她的孩子是那么需要她的全心照顾，而且她想要自由地去美国看望她的女儿瑞贝卡。

我在心中暗笑，争辩越激烈，感情就越强烈。未来的一段关系已经播下了种子，我为此感到高兴。

接下来几个月，艾丝特的适应能力继续增强。尽管随着年龄的增长，她发现外出旅行和陌生的地方越发令她不适，但去美国探望女儿的过程仍令她愉快，她对她们之间简单的关系感到高兴。她在犹太教堂的工作和人脉是有益的：她的犹太意识，对某个族群的归属感，都在随着年纪的增长而增加，并在很多层面上支撑着她，尽管她不经常去做礼拜。

她对迈克尔的关注和忧虑反复出现，我认为他们对彼此似乎有一种矛盾的心态。无论抱持着哪种情感，总有另一种情感同时存在着，比如迈克尔对她的愤怒就表明，她对他有多么重要。我怀疑他们已经陷入了这种沉默的窘境：她与理查德在一起后缺位的那些年，似乎使迈克尔认为他有无限的权利来惩罚她，而她的职责就是顺从，否则她就莫名地又变成一个糟糕的母亲。我在她眼里看到了诧异的神色，似乎她本能地想要同意我的观点，但过了一会儿，她原有的批评声音开始与她新的认知做斗争。她微笑着表示，“你说的可能有道理”，随后想知道她应该怎样与儿子坦诚交谈，才不会引发一场激烈的争吵。最后她激动地说：“养育孩子这件事就是没完没了，不是吗？”我们都为这个事实笑了起来，我表示同意，但补充说这是会变的——它可以改变，并且当孩子长大时，需要做出改变。

再次见到艾丝特时，她一开始就咯咯傻笑，将刚刚修过的深红色指甲按在脸颊上。“一周的时间很长，彻底改变了我的生活……我遇到了一个非常、非常、非常重要的人……就像坐火箭一样。九天感觉像是九个月。”她在一场讲座上遇到了彼得，后者邀请她在第二天一起喝咖啡，从那一刻开始，他们就尽可能地在一起度过每分每秒，有说有笑，直抒胸臆，爱意绵绵。当他们不在一起时，也会接连打几小时电话，或是不停地发短信。聊天，说笑，想把自己知道的一切分享给对方。彼得比艾丝特小几岁，是一名科学记者，他离过两次婚，有个女儿。他在十五年前经历过一次严重车祸，一条腿因此截肢，为此他有点难为情。这意味着他们还没有发生关系，但他说：“我们没有做爱，但我们的大脑已经做爱了。”艾丝特有着同样的感受，她傻笑着告诉我，一想到彼得，她身体的欲火就被点燃了。

艾丝特想用从前两段恋情中总结出的智慧提点这段关系，在进行艰难对话的同时，保持自己的独立性。她不想重复和理查德在一起时那种窒息的感觉。我告诉艾丝特，她脸上的喜悦让我心潮澎湃。我能感觉到恋爱的感染力，这给了她无穷的能量和乐观的态度。被一个男人渴求和想念，成为热望和关注的焦点，满足了她内心深处的需求。这种认可让她哭泣，她告诉我“它让痛苦变得清晰可见”。她清楚自己余生还想再爱一次，但没想到能够获得这份爱。现在，通过与我的交谈，她想抓住这次机会，她意识到这在任何人的生命中都是罕见的，尤其是在她这个年纪。

接下来的几周，他们的关系进展迅速。对艾丝特来说，最重要的是彼得想见见她的孙子孙女，并和他们一起玩得很开心。这一点就足以打破她可能遇到的各种阻碍。彼得跟理查德完全不同。他跟她的儿子见了面，而且相处得不错。他们与重要的朋友和家人共度时光，每个人都为他们感到高兴，这让艾丝特觉得非常感动。一位结婚四十七年的朋友发出了羡慕的叹息，为此她笑得合不拢嘴。幸福从她身上倾泻而出：她无法阻止脸上的笑意，她对生活感到乐观，对自己充满信心。

幸福生活的下一篇章需要一些现实的检验，这让艾丝特感到惊讶。我感兴趣的是，自己就像听一个二十岁的小姑娘谈论一段新恋情一样，听着艾丝特谈到为了回应彼得最近的唐突行为，有些日子他们发的短信变少了，然后在某个晚上，他们都被“击倒了”，最后一起上了床，度过了一段“愉快的时光，他很显然知道自己在做什么”，这让她感到不安，担心他可能不如自己一开始想得那么善良和坦诚。

艾丝特能感觉到轻飘飘但又如同钢铁一般的伤害、拒绝和无助，这与她过去的经历遥相呼应，让他们两个都望而却步。她也能感觉到乐观的心态在萌芽，想对他更加坦率，让彼得知道她渴望拥抱他，也渴望他的拥抱。这些都是她在他们喝咖啡、看报纸的时候想到的。她的感受，她的担忧，她的心事重重，她想要和不想要的，都是对爱情的普遍反映。情感不会老去。我看到艾丝特平静下来，因为她开始明白他们之间发生的事情。他们都有痛苦的恋爱经历，现在自然开始发挥作用。金色的雾霭已经散去，他们都有优势，也有弱点，这样的现实近在眼前。在谈论彼得时，她对他有了更深入的了解，也没有那么生气了。

她正要问我一个问题，“你觉得……”，然后突然哭了起来。她抽泣不已，结实的身躯不停摇晃，因为她立刻就知道了答案。她在想，自己对彼得退缩的恐惧，是否与当年她父亲的漫不经心有关。其实她内心深处明白，确实如此。那个四岁的小女孩对父亲关爱的渴望，在她心中挥之不去，一直在伤害她，该死的。然后，她像往常一样笑了起来。

他们度过了一段冷却期，几个星期后开始断断续续地交谈，她认为一切都结束了。这件事带来的痛苦深深印在她脸上。她无法集中精力，不能安定下来，对一切都失去了兴趣。她一遍又一遍地回顾他们之间不同的对话，想知道自己说错了什么，又有哪些话没能说出口，自己如何才能让他回来。她把注意力集中在这段关系上，在手机上写了一些没能发出去的信息，看到彼得在线，就想象着他是否也在想她。

数周前，他们订了票要一起去听本地的音乐会，最终两人还是一起去了。接下来的几个月里，他们缓慢地恢复了联系，并由此更加理解和信任彼此。他们还理清了导致彼此关系破裂的敏感问题。

艾丝特告诉我："我现在了解自己了。我可以走进自己的内心，选择如何与他相处。我会更真实地说出自己的核心感受，无论好坏。"艾丝特脸上如阳光般灿烂的笑容，告诉了我所需要知道的一切。她对他们的关系感到开心，也变得更加现实。

这意味着她现在不需要我了：她已经完成了从已婚到单身的过渡。她做了必要的功课，以适应这种新生活。与"江山易改、本性难移"的陈词滥调相反，艾丝特在她的人生观和感情观上已经做出了非凡的转变。她审视并理清了过去经历中许多痛苦的深渊：其中一些由她重新构建，痛苦已经淡化；另一些则是如何改变的教训。她已经接受了离婚的现实，甚至敢于信任重新开始一段关系。最重要的是，她开始信任和珍视自己。她带给我的馈赠，是对一个七十多岁的女性脸上无限喜悦的记忆，她充满好奇、活力和魅力，等着她的是无限的人生。

伊莎贝尔：四十三岁的离异和新欢

ISABEL: Divorce and New Love at Forty-three

四十三岁的伊莎贝尔大摇大摆地走进我的房间，看上去优雅而自信，毫无弱点。我低头看了一眼脚上磨损的鞋子，有些恼火，随后默默地笑自己：她引发了我的攀比反应，可能在其他人身上也是如此。如果我想完全认识她，就必须检讨这一点。她把名牌裙装整齐地拢到身下，检查了自己的指甲，吸了一口气，她浓密的黑色马尾辫也相应地摆动了一下。她的目光透过刘海看着我，告诉我她不知道该从何说起。在她完美的光环下有一道裂痕。

为了让伊莎贝尔有时间定下心来，并对我有所了解，我告诉了她我是如何工作的：确定合同细节，我们会定期回顾检查，以确保她得到自己想要的。我强调了如实反馈对我的重要性。为了减轻她表达自己的难度，我告诉她，不必一见到我这个完全陌生的人，就一头扎进去敞开心扉。那怎么可能呢？我觉得至关重要的是，让她自己找到适合的方式，我们有大把时间。我认为我的角色是促进她与自己的关系，一起探寻是什么给了她生命的快乐和意义，是什么导致了她的痛苦以及她的所作所为背后发生了什么。她在哪里感到受挫？压抑着自己的哪些方面？是什么让她来寻求治疗，为什么现在才来？

伊莎贝尔从身后拿过靠垫抱在怀里，这让我们都明白，她要说的话将是痛苦的。看到她不等彼此相互了解就投入进来，我不禁怀疑她是那种没有调节挡的人：要么是空挡，要么是四挡。伊莎贝尔正在与丈夫盖伊闹离婚，他们结婚十二年了，有个四岁的儿子。伊莎贝尔创立了一家成功的手袋设计公司，这有时完全占据了她的时间。她喘着气，眼里含着泪水，语速很快，想在泪水夺眶而出之前把事实都说出来，结束这一切。火上浇油的是，她有外遇已经两年了，用她自己的话说，那是一个“无可救药的不合适的男人”——甘纳。伊莎贝尔交叉着双臂，既像在防御，又像在发出挑战，她的嘴唇不住地颤抖。

我什么也没说。在经历了说出深藏的秘密这种煎熬之后，向我曝光一切让她觉得害怕，我想给她留出空间，让她振作起来。我可以感觉到她下唇的颤抖，这与她优雅的外表形成了鲜明的对比，同时我也意识到，防御的能力是多么有用：我们有了它才能继续生活下去。但这意味着，当她将这些说出口时，心里面包装整齐的故事就变得杂乱无章了。我可以看出她惊恐的双眼正在领会自己所说的话带来的后果。她整个生活的结构正在破裂，而这是她自己造成的。

我轻声开口，让她知道我明白这对她来说有多痛苦。我想知道她对我们的治疗有何期望。她揉了揉胳膊，目光在地板和我之间扫来扫去，然后抓紧椅子，似乎要阻止自己夺门而出。最终她回答说自己也不知道，她习惯了自己解决问题。我几乎能听到，在她的呼吸声之下，有个声音在对着她大喊：“看在上帝的分上，女人，控制一下自己。”我承认她的自然应对机制是不去触碰伤害她的东西，通过忙碌的工作来远离它，然后继续生活。寻求帮助会让她显得软弱。但我很高兴她来找我，我真心想要帮助她。

伊莎贝尔又往椅子里靠了靠，然后强迫自己多说几句，她的声音因不情愿而变得紧绷起来。她父亲是个老派的英国人，娶了她的西班牙裔母亲。他们住在康沃尔郡，都不赞成她离婚，认为这是她的失败。她是做出分手决定的那一方。他们同情盖伊，后者看到她在街上与甘纳接吻——这很不走运，因为那条街不是他通常的出行路线。

伊莎贝尔对父母的评判愤愤不平，怒吼道："他们凭什么对我指手画脚？"我暗示说，在愤怒之下通常隐藏着伤害：她可能因为他们对自己不够忠诚而受到伤害吗？她确实很受伤，但随着她深呼吸，说话速度放缓，她好像第一次意识到，一切都是混乱的，现在她要寻求澄清。她感到恐惧、混乱和失落，想知道是什么使她陷入这种境地。我让她明白，我们的工作将是一起找出根本原因，探索她更隐秘的一面，并哀悼她曾经的婚姻，使她能够重建未来的生活。我告诉她这可能是一个痛苦的过程，让她自己想清楚婚姻的结束对她意味着什么。

我话还没说完，她就拿起包，重新涂上红色的口红，然后走了出去。我被解雇了，她转向了她的公众形象，要去参加下一场会议。她忍受这种混乱的能力已经用完了。

接下来的几个星期，我爆发式地听到了更多她的背景故事，全都隐藏在日常生活的边边角角之中。起初我以为这是一种回避机制，但随后意识到这是一种平衡她高度敏感情绪的技巧。如果她可以谈论工作，比如她的皮革供应商，谈论一些她能理解和控制的事情，她就有了脆弱的资本。她的母亲就是她的脆弱区域。她富有魅力，是个成功的布景设计师，曾让伊莎贝尔的同学都羡慕不已。母亲是个有趣的家长，会带着她玩一些令人振奋的精彩的游戏。伊莎贝尔尤其记得母亲带她去购物，纯粹是出于乐趣，有一次她带着最喜欢的衣服——白色迷你裙和T恤回到家。当她看到父亲那熟悉的不赞成的目光时，喜悦很快变成了羞愧。她的父亲本想分享她们的快乐，但他总是很焦虑，特别是在花钱这件事上。他试图以大人的身份施加控制，但没什么成效。没有什么能阻止她的母亲。

我可以生动地描绘出她母亲的形象，而我对所谓的“长不大的母亲”的偏见也开始冒头了。它们激怒了我：这类母亲喜欢玩乐、胡闹，寻求别人的关注，却不肯负起加倍的责任，或承担作为成年父母的职责。她们做事没有边界，虽然迷人，但对子女造成的伤害却不为人知。随着伊莎贝尔的故事展开，我心中翻涌着对她母亲的愤怒，但我暂时没有说出口，因为把伊莎贝尔从理解她自己的重点上移开并没有什么帮助。我对她的同情与日俱增。

伊莎贝尔十八九岁时，生活开始以更快的速度瓦解。伊莎贝尔相当清楚地描述了她意识到母亲是个酒鬼的那一天，她从大学放假回家，知道有些事情不对劲，但不确定具体是什么。一天晚上，她走进客厅，看到母亲在喝瓶子里的威士忌。伊莎贝尔挑战了她的母亲，质问她在干什么。母亲试图把酒瓶藏起来，用醉醺醺的声音挑衅地告诉她，自己什么也没做。这是一个痛苦不堪的时刻，她母亲酗酒的真相再也无法否认。二十五年了，情况只是变得更糟：她的母亲从来未能成功保持清醒，父母的婚姻变成了相互依赖，名存实亡。她母亲可能会有几个星期的清醒时间，然后就是饮酒作乐、起伏不定的混乱场面。我听到了母亲的谎言在伊莎贝尔身上造成的恶果。“我母亲完全相信自己说的谎话。在她讲的每个故事中，她都会用自己的说法来代替真相。责怪所有人，除了她自己。我对此真是受够了。”

伊莎贝尔说话时，我注意到她变得麻木起来。她心中交织着太多情感：对所有的伤害感到愤怒，但也有很多层次的爱慕、怨恨和失望。我能在她身上看到一个孩子无法信任自己母亲的痛苦以及她作为成人，不想受到那么大的伤害的一面。

几星期后，伊莎贝尔来找我，穿着运动服，没有化妆。有那么一阵她无法言语。她的手捂住嘴巴，不想说出发生了什么事。她跟男朋友的关系变得很差。他指责她不忠：一种愤怒的立场渗入了虚伪之中，因为他从来没有一刻假装自己忠于伊莎贝尔。他们翻来覆去吵了几个钟头，他大声呵斥她不忠，她则予以否认，每一轮争吵都在升级。伊莎贝尔像在说旁人的事情一样，说她想知道自己究竟是如何沦落到这般境地的。她四十三岁，事业有成，有孩子和丈夫，现在却被这个男人辱骂。除了自己，她无法责怪任何人，然而她也无法理解自己。

我为她感到害怕，看着她眼神中的恐惧，我在怀疑她自己和孩子的安全——幸好她的孩子和盖伊在一起。她感觉有点如释重负，因为这意味着她必须结束和甘纳的关系。至少这一切都结束了。

然而并没有。在他不屈不挠地发了两个星期的消息之后，她屈服了，开始再次和他见面。她无法抗拒他的性魅力，即便在他们激烈的争吵之后，想到他仍能让她兴奋起来。他对她有一种不可思议的性吸引力：她会成为他的玩物；他在性方面自信而专横，而她喜欢自己这种娇弱的感觉，屈服于他的命令。开始时这段关系曾是她的快乐源泉，是一场轻松的社交，能够让她摆脱老板、妻子和母亲的角色。他对她的事业并不感兴趣，这增加了他的吸引力；他只是想找点乐子。伊莎贝尔发现了一个以前从不知晓的沉迷性爱的自己。她一直喜欢性爱，我可以从她说话声音的强度中听出这一点，但这种狂野不羁的性爱让她完全地臣服。她愿意与诸神做交易，承诺这将是最后一次，不断告诫自己甘纳对她有多坏，必须结束这一切，然后她又回去索求更多。当她的丈夫盖伊发现这件事时，尽管一切非常的可怕和痛苦，但她解释说，这是为了帮助她从已经死亡的婚姻中解脱出来。多年来，她试图让这段婚姻复活，想和他一起幸福地生活，但她已无能为力。她开始恨他。一切都结束了，礼貌的疏远取代了爱情的温暖。甘纳让她起死回生。不过，他们现在的关系充满了黑暗、困难和复杂性，她似乎无法摆脱。她爱他。

我质疑这是不是爱情。就我看来这不是爱。按照我的理解，爱会让她成为喜欢的自己，给她带来快乐。这些话刚说出口，她就当着我的面崩溃了，她看起来震惊不已，泪水夺眶而出。她一动也不能动。我轻声说，我能看到有些事已经发生了，但她却说不出话来。我们一起静坐了很久。我让她做一下深呼吸。我看上去很严厉。她羞愧地转过身去，告诉我她感觉更糟了。我试图通过我的语气打动她，我告诉她，我理解她觉得自己受到了批评，我的意图是坦诚相对，但我承认听到的这些话对她造成了伤害。她用手掌抵着太阳穴，试图阻止脑子里的一团乱麻。我建议她闭上双眼，深呼吸几次，直到感觉精力集中了为止。她看起来幼小而无助，睁开眼睛告诉我，她知道太多，同时又太少。我让她放心：我们的工作就是找出她不知道的事情。她微笑着平静下来。

接下来的几周，伊莎贝尔来见我时，一如既往地举止优雅，但她内心却更加动荡和痛苦，常常在治疗过程中哭个不停。我们谈论的焦点集中在她的儿子亚历克斯、甘纳、她的婚姻和事业之间。亚历克斯十分困惑，父母之间的分手让他苦恼不堪。目睹这一切让她心烦意乱，不只是因为亚历克斯的悲伤，还因为伊莎贝尔曾在他们最初的三口之家找到了快乐，他们曾一起喝茶，在家里打发时间。当她将他们的婚姻描述为已经破灭时，这并不包括为人父母这件事。她喜欢和盖伊一起养育儿子：他正是她所希望的那种父亲——充满爱心，尽职尽责，和蔼可亲。

最近，看到母亲离去，亚历克斯显得悲痛万分，整晚都在喊“妈妈”。他还经常待在伊莎贝尔在附近租的公寓里，想把他的旧卧室搬进去。她同意盖伊的观点，在亚历克斯适应他们的分居之前，他们不能和他一起玩，尽管这让她心碎不已。他们都接受过建议，要如何告诉儿子他们正在离婚：诚实明了，支持他表达自己的感受，回答他的所有问题，并跟他讨论这对他实际上意味着什么。重要的一点是要一再强调这不是他的错。在他们各自生活的基础上，为他创造的环境越稳定，越有爱，效果会越好。谈到儿子时，伊莎贝尔抽泣起来。这是她感到失败的主要原因，她为无法给亚历克斯提供赖以成长的完整家庭而感到悲痛。

他们同意共同养育儿子，亚历克斯每周会在父亲和母亲那里各住一段时间。盖伊是个好爸爸，但他对伊莎贝尔怒不可遏，这让她与他的定期接触变得非常痛苦。她哭着回忆他们在一起的幸福时光。她想告诉盖伊，她很抱歉对他造成了伤害。她感到很内疚。她内心的一部分仍爱着他，因为他是她孩子的父亲，是她曾经爱过的人。

我问她，离婚对她来说是不是正确的选择。伊莎贝尔坐得笔直。“是的，这段婚姻已经完了。”她的爱只属于他们遥远的过去的时光。她解释说，他们的关系一直很好；性生活虽然很平淡，甚至算是无趣，但她可以将之放在一边，认为这并不是她生活中重要的部分。过去三四年来，她试图与盖伊交流，但任何努力都没有奏效。他听不进她的话，能把整个谈话内容忘得一干二净。他经常很晚下班回家，看起来疲惫不堪。她觉得自己好像不存在似的。盖伊是个汽车推销员，他就像在和他的手机过日子一样。他拿着手机触摸的次数比抚摩妻子的次数多得多。他一门心思想着获得新的销售业绩。为此，他们争吵过，他争辩说他带来了更多份额的家庭收入，并希望她重视和尊重这一点。争吵通常以数天的相互拖延而告终。她无论做什么来重新点燃他们的爱，都像落在石头地上，这让她觉得难受，焦虑感飙升，还影响了她的睡眠和身体机能。最后她感到被冷落了，她的愤恨变成了蔑视，敲响了她对丈夫爱的丧钟。但他们仍然住在一起，因为她知道亚历克斯是多么崇拜父亲。

当我们讨论到她在盖伊之前交的男朋友时，伊莎贝尔发现了一个关于她和男人关系的无意识的信念——在内心深处，她相信自己永远不会遇到那个真正想要的、对她有着同样感觉的人。她记得自己在学校时曾被班上一个男孩吸引，但他去追漂亮女孩了——少女时期的她并不漂亮，但很性感。她会吸引男人，但他们只想跟她做爱，而不想建立严肃的恋爱关系。因此，她会有意识地与不那么酷、更为古怪的男孩约会，比如盖伊。伊莎贝尔听起来很伤心，因为她意识到跟盖伊在一起时，她感到孤独，而且从未把自己完全献给他：她有所隐瞒，尽管他很可靠，但她并不仰仗他。残酷的事实是，盖伊让她感到无聊，她嫁给他完全是因为担心找不到更好的人了。她想改变这种信念，找到一个她认为在精力、性欲和野心上都与她匹敌的人。

泪水轻轻地从她脸上滑落，她说自己飘浮在地面之上，离开了一个地方，却没有安全降落在其他地方。当伊莎贝尔更加深入自己的内心时，她哭得更厉害了，因为她意识到自己还不够了解自己，也不知道在哪里降落。她在领会自己所说的话时，沉默了很长时间。然后她继续反思，说她一直在赛跑，如同以前说的一样，为了逃离她的父母。还有一些是为了赚到足够的钱来控制局面，同时也是——又是一段漫长的沉默——为了逃离自己。我感到松了一口气，因为她找到了自己获取这些认知的内心轨迹。在此之前，它一直被压抑着，如今将引导她走向未来。

伊莎贝尔对甘纳的事谈得越多，我就越觉得这反映了她母亲的酒瘾在她身上的循环，虽然成瘾源不同，但路径一样。她不愿沿着这个思路想下去，会马上转换话题。直到有一天，伊莎贝尔走进来，她身上穿着的优雅外套，与她苍白的脸色和“不要看我”的眼神形成了鲜明的对比。她的声音颤抖，短促地吸了几口气，跟我东拉西扯，就是不肯说出真正要讲的话。我轻声告诉她，我看得出她在为什么事心烦意乱。她用手帕紧紧捂着眼睛，遮住整张脸开始号啕大哭，身体不住地前后摇晃。我无法决定是否要走到她身旁，让她感觉到我把手放在她肩头安慰她，她可能会理解为我希望她停止宣泄情绪。过了好一阵，她的泪水才平息下来，手帕仍捂在眼睛上，开始吞吞吐吐地说话。

伊莎贝尔又和她的男友发生了一连串糟糕的事。她不想细说，但心中充满了羞愧和自我厌恶。她多次用到了“堕落”这个词，引起了我的警觉。经历了一个可怕的夜晚后，她醒来时感觉不舒服，并向自己保证不再联系他。然而一旦下班回到家，所有的孤独感和欲望就会将她压倒，形成一个恶性循环。我们花时间回顾了一下正在发生的事，然后我不由自主地问她：“你恨你自己吗？”

她把双手和手帕放在大腿上，然后直视着我。“是的。”

没有含糊其词或遮遮掩掩。她憎恨自己。每天都是一个毁灭的循环，而她不知道如何停止这一切。我感到胸口一阵剧痛：她的感觉竟然如此糟糕，以至于选择了自我毁灭，而不是好好生活。

我让她知道，我能感受到她的痛苦，然后清楚地告诉她，她是有选择的。我承认，发生在她身上的大多数事情都不在她的控制范围内，但这件事她可以控制，也只有她才能做出选择。我们讨论了她的选项：继续与甘纳交往，减少见他的次数，或是再也不见他。她说她真的很想停止与他交往，我能听出她说这话时声音里重新焕发出的能量。她对他的控制显得无能为力，难以拒绝，尽管听起来很难接受，但在我看来，这意味着她属于瘾君子一类。她畏惧了。一个街头醉汉的形象被勾勒出来。我问有什么可以帮助她，建议她考虑一下嗜酒者互诫协会，或者是它的分支机构，嗜酒者家庭互助会。伊莎贝尔反复考虑要不要去。我很同情她——谁会愿意承认自己是个瘾君子？由此带来的羞耻感，把自己暴露在一群陌生人面前的想法，都违背了她迄今为止所相信的一切。一想到这些，她就全身发抖。我没有督促她，因为我知道那会适得其反。最终她决定去，但只去一次。

我让她想办法建立延迟满足的能力。如果她能学会对甘纳说“不”，那就意味着她的明天会更快乐，短期妥协带来的高潮只会确保她的明天依然郁郁寡欢。我们讨论了她回家后可以养成的有助于她的习惯：做十分钟普拉提拉伸运动，在香薰和音乐的陪伴下泡个澡，然后吃晚饭。她不想看电视，觉得这很无聊，但可以从经典小说中找到安慰——她打算买一本《傲慢与偏见》来读。

当她离开以后，我无法摆脱她的痛苦，第二天一早，我感觉有什么在促使着我给她发消息，看她是否安好，就像我是她的朋友一样。最终我没有发这条消息。我知道自己要保持界线，相信她会对自己负责，越界是无济于事的。我跟我的导师详细谈论了她。我描述了自己早先的冲动，并讨论了要如何保持我们之间的互动，通过这种互动，我促使我们的关系让她能够信任自己，并在工作、爱情和育儿方面发挥她的潜力。这些只有她自己才能完全理解。我们不都是在某些方面上瘾吗？另外，拒绝就是瘾君子的武器。这根植在她的身体里，很可能会毁了她。我真的很担心她的安全。但如果我继续让她直面自己的瘾性，那我是不是控制过度了？把这些统统说出来，解释清楚，释放了我的一些紧张情绪。我需要尽力把握两方面的平衡：一方面指望她发挥潜力，找到自己的答案；另一方面，尽责任去帮助她。

几个星期后，伊莎贝尔带着乐观的心情回来了，她涂着红色唇膏，看上去平静多了。她参加了一些嗜酒者家庭互助会的聚会，尽管知道自己不应该在里面评头论足，但她实际上评判了每一个人，看他们的问题是否比她的更严重。她欣赏他们的诚实，然后憎恨他们占用了空间，甚至觉得他们很无聊。但是一旦离开了，她就想回去：他们的活力中有某种能量，让她觉得那里比外面的世界安全。伊莎贝尔已经开始领会他们的信息，即她是两个不同的人：正如我所提出的，她拥有不同版本的自己。一个是成功的商业女性，强大而富有创造力，甚至是个领导者。这是公开的版本。但当她感到不开心时，就会转向另一种人生，这是由她童年的创伤引发的。顽皮和叛逆给了她一个与伤害斗争的机会，面对她的父母和所有权威的人物，这是一种情感上的胜利姿态，当然，这也反映了她母亲那种危险的成瘾行为。它让痛苦保持在原位，不被触及，并可以在任何时候被她拖出来采取行动。

我们讨论了情绪清醒和身体清醒的概念。作为酗酒者的孩子，她经历过情感的陶醉，执着于不正常的关系带来的兴奋感，在这种关系中，沮丧和压力阻止了最初的伤害。正常运作的关系会让人不舒服，因为它们不会掩盖或抑制早期的痛苦。伊莎贝尔不情愿地承认，她已经习惯了“感觉不好”这种事。我们的工作是将不同版本的她联合起来，因为每个部分都有需要被充分倾听和关注的声音：合唱团需要一起歌唱，而不是互相冲突。

伊莎贝尔开始去上普拉提的课程。这门课让她意识到自己的身体状况有点糟糕：她根本没有自我护理的机制。她发现普拉提很适合自己的身体。和她在一起时，我感觉平静多了，后来欣慰地听说她终于和甘纳分手的消息。他们没有任何联系了。她第一次意识到自己是孤身一人，感觉大受震动。与甘纳在一起带来的沉醉，已经麻木了她对离开旧有生活感到的悲痛。这给了她一种虚假的自由自在的兴奋，然而现在她置身一个新的境界：孤独地为自己的梦想哭泣。不过，这也给了她一个空间来思考自己想要什么，她根本不确定自己是否想要适应这个社会要求建立一个传统家庭的压力。她几乎没有看到过家庭和睦相处的例子。伊莎贝尔听起来既坚决又愤怒，她说她总能找到属于自己的方式、自己的答案。这一次，她将是自己的问题的答案。她的爱情之路可能与其他人不同，她会想办法振作并应对。跟她在一起，我感到满满的活力与好奇，感觉我们正在取得进步。

接下来的几个星期，在巴黎举办自己的手袋精品展占据了伊莎贝尔的生活。她带着兴奋和一丝担忧，描述了所有需要做的工作：准备样品，定价和布置展台，组织时装秀，旋风般地开会，与媒体、零售商和展演方打交道，这一切都得在五天内完成。展会取得了巨大的成功，新的订单纷至沓来。当所有的促销宣传都结束，伊莎贝尔也把积压的工作都完成之后，她进入了缓冲期。那段时间，工作带来的兴奋曾取代了甘纳带给她的兴奋，这是我没有预料到的。她告诉我，她之后故态复萌，又开始与甘纳联系了，甚至偷偷在日程里留出了去见他的时间，也不告诉盖伊她在哪里。

我问她能否告诉我发生了什么事。她描述了自己内心的空虚开启了想要联系他的渴望，她被他们之间激烈情感的记忆所吞噬，这占据了她的心智。她的疲惫和孤独也在推波助澜。我的脑海里出现了嗜酒者互诫协会对危险的缩写词——HALT——饥饿（Hungry）、愤怒（Angry）、孤独（Lonely）、疲惫（Tired）。这意味着成瘾者应该问问自己，他们是否正在经历这四种情况中的任何一种：如果答案是肯定的，这就会降低他们对成瘾的抵抗力。就算没有四项全中，她也已经勾选了至少三个选项，并做出了与“停止”相反的动作——她没有寻求帮助，而是给甘纳发了消息。他们使用“搭讪”这款社交软件，让彼此感觉近在咫尺，随时待命。一方面她完全无法理解，说这是她内心的失败者在作祟；另一方面她清楚，自己完全上瘾了。她最大的旧瘾再次发作。性爱带来的兴奋与可卡因对大脑的刺激是一样的，她又把自己陷了进去。我很担心。我感到心中有个结绷紧了，担心她的安全，想着如何让她重回正轨，同时我还感到沮丧。我自己的一些问题混淆了我的情绪。

我们一起反思了一些伊莎贝尔原本知道而忽略了的事情：她与甘纳的关系，其实是她对母亲的信任破灭时内心受到伤害的一种表现。伊莎贝尔知道，她内心的那个孩子正在重演那个恶性循环的版本，希望这一次能治愈她的痛苦，让她感觉好受些，但她也明白这是不可能的。我能感觉到她的力量和脆弱以及她和甘纳陷入的那种疯狂状态。它就像一个魔咒，一个她无法掌握的异常维度。她不想成为这个沉迷于消极行为的受伤的孩子。一想到这件事她就反感。目睹父亲和母亲相互依赖了几十年后，她知道自己受到了影响：父亲一直相信情况会好转。我发现自己在敦促她保持谨慎，告诉她可能会给自己带来身体上的伤害。我看得出来，我只是让她感到羞愧而已。伊莎贝尔深受甘纳的控制，无论我现在说什么，她都听不进去。

治疗结束后，我仍然十分焦虑，在房间里不安地踱来踱去。我想对她大喊：“你能不能别再伤自己的心了？”我再次向我的导师表达了我的担忧：如果她继续与甘纳见面的话，她的儿子亚历克斯会出现安全感方面的问题。我们讨论了如何帮助伊莎贝尔适当地哀悼她的母亲。我想与她内心的声音建立联系，那个声音告诉她，自己不值得被爱，这正是她放任自己的原因。我需要支持她找到心中那个成年的自己，可以选择抱起她心中那个小女孩，尽情抚慰她。此刻，她正无所顾忌地让那个倔强、叛逆而受伤的小孩将她的生活搞得天翻地覆，那个喊着“我应该”“我不能”“我应该”“我不会”的小孩。我感到有种动力在驱使我教导她，但我心中清楚，她必须自己做这件事。她需要帮助才能找到自己真正想要的生活。我问她想要什么。伊莎贝尔对此很明确：她想结束和甘纳的关系，只是她不知道如何去做。

伊莎贝尔的生活有点离奇。她的私生活仍处于混乱的旋涡中，但她的事业却蒸蒸日上。大牌明星被拍到在使用她设计的手袋，同款商品在几小时内就销售一空。有了新的投资，她搬了办公室，租了一套更好的公寓。在灵感洋溢的时候，伊莎贝尔是快乐而热情的。她会飞奔进我的房间，为她新的设计系列兴奋不已，充满激情和活力。尽管总有员工和供应的问题，但伊莎贝尔清楚她的生意势头正猛，她对自己和自己的品牌有绝对的信心。我们如何才能让这个天生的领导者和大赢家来帮助她心中那个受伤的孩子呢？

在过去的几周里，我已经不那么担心了。我有了新的思路。我告诉伊莎贝尔：“我支持你找出对你自己来说最好的方式。我不再要求你和甘纳断绝关系。如果那是你想要的，我会支持你。”

伊莎贝尔泪流满面。她想让我相信她。我做到了，特别是在她不信任自己的时候。我相信随着时间的推移，她会抵达自己想去的地方，无论那是哪里。

我们进行了一次有趣的讨论，就是生活中应该追寻什么，目标要设多高。她在事业方面已经超出了自己的期望：那她对自己也应该有同样的梦想吗？伊莎贝尔说："我们不都梦想着会有不同的、更让人激动的、让人兴奋的自己吗？我们不都想体验那些没有体验过的人生吗？真希望我们能进入那些生活，然后轻松地离开。"她意识到她的手袋就是一种象征，每个新手袋都代表着一个新的自我。

我不得不平息自己的第一反应，那个想法太煞风景了：我们应该有目标，对于我们生活中想要的东西，应该设立现实的目标。梦想不是只有极少数人才能获得的神奇思维吗？我需要回到对她的信任上来。拥有梦想是她创造能力的关键部分，她需要坚持下去。梦想给了她希望以及瞄准的方向。我想知道她能否把这种创造力运用到私人生活中，并承诺认真对待自己。这样的话我们或许会取得进展。我问她，她为未来构想了一个怎样的人？

伊莎贝尔让我大吃一惊：她对自己想要的男人有着清晰的画像。一个像她一样有雄心、有魅力、性感的人，但这是为了找到与她对等的人——一个她尊重、仰慕、可以依靠和信任的男人。当完成对他的描绘时，她笑得如此灿烂，如同阳光初绽。她让我相信了那个梦想。伊莎贝尔看起来很兴奋，活力四射。她想要一段新的感情，一段美好的感情。

我们的关系很牢固，但她常常害怕来见我。当她告诉我她在人生中所处的位置时，一切就变得真实起来，而这也阻止她自欺欺人。她穿着“猫跟鞋”，轻盈地走出去，谈论着要和自己的黑暗面交朋友。不对自己有所隐藏是有好处的。“我想做真实的自己，既有过去，又活在当下。”

几个星期以后，伊莎贝尔告诉我，她已经和甘纳分手了。当我不再要求她摆脱他时，她内心的某些想法发生了变化。她心中挑衅的声音不需要再和我对抗，她可以为了自己而妥协。伊莎贝尔这次的感觉有所不同。她已经准备好迎接新的人生篇章。关于真实性她说了很多。她已经“完全放下了他”，我忍不住嘲笑她对这个男人满不在乎的态度，几个月前他还让她疯狂不已。

我们审视了会让她走回头路的那些事。当她感到空虚时会去甘纳那里寻找满足感，这是她最危险的状态。伊莎贝尔需要提高对自己内心世界的意识；她需要承认自己受到的伤害触发了求助信号，然后她需要满足内心的呼救。她需要学会延迟满足，并对自己和生活中的美好事物敞开心扉。目前，她并没有领会这些。

我们进行了好几个星期的日常治疗，效果不错。没有甘纳就没有了危机，这让她可以自由地面对自己，凝神静气。

伊莎贝尔在情感上终于清醒了。她经历过非常痛苦的时刻，当她承受并检视父母的谎言给她带来的伤害时，她不得不编造虚假的故事来填补空白，在她心中创造出不良的模式。她要做的就是学会告诉自己绝对的真相，不迷失在替代的梦境中，然后学会与现实共存。她为自己曾经想要的父母感到悲痛，为他们的荒废和付出的代价深深地哭泣。当巨大的悲伤从她身上掠过时，我感到心痛不已。

她与盖伊分居这件事重新成为我们讨论的话题。她毫不怀疑自己做了正确的决定：她一开始就不想嫁给他。跟很多人不一样的是，她一点都不怀念自己的妻子身份。事实上，她为获得自由而感到振奋。不过，她允许自己感受这种损失带来的痛苦。她感觉悲伤是有形的——深入她的骨髓，她的脑海和心里。将悲伤表达出来，释放了她对盖伊作为父亲这个角色的感激之情。她也为自己感到骄傲，因为她明智地为他们的孩子选择了一个伟大的父亲。他们的财务协议进行得很困难，双方都聘请报价昂贵的律师进行了多次交锋，几乎不堪重负，但最终，尽管他们在努力争取，实际上争议的金额并不多，他们也达成了足够妥当的安排。让她深深感激的是，他们都认识到需要把亚历克斯的幸福作为他们一切行动的中心，因为她看过太多夫妇痛苦地摧毁彼此，而他们的孩子被卷入父母的交锋中，受到了伤害。

伊莎贝尔的情绪正在好转。她也开始在性爱方面找到乐趣，不用彼此承诺，只享受性冲动的力量和它带给她的快乐。尽管她叛逆的性格让她害怕被规则限制，但她养成了一些新的行为模式，帮助她应对自己内心的混乱。她开始更好地安排时间（她听说很多酗酒者的孩子都会“虚度时间”），定期锻炼，学着放权，并且开始更多地写日记——这让她能够知晓那些困在内心深处的秘密。关键是了解她的叛逆心理，这是属于她的强大力量。她意识到在孩提时代，她的叛逆心理对于保护自己至关重要，但现如今，它变成了阻隔信任的盔甲。她需要让自己变得脆弱，这样才能接受爱。随着每一种认知都被带到亮处，她的自我意识在增长，自尊也不断增强。伊莎贝尔对我咧嘴一笑，黑色的眼睛闪烁着光芒。我感受到心中闪出温暖的火花，因为我目睹了这些成长的萌芽，听到了她为自己可能的将来感到兴奋时，发出的富有感染力的笑声。“我有良好的职业道德。我相信自己的准则，也尊重别人的素养。我是个成功的企业家，我很满意。现在我可以把这一点引到自己的生活中。我看得出来情况都还不错。如果我有足够的耐心，就会进入下一阶段，现在我已经安顿下来了，接下来我的能量会吸引更好的东西。或许有一天我会遇到一个能料理好自己的人，但现在只是约会我也很开心。我不需要一个男人来完善我。事实上，我现在不想要男朋友。我开始更加相信自己，相信我正在构建的东西，相信生活要带我去的地方。我可以接受它，相信它，乐得其所。”

作为治疗师，这些是工作带给我的馈赠。看到伊莎贝尔重新燃起希望，我感到了喜悦；知道她内心深处的自我感觉如今与她美丽的外表相匹配，我感到了深深的满足。伊莎贝尔曾被情感成瘾所控制。它将她耍得团团转，情绪也受到了重创。但随着时间的推移，她克服了不断维持着她的自我毁灭行为的否认情绪，给自己灌输了延迟满足的行为准则，并勇敢地迈出了通往康复的第一步。这段过程中有一些关键时刻，比如听到她一边说“我是胜利者”，一边为获得新的认知而开怀大笑。这些步骤，随着时间的推移，逐渐改变了她内心深处对自己的看法，使她真正取得了进步。它们都是观念上的微小改变，但影响深远：这让她学会爱自己，成为一个值得被爱的人……随着这种循环的不断积累，她的故事将展翅跃进更加幸福的新篇章。

关于爱情的思考

Reflections on Love

爱情带给我们最大的快乐，也带给我们最深的绝望。它是意义和安全的居所，也是疯狂和杀戮的温床。爱情是一件有风险的事。不过，那些彼此建立了恋爱关系的人，比其他人更快乐、更健康、更富有、更长寿，对生活也有更大的热情。最大的额外奖励是他们的孩子也更幸福。建立良好的恋爱关系是生活的灵丹妙药，它不是装在瓶子里买来的，而是我们每个人都拥有的潜力。和所有美好的事物一样，爱情既不容易，也非天赐；它需要一点点运气以及我们为自身和伴侣付出巨大的努力。

研究结果清晰地表明：所有的关系都很重要——与我们

的伴侣、家人和朋友建立牢固可靠的关系是至关重要的，但努力维持我们爱情的活力也值得付出汗水和令人厌倦的等待。对于大多数人来说，找到一起分享生活的方法以及更好的解决冲突的途径，无论有多困难，都比孤身一人要好。关键不在于有个伴侣就够了，而在于你和伴侣的关系质量如何。

婚姻长期不幸福的夫妻不会获得任何好处。那些在分手后成功进入新一段恋爱关系的人，生活会重新蒸蒸日上。

2017 年，英国共有 7,700,000 单人户。其中的原因多种多样。对一些人来说，独自生活并非他们主动的选择。在爱情方面，有些人感到孤独，渴望有一个伴侣，虽然竭尽全力去寻找却失败了。另外，一个艰难的事实是，孤独会带来许多与之相关的健康问题，这意味着一些单身的人会遭受更多痛苦。另一些人则拥抱单身生活，过得健康而幸福。他们极其喜欢独自活动，可能想要多姿多彩的爱情生活，而不是一夫一妻，在拥有一大群亲密朋友的同时，不必限制自己来满足伴侣的要求，这让他们感到自由。目前，我们对这一群体的了解不多，因为研究的重点一直放在夫妻身上。我们当下生活方式的变化，远比学术研究快得多。在接下来的数年间，数据会告诉我们，新的生活和恋爱方式将带来怎样的结果，目睹这些一定很有趣。

你可能会问，为什么这一章有五个故事，比其他章节都要多。答案很简单：爱情往往比其他任何事物更让我们着迷。玛莉亚、杰克逊、罗比、艾丝特和伊莎贝尔的故事，展示了我们的每一段关系是多么独特以及它们对我们的自我意识和幸福是多么重要。因为爱情是我们幸福的核心，所以我的思考也会比往常更加广阔。我想要传达具体的理论和诠释，帮助阐明这些案例研究的复杂性以及生活中的爱情。

通过阅读这些故事，我们看到，人会随着时间的推移而改变。当谈到爱情关系时，我们面临的众多挑战之一就是分开和在一起时该如何改变。如果我们不弄清楚这一点，它将成为长期伴侣关系中关键性的风险因素。在玛莉亚经历的混乱和质疑中，尽管十分痛苦，但她内心找到了一种方法来适应，并且维持了她的婚姻。就伊莎贝尔、罗比和艾丝特来讲，我们看到他们的失落和痛苦随着爱情关系的终结而显露出来，终结的原因要么是死亡，要么是离异。对于杰克逊来说，在二十多岁的年纪就能洞察自己的健康问题和缺乏安全感的根源，意味着他会带着更多的自我认知和适应能力进入第一段恋情。希望这能保护他，使他在未来不会陷入破坏性关系的恶性循环。

这五个人中，每个人都以自己独特的方式遭受了痛苦。在爱情中最受伤的时候，他们都迅速恢复到孩童时代的自我，这非常令人同情，也说明了我们是如何在人生的各个阶段，退回到早期的自我的。对于他们每个人来说，痊愈的路径在于表达出痛苦，随着时间的推移，这会让他们再次自由地寻求爱情。年龄并不能很好地衡量我们如何相爱。我从他们所有人身上学到，我们对爱的渴望不会变老，在七十多岁的老妪、六十多岁的老翁、四五十岁的妇女和二十多岁的青年身上，它都闪烁得同样强烈。

爱情是什么?

童年时我们被爱的方式给了我们一种独特的体验，让我们了解什么是爱，并将塑造我们的态度和行为，但这并非固定不变的：我们一生中的爱情关系同样具有影响力。我们对爱的期待和感受将被我们看到和经历的事物所影响，包括家人、朋友和文化：书籍、流行音乐、电影、电视和社交媒体等，用“什么是真爱”的图像和故事填满了我们的想象。反过来，它们又是几个世纪以来形形色色的艺术家的作品，从中世纪的宫廷爱情到绘画、歌剧、雕塑和小说，都有对爱情和悲剧极其美丽的描绘。在所有的艺术形式和文化中，对爱情最常见的描写是浪漫，是陷入爱河的令人迷醉的情景，而不是长期关系中琐碎并且更安静、更平和的爱情。于是，我转向心理学研究以获得对这方面的真知灼见。几十年来，心理学家一直在深入研究爱情，但他们的研究成果在公众意识中渗透得很慢。不过，随着越来越多的人可以通过网络和播客获取信息，这些研究的吸引力正逐渐增强。

当我们浪漫地坠入爱河时，我们的大脑受到神经递质多巴胺的洗礼，对我们爱的对象怀有无法抑制的渴望。杰出的人类学家、《情种起源》（*Why We Love*）一书的作者海伦·费舍尔（Helen Fisher）专门研究我们如何去爱，她解释说，一些寻找配偶的无意识倾向源于我们繁衍后代的进化需求；它被编码在我们的 DNA 之中，至今仍激发着我们的行动。这一系统是数百万年前由我们非洲大草原上的祖先进化而来的。他们的策略是复制自己的基因，而他们最成功的做法，就是在男人和女人之间，建立本质上排他的交配关系。使用“本质上”这个词是有原因的：忠诚并不是这一事业成功的核心。

每个人都会有自己独特的爱情故事，但我们很可能会遵循一个固定模式。知名心理学家罗伯特·斯特恩伯格（Robert Sternberg）认为，“爱情可以被认为拥有三个主要组成部分：激情、亲密和承诺”。激情其实意味着性，即交配的驱动力，当我们觉得“疯狂相爱”时，“疯狂”通常才是关键词。费舍尔指出，对恋爱中的男人和女人的大脑进行核磁共振扫描，会发现大脑的许多相同的部分被激活。爱情会激发多巴胺回馈系统，常常会让我们的理性思维短路。仅这一点就告诉我们，浪漫的爱情为形成长期的伴侣关系提供了一个糟糕的基础。

爱情是这个星球上最强大的药物之一。它是一种驱动力，源于我们早期爬行动物的祖先在大脑中遗传下来的部分，深深根植在我们的脑内。无论男女，人天生就会相爱，而且我们的生理反应是相似的。它不是一种可以加工处理的情绪。我们的身体不再受自己控制：感觉就像一辆永远挂在四挡的汽车，无论我们多么想把脚从油门上挪开，换挡放慢速度，我们都没有办法做到。我们热血翻涌，想全身心驶向我们爱慕的对象，对于这个人的爱永远不够。我们渴望他们的身体、他们的气息、他们的话语和他们的感情。

正如罗比深刻的经历所示，恋爱会带来活力、兴奋和新生的感觉。当梦想被残酷地粉碎时，分手的痛苦通常会持续一年半到两年之久。

在理想的情况下，如果一对情侣在热恋的同时找到了诚实和公开的沟通方式，亲密关系就会随之而来。亲密意味着深入了解对方，同时感到被对方深入地了解。如果我们逐步温和地向对方展示真实的自我，包括缺点和所有一切，并发现它们被接受，甚至得到重视，那么我们就到达了亲密阶段。情感和性的亲密是组成爱情的神奇要素。当双方将彼此视为一个互相支持的团队，意识到他们在一起比分开时更能坚强地应对生活的变迁，情侣间的信任和尊重就会得到进一步的发展。

承诺是决定维持这种关系，让这段爱情变得长久，它通常通过婚姻制度以及现在越来越多的同居不婚的方式来实现。到了这个阶段，如果情侣计划要孩子，双方都要仔细评估他们的伴侣是否有能力成为一个有爱心、有责任感的父母。世界上的大多数文化都把忠诚作为承诺的一部分，但在所有文化中，即使有的地方会因违背承诺判处死刑，不忠都不可避免。

根据斯特恩伯格的研究，每个人所经历的爱情的程度，取决于他们的激情、亲密和承诺的深度。他们感受到的爱情，是由这些因素在每个个体和伴侣身上的表现来定义的。一个人可能感觉充满激情，但不敢做出承诺；另一个人可能是很好的沟通者，但性方面表现一般。防止受到伤害和破坏的关键，是彼此尽可能清楚地表达自己的感受和期望。为了让爱情关系打下稳固的根基而不受时间的影响，它必须随着个人需求和体验的变化，做出改变和适应。

各种研究表明，在一段成功的关系中，我们可以期望彼此可靠且友善，可以建立互相尊重的友谊，学会珍惜对方，倾听并且定期表达我们的爱和感情。在一段良好的关系中，找到让彼此约束而不紧绷的方法，同时努力保持关系的活力，会创造一种积极的动因。当我们学会彼此争吵——我们一定会，而且必须学会——并且要在争吵后修复关系时，这种动因会同步成长。当我们一起塑造生活，构建有意义的人生时，我们应该享受其中的乐趣。这一点的长期实现取决于意志和意愿。

遗传和环境对爱情的影响

海伦·费舍尔的研究强调，人类的交配游戏是复杂的，每个人在性方面的策略会因人而异，但我们进化的驱动力写在基因当中："我们生来就是为了爱。"费舍尔主张，遗传因素在我们的性格类型中起着决定性作用，而性格类型本身是由我们所处的环境塑造的。

引人注目的是，在玛莉亚、杰克逊、罗比、艾丝特和伊莎贝尔的故事中，父母关系的影响在他们心中创造了不同的模式：他们想要改变，却发现自己在重复这些场景。如果他们能意识到基因在其中所起的作用，或许他们会对自己更加宽容。正如费舍尔所述："我们的生物本性在我们心中不断低语，影响我们所爱的人。"关于依恋行为的研究支持了他们的经历，表明成年人往往会重现童年时看到的那种关系。我们的剧本植根于我们心底，并在我们的生活中有意或无意地上演。毫无疑问，稳固、可靠的父母关系会帮助他们的后代建立稳固的伴侣关系，反之亦然。缺乏安全感的伴侣，没有建立信任的内在基础，或没有能力识别值得信任的人，也会为他们的孩子制定类似的剧本。此外，这些孩子与父母的关系也塑造了他们，并且有效地预示着他们在自己的爱情生活中会如何表现。不过，一旦学会了，依恋行为的风格和模式是可以改变的。如果我不相信这一点，我就不会成为治疗师，无论遗传和历史如何影响，有了自我意识、坚定的决心和运气，我们就能够重新规划自己，发展出良好的关系。

家庭之外发生在我们身上的事也会影响我们的信仰体系，进而影响我们的行为。正如玛莉亚的故事一样，我们的初恋无论好坏，都会影响我们对未来伴侣的信任。那些初次的性行为，或是更加复杂的关系，通常发生在十八到二十三岁之间，这是尝试和发展我们对爱情和性的态度的关键时期。普遍的观念认为，它将影响离婚的数据：如果我们在恋爱关系中更注重自我，在那个年龄段享受了缺少承诺的一夜情或随意的勾搭，那我们可能不太倾向于对婚姻忠诚，或者与别人相比不那么害怕离婚。

毫无疑问，繁衍后代是我们的本能，但我们如何生儿育女，哪些行为是可接受的，都是一种社会建构。这反过来又受到传入我们头脑中的信息的影响。人们可以，也正在受到他们所消费的媒体内容的影响，如果我们以某种途径持续看到对某种关系的描述，那么我们的关系行为也会受其影响。与三十年前不同，如今的电视屏幕上有更多的节目在展示随意的性关系，而不是彼此忠诚的关系。这将影响我们把随意的一夜情看成是普遍现象。有趣的是，社会对女性的随意性行为存在偏见：女性对此承担的负面后果比男性更大。我想知道，尽管发生了性革命，那些古法戒律是否仍在回响，让女人以为性爱只是为了生育。

由于遗传和环境，社会上存在着对单身人士的偏见。人们假定，如果有人离婚了，他们就会找到另一个伴侣，而如果有人从未有过长期的关系，人们就会对他们表示同情或困惑。这和自然界中的野生动物一样原始，独行者更容易成为被攻击的目标。单身的人可能会被排斥、低估和指责。他们可能想要一个伴侣，甚至对独自生活感到绝望，但受制于麻木不仁的言论或假设，只会让情况变得更糟。

| 统计数据以及社会变革对爱情的影响

统计数据提供了一个视角，聚焦于当代社会在长期关系方面是如何变化的以及哪种形式正在成为新的常态。

现在的已婚人士比一百多年来的任何时候都要少。2014年，近34%的人口处于分居或单身状态。这是衡量社会变化程度的最大指标。2014 年，在英格兰和威尔士十六岁及以上的人口中，51% 已婚或拥有民事伴侣[1]。未婚同居家庭是增长最快的家庭类型，1996 年到 2016 年间增长了一倍多，从 1,500,000 户增加到 3,300,000 户。根据婚姻基金会的统计，“未婚同居的父母在所有已生育子女的伴侣中占比 19%，但占了家庭破裂数量的一半”。

从历史的角度来看这些变化，有助于我们增强理解。几个世纪以来，婚姻都并非关乎爱情，而是一种经济契约，最初是为了分享资源。皇室成员为国家联盟而结婚，贵族为了金钱或土地而结婚。其余则是信仰和阶级相同的两个家庭之间包办婚姻，农民结婚是为了需要一个同伴来分担劳动。到了今天，全世界 89% 的人表示，他们只会为了爱情而结婚。

过去五十年来，社会发生了翻天覆地的变化，改变了我们对婚姻制度的看法，但我们并没有适应其后果。三股社会力量引领了这场根本性的变革。心理革命削弱了社会制度的力量，增强了表现型个人主义的重要性。现在更强调个人的幸福，而不是把婚姻制度作为生育后代的稳定力量。性别革命，主要通过避孕药和妇女运动，将女性从不断妊娠中解放

1 指由法律，即民事法所确立并保护的等同或类似婚姻的结合关系，称为“民事结合”。

出来，加入劳动力大军；现在的夫妻通常双方都有工作。尽管女性可能仍然向往结婚，但原因已经不同：她们现在很少会因为地位、角色或遗产而结婚，因为这些都可以在事业中实现。世俗革命、宗教信仰和道德权威的没落，意味着婚姻不再受制于害怕违背对上帝的信仰，因此人们更容易退出婚姻，而不必担心社会污名。

｜离婚

对艾丝特和伊莎贝尔来说，离婚是痛苦但正确的决定。这种决定并非轻率而为，也不是没有经过深思熟虑和痛苦挣扎。她们的经历对应了最近的一项研究，该研究表明，离婚是人们处理过的最棘手的事情之一，但对那些发起离婚的人来说，这是最好的结果。从离婚中恢复需要时间：研究显示，人们通常需要四年的时间，才能感觉到自己的生活恢复了平稳。至于伊莎贝尔，她对离婚持积极态度的一个关键点在于，她和丈夫同意平等照看孩子，这也被证明对孩子有极大的益处。

大多数离婚发生在结婚十到十五年后，这意味着年龄较小的孩子不可避免地会受到影响。离婚的成年人中有很大比例会再婚，而再婚者中有 40% 还会离婚。这意味着孩子不得不面临多重变化，如何生活、在哪里生活、与谁一起生活的问题让他们苦恼，可能会带来长期的负面后果。对那些已经离婚的人来说，最常见的持续损害是经济困境和单亲家庭的产生，其中父亲与孩子的联系往往少得多。

艾丝特加入了“银发分手者”行列。这一年龄段的离婚率在近年来翻了一番，但老年人离婚人数的增加与整体趋势相反，自 2014 年以来，总离婚率下降了 9.1%，与 2003 年最近的一次峰值相比，更是下降了 34%。研究表明，这是因为女性在爱情关系中的态度会随着年龄增长而改变：她们变得更加坚定和自信。报道称她们经常表示自己更有信心，不太在意别人的批评，有了更多的自信。

在英格兰和威尔士，42% 的婚姻以离婚告终。2017 年，101,699 对夫妇离婚。分析认为，离婚率下降的原因是人们结婚时间的推迟，而总体来说，结婚率也有所下降。

艾丝特第一次离婚时，她的儿子二十三岁，人们可能会认为，作为一个成年人，他不会像年幼的孩子那样经受痛苦。但他的情况并非如此。对大多数父母离异的成年子女来说，情况也不是这样：他们往往会伤心欲绝。一项研究显示，他们的第一反应是深深的震惊，即使他们知道这段婚姻多年来已难以维系。他们的经历就像哀悼一样，伴随着所有错综复杂的失落、愤怒和深深的哀伤。他们可能会质疑自己过往经历的真实性，这反过来会引发所有关系中的信任问题。在哀悼的过程中，他们经常与父母对峙，或者指责那个拆散他们家庭的人，只有持续的努力和投入，才能重建他们的信任。

酗酒者的成年子女

伊莎贝尔是一个酒鬼的女儿。一般来说，酗酒的父母对子女造成的情感后遗症，特别是对他们建立长期恋爱关系的能力有何影响，往往会被忽视。酗酒者的孩子容易出现各种成瘾行为，包括情感成瘾、酗酒和吸毒。我对情感清醒的重要性印象深刻，以后我也会更加适应这个概念。

嗜酒者家庭互助会的一篇论文指出，在酗酒家庭长大的孩子，其典型特征包括“对权威形象的恐惧，孤立，害怕被遗弃，与他人共处时不自在，执着于不正常的关系以及沉迷于刺激状态，此时他们偏爱频繁的不安，而不愿选择可行的关系”。酗酒者的孩子出现破坏性行为的风险也更高，包括滥用药物、反社会行为、自卑、抑郁、焦虑和进食障碍。

这绝不是对他们结果的预测，伊莎贝尔就是一个正面的例子。然而这是一个风险因素，提高自我意识能够提供保护。为了帮助酗酒者的成年子女保持情感清醒，重建他们对自己和生活的信任，嗜酒者家庭互助会提供了“十二步”康复治疗方案。

| 关系动力学：性别和爱情

研究结果支持了我们的本能认知，即男人首先被女人的性魅力吸引，然后往往很快坠入爱河，而女人则会追求热情和支配地位。随着关系的发展，男人变得更加深情，女人则更有性欲，理想的情况是达到感情和性爱的平衡。男人和女人都渴望亲密，但表达的方式各不相同。男人更多会通过一些实际的行动来表达爱意：他们是实干家。女人则是言论家：她们利用比男人多得多的语言来表达她们的感受，为语言和感觉之间的情感联系而兴奋。这通常是关系变得紧张的来源，男人希望女人少说话，女人希望男人多说话。重要的是，双方要一起达成共识，对方"爱的语言"是什么：他们是通过手势、语言或肢体接触感受到爱意的吗？什么会让他们失去兴趣？当我们了解到爱意如何才会被伴侣最好地接受，我们才能在付出爱时更加自信，并帮助创造一个良性循环。这让我想到赠送礼物：通常人们会送出自己喜欢的礼物，而不是琢磨接受者的心思。这是一个适应的过程，需要扩充我们的心理词典，将伴侣的心理词典一并收纳，进入的同时也要摆脱他们的思维模式，以防相互依赖。在长期的关系中，语言和爱的表达方式会发生很大的变化。双方需要一起灵活地调整。

有意思的是，像杰克逊这样的男人，比女人更能坚守一段逐渐冷淡的关系，并且在分手后，他们会更感到孤独，更专注于哪里出了问题。目前还不清楚，这是否因为女人拥有更好的友谊，有助于填补伴侣的缺失，但对晚年爱情的研究显示，女性不如男性那样需要伴侣，因为她们可以通过友谊获得陪伴。

| 找到“那个”灵魂伴侣

从柏拉图时代开始，寻找“那个对的人”的故事就在各种媒介上被反复讲述，从寻找那个让我们的生命变得完整的人，到那个能填补在遇到他之前，我们生命里的缺憾的完美人选。对“那个人”的幻想，可能会在我们对某人做出承诺后持续下去，我们仍可能怀有寻找他的秘密梦想。在寻找这个理想的另一半的过程中，我们往往忽略了枕边那个人。寻找完美的灵魂伴侣的神话，对我们造成了难以估量的伤害。

人们对婚姻的期望比以往任何时候都要高。杰出的婚姻心理治疗师、《亲密陷阱》(*Mating in Captivity*) 一书的作者埃丝特·佩瑞尔 (Esther Perel) 解释说，人们对爱情忠贞的要求越来越高:“我们求助于一个人，让他提供从前全村人才能提供的东西: 一种安定、有意义、可以延续的感觉。”我们期待个人的成长和满足以及兴奋和安全感，舒适感，美妙的性生活，经济保障，还要有人帮忙扔垃圾。当这些期望没有得到满足时，双方关系感觉停滞不前，越来越多的人选择结束这段关系。我们常常抱着“要么全有，要么没有”的态度，而不是寻求在其他地方获得满足。《婚姻的两极化》（*The All or Nothing Marriage*）一书的作者，伊莱·芬克尔（Eli Finkel）指出，能够满足我们所有期望的伴侣关系可能存在，但非常稀少，还要求必需的时间和精力来进行培育，这通常会以牺牲我们生活中其他的时间投资作为代价，比如事业。我们不可能拥有一切。

拥有理想伴侣的可能性堪比神话，明智的做法是，不要仅依靠“恋爱中的大脑”来决定是否要与这个人长相厮守。安妮·巴洛（Anne Barlow）教授对夫妻关系的研究发现，美满的夫妻关系存在一些共同的基本特质，从这项研究中，她提出了以下十个“关键问题”。所有的夫妻都可以讨论这些问题，以洞察彼此之间的关系，促使它健康发展，或找出关系中需要改善的地方。这些问题也适用于情侣间做出长期承诺之前。

我和我的伴侣“合适”吗？这可以分解为以下九个问题：

1. 我们的友谊基础牢固吗？
2. 在我们的关系和生活中，我们想要的东西一样吗？
3. 我们的期望现实吗？
4. 我们通常都能看到对方最好的一面吗？
5. 我们是否都在为保持关系的活力而努力？

6. 我们都感到可以自由地讨论，互相提出问题吗？

7. 我们是否都承诺共度艰难时期？

8. 当我们面临压力时，会齐心协力渡过难关吗？

9. 我们每个人身边都有支持我们的其他人吗？

在一段忠诚的感情关系中寻问这些问题，会有什么帮助呢？泰德·哈德森（Ted Hudson）博士的研究显示，好的伴侣是我们创造出来的，而不是凭空找到的。我认为这是一个相当重要的认知。他的纵向研究表明："那些幸福和不幸福的夫妻，在客观相容性的方面没有区别。"哈德森发现，对彼此关系"感到满足和温暖"的夫妻，不相信性格是否相容是问题的所在。相反地，他们认为是他们的态度让这段关系得以巩固。这种关系的强度并不取决于他们有多相似，而更多地依赖于他们愿意适应和建立温暖与亲近的宝库，愿意帮助缓冲彼此的差异所带来的烦恼。这支持了发展相容性的理念，秉持成长的心态（"我相信我可以改变"），而不是固定的成见（"我就是这个样子"）。拥有成长的态度，意味着渡过难关，并将它视为更好地了解对方的机会，通过解决冲突，让关系得以巩固。

我没有忘记不婚同居的伴侣，这是一种在忠诚的感情关系中，越来越常见的生活方式。无论是出于自我选择，还是这种同居关系的结构，都意味着它没那么坚定，美国国家儿童健康和人类发展研究所的一项报告称:“同居关系不像婚姻那么稳定，而且这种不稳定性正在增加。”同居的伴侣比结婚的人更有可能分手，而正如我提到的，在英格兰42%的婚姻都以离婚收场。

尽管维持一段感情需要付出很多努力，也会遭遇不少挫折，但研究显示，那些结了婚、同居或约会的人，比从不约会或跟多个对象约会的人过得更幸福。

| 长期伴侣关系中的性研究

如我们所见，随着孩子们长大成人，玛莉亚对性爱的渴望与日俱增。紧张的养育子女的工作减少后，她不再精疲力竭，这为新的爱情留出了空间。

柯尔斯滕·马克（Kirsten Mark）教授对性行为的最新研究发现，“能够在长期关系中设法维持性欲的女性，被认定为性欲更强的人”，甚至在关系开始之前就是如此。这可能表明，个人层面的性欲和对特定伴侣的性欲之间存在重叠关系。这是讲得通的，重视性生活的男人和女人，在长期关系中能够更成功地维持性欲。我遇到过许多性欲不匹配的夫妇，这一问题的根源很明显在他们关系的初始阶段就出现了，就像我们在伊莎贝尔和她丈夫身上看到的那样。我一直在想，为什么他们会认为这会在长时间内有所改善。不过这毫无规律可言。我见过确实有所改善的夫妇，但这需要有意识地付出努力。

社会对女人性欲的态度正在慢慢转变。新的研究表明，女性与男性有着同等的性欲，现在她们正在公开探索怎样才能带给自己快感，并做出自信的选择，来满足自己的需求。这对于20世纪90年代出生的女性来说尤其如此，但这种情况正在渗透到所有世代，特别是通过“天哪我愿意”（OMGyes）等网站。现在有诸如“快感机制”（The Pleasure Mechanics）的网站，它们并非传播色情作品，而是提供更加开放和有用的信息供人们了解。所谓“男人每隔七分钟就想做爱，而女人只想在星期日做爱”的想法显然是个迷思：女性正在跳出这种思维惯性，拥有自己的性力量。

玛莉亚、罗比和伊莎贝尔发现，在婚姻存续期间，他们与配偶的性关系逐渐减弱。专门研究性欲和满足感的柯尔斯滕·马克教授在一项系统评估中发现，性欲存在圆周运动：你的性欲越强，就越想做爱；性生活越和谐，你就越渴望做爱。长期关系中的难关在于如何保持性欲旺盛。强调自己身份的重要性，以保持彼此之间的吸引力，这会产生很大的不同。就像非性接触一样，如果每天都有频繁的拥抱和亲吻所带来的温暖，我们会更容易变得“欲火焚身”。这是合乎逻辑的，从冰冷的隔阂跳到热情的拥抱，显然是一种更高的飞跃。如果你们“合二为一”，可能就再也看不清对方了。正如埃丝特·佩瑞尔清楚阐释的那样，安全感与归属感、欲望与神秘之间的舞步，让关系中的情欲之火熊熊燃烧。

在关系的各个方面都无可争议的是，无论面临何种困难，越早面对、解决或适应，关系就会越健康。如果任其长期恶化，困难就会变得根深蒂固，无法纾解。我为处于婚姻或彼此有承诺的同居关系中的情侣提供“关系维护”服务。一旦他们彼此承诺，成为长期伴侣，我们就会见面，检视他们中间已经存在的困难和问题；我们会讨论他们各自的经历，并考虑他们作为伴侣的优势所在。我们每年见两到三次面，让他们有机会及早处理冲突，重新确定哪些方法行之有效，并审视诸如生孩子、搬家或换工作等变化带来的后果。我们的车有车检，很多人会定期体检，而为了我们生活的基石之一——爱情关系做检查维护，明显是有道理的。

| 是什么维持着长期伴侣关系？

我们永远不可能真正知道，处在一段彼此承诺的关系中是什么感觉。我们看到一些情侣，会怀疑他们怎么可能会在一起，另一些人也让我们感到惊讶，因为他们看起来幸福美满，后来却分手了。爱情和伴侣关系中充满了谜题和魔力，无法预测，不可知晓。

约翰·戈特曼（John Gottman）博士花了数十年时间，面向数千对情侣进行了广泛的研究。他坚持认为，通过观察一对情侣吵架，最多十分钟，他就能预测他们分手的可能性。他的信念符合我与客户打交道的经历以及维持和丰富长期爱情关系的基本方式。

戈特曼的研究表明，如果一对情侣平等地致力于建立一段有意义的长期关系，这种关系往往会持续下去。这听起来很简单：两个人同意共同构建他们的生活，并找到一种方法，无论遇到什么都要在一起。我的理解是，这种承诺就像在我们的头脑中按下了一个开关。接受这一点，我们就将与此人共度一生，这意味着我们关闭了头脑中怀疑这段关系能否长久的那些声音，并将这些内心想法转变为对如何才能维持关系的思考。这种内心的自言自语，我称之为“垃圾委员会”，关于我们对伴侣的疑问和指责都被平息，甚至被关闭了，我们的自言自语就会发生转向：如何做到这一点？我们有意识地关闭了一个视角，以进入另一个视角。接下来变得重要的是，我们如何与对方互动：动力是共同创造的，注意到这点很重要，伴侣双方在创造如何相互联系的过程中，都要扮演自身的角色。

我关注的重点是我们在关系中如何转变。我从戈特曼的“末世四骑士”（下文会详述）中了解到，这种关系方式如果在长时间内经常出现，则预示着关系的破裂。坚持僵化的观点，在对与错的两极之间拉扯，意味着麻烦出现了。一开始的批评可能会导致蔑视、防御和冷战。这相应地切断了联系、温暖和信任。即使意见不合，也能适应并屈从于对方，拥有了这种能力，我们才会建立起牢固的关系：愿意灵活变通，对新情况或环境抱持开放的态度，有时还会优先考虑对方的需求，这并不意味着要做一个被动的受气包。你可以坚定且自信，但也能做出尊重和珍视你和伴侣关系的选择。它创造了一个良性循环：灵活和受到认可的感觉有助于建立信心，而信心是通过被爱来滋养的。

戈特曼的“末世四骑士”

约翰·戈特曼认为，下述四种特质是长期幸福关系的敌人：

> **批评**——这来自一种指手画脚的姿态，一种僵硬的“你错了，我才对”的立场，接收者认为这是一种人身攻击，而不仅仅是对他们行为的批评。它惯常的表述是“你总是如何……”这感觉像是一种人身攻击，而不是对他们行为的批评。这会进而导致他们竖起戒备心。可以采取的更有用的姿态是承认自己的感受：

“当你不清垃圾时我觉得……”这可能在一开始看起来刻板而令人讨厌，但坚持下去：时间长了，它会产生令人惊讶的圆满结果。顺便插一句，与男人相比，女人确实更倾向于批评对方。

蔑视——以高高在上的姿态俯视你的伴侣，对他们的性格和道德，或者伦理立场表现出蔑视。蔑视是对他们自我意识的攻击。它由对伴侣的负面想法的循环引燃，这些想法不断酝酿，只是等待着时机倾泻而出，使得双方几乎不可能和解。它经常在没完没了的批评之后发生。蔑视以语言为武器，故意造成伤害，通常表现为翻白眼或者厌恶。蔑视是关系的毒药，它是婚姻中最具侵蚀性的行为。同样地，解药则是意识到轻蔑态度的影响，从小的地方开始改变，对你的感觉负责，并避免“你如何如何”的说法。不过，对伴侣负面看法的根源需要解决，这样温暖和尊重才能支撑住冲突。在伴侣关系中建立起欣赏和感恩的文化并不容易，但仍存在可能性。将善意与批评的比例控制在5∶1，是衡量双方关系的一个很好的指标，也可作为努力的目标。它们可以是细微的举动——不要求奥斯卡级别的浪漫爱情剧情——微小的动作，如一个微笑，拍拍肩膀，一句感谢，一个温暖的凝视，一张贴心的便条或一条消息，都会建立起温暖的宝库，随后在冲突中保护这段关系。

防御——这是对批评的默认反应，对指控进行辩护，表现得像个受到不公正攻击的受害者——“不是我干的”——然后常常转为进攻对方：“你为什么不做？”受害者姿态由暴力保持，而且经常伴随着令人反感的抱怨语气。当两个人分别握住进攻和防守的两极时，解决问题的可能性就消失了。当双方挖掘出之前的指控来进行反击时，问题就会升级。处理批评最简洁的方式，是承担一些责任，承认对你的抱怨中你能举手同意的部分。

冷战——和听起来一样，这是一种封锁和拒绝倾听的状态，通常由伴侣轻蔑的攻击引发。其特征表现为走出房间，用其他事分散自己的注意力，然后停止沟通。造成这种状态的原因往往是因为他们已经不堪重负，这成为他们唯一的反应。对男人来说冷战很常见；当女人如此时，则是离婚在即的信号。与所有相关的事情一样，增强意识是第一步，一旦你认识到这种动态正在发生，及时停止显得非常重要。不要以咄咄逼人的方式，而是同意当下不可能进行建设性的对话。与孩子们的“暂停”相似，双方都需要去单独的

房间，通过冥想或放松来平息各自的心态，然后一致返回，试着用更多的同理心和尊重来进行沟通。

为了阻止自己出现这四种行为，促使双方共同成长，我们需要意识到自己在说些什么，并在内心调查我们为什么做出批评：为什么要让别人看起来是错的？双方之间的动力是什么？冲突在一段关系中不可避免，甚至是必要的。站在尊重和平等的立场上持不同意见，可以帮助彼此成长，有了倾听的意愿，才能接受伴侣的观点。

如果我们不知道双方关系出了什么问题，还无法找到表达的方式，就会滋生怨恨和疏离。了解正在发生的事情至关重要，无论好坏，都要在此过程中建立理解的桥梁，其中可能包括改变自己的立场。这意味着有时需要放弃对错的观念，至少要更加灵活。举例来说，一个典型的热点冲突是洗碗机：用还是不用，应该放在哪里，要不要冲洗，谁会在乎呢？每个人都有自己的观点：争吵的本质是关于权力和控制。我们错误地认为，有了控制权，就能保护自己不受伤害。但是，如果我们勇于信任，就能改变这些，并且会发现这让我们更加远离了伤害。

对于冲突中的沟通，我的看法是，想象从我们口中说出的话进入了伴侣的身心，那是我们的爱人，我们承诺与其共度一生的人。当然值得花时间学习如何才能不让冲突给对方造成严重伤害。小时候我经常听到这样的说法："棍子和石头能打断我的腿，言语却永远伤害不了我。"这是彻头彻尾的谎话。言语确实能伤人，如果我们想拥有成功的关系，必须注意自己的措辞。

我们需要认识到，在受到威胁时，我们通常会退回到最初的防御状态，感觉像孩子一样。听起来可能很奇怪，但伴侣发生冲突时，可以通过学习儿童心理学来获得最佳的解决方案。我们现在清楚，在养育孩子时，需要批评的是行为而不是孩子本身。如果对孩子感到愤怒，我们会暂停一下，进行自我抚慰，等平静之后再回来。我们要确保给予的正面反馈多于负面的，因为我们知道这会培养他们的自尊，并增强亲子关系。如果我们已为人父母，并采用这种育儿方式来对待伴侣，它会帮助我们理解到，这些行为在成年人之间会产生同样的影响。

寻找爱情和约会的新方式

正如我们在杰克逊和罗比身上看到的那样，人们约会的方式正在发生变化。传统的通过朋友、工作或学校认识的方式仍然流行，但正在衰落。社交网络和应用程序在不断增长，如今，大约 22% 的异性恋情侣和 67% 的同性恋通过网络相识；至于十八岁到二十四岁的年轻人（无论是否单身），他们在线约会的数量翻了三倍。不同的人使用约会网站和应用程序的目的是不同的，认识到这一点非常重要。一些人在寻找长期的爱情关系，另一些人则只想约会，将其视为有趣的娱乐活动，甚至一种消遣，对他们来说，这款约会的应用程序就是勾搭的工具。当这些目标彼此冲突时，就会带来数不清的心痛和悲伤。值得一提的是，像“火绒”（Tinder）这样的应用被设计成了约会游戏，一切只是为了好玩，那是因为如果想留住用户，它们的目标自然是让人们保持单身。

无论如何，这款约会的应用程序扩大了每个人的选择，让使用它的男男女女能够平等地遇到从未有过交集的人，这给他们带来了不时的信心和乐趣，特别是对于那些在家工作而感到孤独的人来说。至于那些满世界跑的人，它给他们提供了广泛的联系空间。

这方面的研究相对较新，涉及面不广。社会学家和哲学家齐格蒙·鲍曼（Zygmunt Bauman）在他的著作《液态之爱》（*Liquid Love*）中认为，“个性化和社会变革的双重力量液化了”曾经由浪漫的伴侣关系和家庭结构提供的可靠性和安全性。这一概念被采用并进一步地研究，然后被发现针对约会应用的看法过于消极，它仍有着增加人们联系的积极作用。对此我经常听到的反对论点是，寻找伴侣时无穷无尽的一系列选择，正在使紧密的联系瓦解，人们意识到一旦有了这么多选择，伴侣关系就不会持久，因此人们不会再在这上面花时间。这成为一种恶性循环。此外，其他评论家认为，尽管它会赋予女性更多的性权利，特别像在“搞错”（Bumble）这样的应用上是由女性来迈出第一步，但约会应用最大的缺点之一在于，这可能会导致认知过载：因为可选项太多，我们根本无法做出选择，或者是因为我们希望下一个选择会更好。

通过基于照片和个人资料进行匹配有着潜在的破坏性因素——它突出了外表作为匹配条件的重要性，增加了被视为美丽或英俊的需求。对那些得到很多“赞”的人来说，它会增加出于虚荣心的约会以及为了粉饰自负心理而保持漂亮外表的需要。相反地，对于那些没有得到多少“赞”的人来说，这是他们用来否定自己的证据，会伤害他们的自尊心。

有趣的是，当被问及是更喜欢通过约会的应用程序，还是面对面来找到爱情时，61% 的人表示他们更喜欢面对面的相遇，同时 38% 的人表示自己没有偏好。

| 现代的通奸行为

据精神病学家肯尼斯·保罗·罗森伯格（Kenneth Paul Rosenberg）博士的《不忠：男人和女人为什么出轨》（*Infidelity: Why Women and Men Cheat*）一书的说法，通奸行为的形势发生了根本性的变化。现代的通奸者比卡通形象更复杂，也更难预测。在西方社会里，各个阶层和年龄段的通奸行为都有所增加，伊莎贝尔这样的女性也加入了这场角逐。

二十多年来，男性出轨的人数一直没什么变化，但女性的统计数据增加了起码 50%：在 1993 年的比例是 10%；现在女性承认出轨的比例在 15% 到 19% 之间。我不禁想知道，如果每个人说的都是实话，这个数字会有多大。这些女性很可能是高收入者，年龄在四十岁到六十岁之间。正是由于女性走出家门，进入工作场所，打破传统忠诚守则的机会和经济自由也应运而生。

在这一章里，我们读到了杰克逊与苏琪的经历，最终是苏琪不忠。一项针对千禧一代的调查显示，年轻女性的行为与传统上被认为是男性的行为类似。她们的关注点是性冲动和满足感，而不是人们认为的更具性别特征的立场，即寻求情感联系的欲望。

自 1991 年以来，六十岁以上的人群中的通奸行为也有所增加，女性至少增加 10%，男性增加 14%，这一现象是由于寿命的延长——他们可能因为结婚几十年而感到无聊——身体也更加健康，还从预防阳痿的药物中获得裨益。近期的一项调查表明，如今许多有婚外情的人婚姻都很幸福。其中，超过三分之一的女性和一半的男性都表示，他们对自己的长期关系非常满意。

罗森伯格补充说："我们出轨的机会越多，就越有可能发生婚外情。当生理因素遇到合适的机会，外遇就会增加。"撇开婚姻忠贞的文化准则不谈，我们天生就要交配——为人类物种寻求基因多样性是我们的生物特征。对那些无法再生育的人来说，他们的动力可能是寻求刺激、快乐，寻找全新的自我。

现代生活带来了新的背景，不可避免地改变了我们对忠诚、爱情和性的看法：经济的独立，身体的健康，工作的实现，社会耻辱感的下降，对性和亲密感的即时满足，所有这些都在智能手机的帮助和支持下，让拈花惹草有了更广阔的渠道。这些都是在婚姻之外放任自我的催化剂。然而，它的后果可能比风流韵事本身的意义影响更大。对此的研究结果各不相同，有的认为 50% 的婚姻在婚外情后结束，有的认为这个比例是 25% 到 30%。

爱情重要吗？

我见过的最有说服力的证据是哈佛大学关于成人发展的纵向研究，这项研究跟踪了 724 个男人的生活，从青少年时期开始，年复一年，已经有七十五年之久。没错，他们关注的是男性：七十五年前，女性还没有什么地位来引起研究者的兴趣。后来研究者又对他们的妻子和两千多名孩子进行了研究，询问了他们的工作、家庭生活和健康状况。据这项研究的负责人罗伯特·瓦尔丁格（Robert Waldinger）报告："亲密关系的质量对我们至关重要……包括家人、朋友和社区。"冲突严重的婚姻对我们非常不利，着实有害于健康，比离婚更糟糕。

生活在亲密的爱情关系中会保护我们，这并不意味着情侣之间没有分歧，而在于能够可靠地信任对方。

有趣的是，那些在年过半百时对伴侣关系最满意的人，更有可能成长为健康快乐的八旬老人，甚至活得更久。研究表明，那些拥有幸福伴侣的人，在八十多岁时即便身处病痛，也仍然是快乐的。然而，对那些处在不幸福的关系中的人来说，额外的情感痛苦加深了他们身体上的疼痛。研究证明，夫妻关系良好的人在八十多岁时，记忆力更敏锐也更持久。相反地，如果关系不幸福，他们会出现明显的早期记忆力衰退。

爱是困难的。它可能是我们最大的痛苦之源，着实让我们发疯。尽管如此，随着我们的改变，我们的爱也在变化，如果我们尽量满足爱的要求，生活就会大为好转。因为我们最深的幸福源泉，来自爱和被爱。

工作

Work

爱情和生活，就是生命的全部。

——西格蒙德 · 弗洛伊德

卡斯：第一份工作

CAZ: First Job

卡斯不得不来见我，因为他的生活陷入了困境——过去十个月他一直没有工作。卡斯今年二十四岁，是四兄弟（其中两个是继兄弟）中最小的一个。他个子很高，看起来很瘦，但肚子不小。从他苍白的肤色可以看出，他已经好几个月没有走出他在伦敦东部的出租屋了，并且一说话就脸红。红晕在他那没刮胡子的脸上不停地颤动，比其他部位生动得多，这是因为他比下午两点的约定时间晚了二十分钟。他告诉我，闹钟没有叫醒他，从地铁里出来的时候他还迷路了。他生活的各个方面都是一团糟：他已经"完全迷失了"。

卡斯出生在曼彻斯特郊外。八岁时，他的父亲去了西班牙生活，当时的他和父亲、继兄弟们几乎没有联系。他的父亲对子女缺少经济上的支持，也没有情感上的抚慰，这些都可以在卡斯身上看出痕迹。他把那部分封闭起来，拒绝回答我的问题。相反地，卡斯的母亲则是他生命中的关键人物，她既温暖又可靠。卡斯在内心深处坚信母亲是爱自己的。她在合作商店当秘书，每天要工作很久，是一个单身母亲。我能想象到她在抚养孩子和努力工作之间艰难挣扎的时光。我默默地向她点头表示尊敬和钦佩。

我很清楚自己该如何帮助卡斯，但我的思路却经常因为他的缺席而被打断。在五次预约中，我们只见过两次，而我觉得为了使我们的工作保持正轨，我已经尽了全力。随着烦恼的增加，我能感到自己在退缩。再次错过见面后，我和卡斯通了电话，从他无数次的道歉中，我听出了他的羞愧。令我惊讶的是，我的沮丧竟转变成了决心。我想为我们的关系而战，为不知道如何为自己而战的他战斗。我告诉他不要给自己太大压力：这是他的问题之一。我们共同的工作就是找到解决问题的方法。我能感觉到他的呼吸顺畅了一些，因为他笑着说："结果得试了才知道，我们正在试。"

我需要详细了解卡斯遇到的困难：每天都发生了什么？我想帮助他解开困惑，搞清楚父亲的离开对他造成了怎样的影响，弄明白他当时形成的应对机制是否现在还阻碍着他。

我想帮助他思考他的爱好以及这如何为他指引未来的方向。

我了解到卡斯的情况并不乐观。虽然有过好转，但这几个月来他一直没有找到工作，这对他打击很大。他已经发出了数百份申请，但几乎没有收到任何回复。这激起了他内心深处的斗争：决心在新年戒酒，列了长长的任务清单，承诺自己要开始新的生活。但没过几天，他便不再自律，夜幕降临后“完全被网络笼罩”。他不愿自甘堕落——希望能够“置之死地而后生”，但聚会和毒品给了他无法抗拒的欢愉。这形成了无尽的恶性循环，在吸毒和酗酒之后，他会觉得自己是个废人，动弹不得，连最简单的事情都做不了。因此，他的信念会再一次遭受打击。

我意识到，当卡斯吐露负面情绪时，他的声音很压抑，似乎话到嘴边又咽下，这使他更加自责。他在椅子上挪动着身子，看起来很不舒服，好像不想面对自己。我想利用他与生俱来的创造力——想象疗法让我看到了他的这一潜质。我让他闭上眼睛，深呼吸，转移注意力，想象一个他自己觉得安全的地方。很快，他便离开了现实世界，去到了那个地方，就好像那里才是他更愿意生活的地方。

几分钟后，他的心率变慢了，声音却高了起来，描述着爱尔兰西部的海滩，呼号的海风以及苍茫的大海。他在那儿待了很长一段时间，平静地喝着酒。我问他感觉如何，他描述了自己感受到的平静：孤独、真实、闲适。他很不情愿地回到我们的房间，告诉我这份平静与他的现实生活极其不符。现实中的他每时每刻都沉浸在深深的焦虑之中，让他有一种魂游身外的感觉。他害怕一切。他盯着地板，我轻声地说那一定很孤独。他没有抬头，也没有说话。我看到他由于压抑感情而涨红了脖子，接着又红了脸。我感觉他需要某种联系，但他也最害怕这种联系。我让他做深呼吸，让气息流过他的身体。当他抬起头时，脸色好多了，好像觉得更踏实了。他对我试探性地笑了笑。

我们花了整整一个疗程，来研究他大学毕业后到底发生了什么。与他讨厌的中小学时期不同，他热爱他的大学生活。他学习生物人类学，并对此很感兴趣，更重要的是，他的导师在帮他完成任务的同时也很信任他。导师们给了他信心，他的朋友们也是。他告诉我："许多人会交友不慎，但我很幸运。我和很多人一起生活、学习，我们宿舍有十一个人，大家相处得很好。那是我生命中最美好的三年——每一天都很美好。"

当他离开大学时，他以为伦敦会让他的快乐延续下去。然而，他的毫无准备却让自己措手不及。他发现伦敦的生活陌生而孤独。卡斯告诉我，和朋友们见面时，他很沮丧，也不怎么说话，只是敷衍地点头，但似乎没有人注意到他的不开心，并推心置腹地与他谈谈他的难过。这使他比独自一人时还要感到孤独。我觉得他的朋友们并没有意识到他的痛苦，好像他的痛苦无关紧要，他几乎毫无存在感——所有这一切在这座大都市里都被放大了。

我务实地想到，人们常常会忽略上学和就业之间的过渡期。学校的安全之处在于，即使放学后也有一套明确的体系，一份固定的时间表，学生们一直住在熟悉的地方，很容易在公共休息室或当地的酒吧和俱乐部聚会，这使得他们的社交更加容易。然而搬到大城市，尤其是伦敦这样的大都市，意味着不得不和住得很远的朋友聚会，这会让人感到紧张，而且还需要组织能力和一定的自信，而卡斯并不具备这两种品质。

同样，在找工作时，卡斯也感到无所适从、十分恐惧，因为他不知道世界是如何运转的，不了解不同的行业，也不知道这些行业的规则。他的第一份工作来得相对容易，在一家招聘机构。但他告诉我："我特别讨厌那份工作。我讨厌那种尖酸刻薄的态度，还有不择手段的方式——要想成功就必须变成浑蛋。一位经理甚至对我说'你还不够浑蛋'。两天后我就辞职了。"

那次经历打破了他天真的幻想。一想到要找一份新工作，他就害怕，甚至想要逃跑，因为他无法忍受缺少自由的生活。

他出去旅行了好几个月，但回来时，又不得不面对同样的困境，他越来越没信心。卡斯挠着头，思索着自己现在的处境。他的不安迫使他意识到自己不再是一个孩子：他不得不去做那些他不喜欢的事情。卡斯抱怨说，他每年只有三周假期，“这是不合法的”。为了支付账单，他不得不在鞋店工作，这也令他难以接受，因为他认为工作应该是充实的、有意义的。

卡斯还是很少露面，我对他的失望也没有减少。但我们的治疗还在断断续续地进行，每次见面时我们都会尽最大的努力。从他的话语中，我了解到，儿时关于“邋遢”“无序”“愚蠢”的责骂就像磁带一样，不断在他的脑海里大声播放。我们更加仔细地思考了他的“没用”，在我看来，这似乎是他脑内连线的问题。尽管我知道吸毒也会产生类似的症状，但我还是觉得，他可能患有多动症。他离开以后去美国医药信息网（MedicineNet）上查了一下。下一周，当他再来时，就像得了一等奖一样给我看了一份打印资料：

> 患有多动症的成年人可能在遵循指示、记忆信息、集中注意力、组织任务或按时完成任务等方面存在困难。如果处理不当，可能导致相关行为、情感、社交、职业和学术等方面的问题。

卡斯读出了附表上的症状和表现。就像一盏灯为他亮起来了一样：他发现自己符合很多提及的症状。我们谈论着这对他多么有意义，就像发现自己是左撇子或高个子一样惊喜：这是他的一部分，需要被善待。我们还可以想一些办法，帮助他更好地做规划。但这绝不是把他压得喘不过气来的长长的清单，相反，一些每天坚持的行为会使他思路清晰、顺利完成任务，并对自己的竞争力树立信心。他不愿弄清楚该坚持什么行为，为此我们争执了一会儿。我问他到底怎么了。他停顿了一下，敲了敲门牙，我知道这意味着他遇到了困难，于是我说："我只是未尽全力。如果我尽了最大努力却失败了，那才可怕。"我们都努力想让他坚持下去，也知道他已经成功说出了自己心里的障碍：虽然是无意为之，却有力地告诫了他，尽了全力却仍然失败的结果是多么可怕。相比而言，不去尝试显然风险更小。

在接下来的几个星期里，基于他之前设想的爱尔兰海滩，我们在他心里构建了一个安全的地方。为了建立支柱能量，稳定恐惧的情绪，他必须勇敢地面对世界，我告诉卡斯，想到他时我的脑海中会浮现这样的画面：在烟火四射的田野上，一匹马哀鸣地生活着。它需要有人陪伴它、照顾它，把它带到一片安静的田野上，抚摩它的肚子，喂它喝水。

这个比喻足以说明，让卡斯独自一人应对困难是多么残酷。虽然这需要时间，但渐渐地，卡斯能够接受对自己友好的声音了，仿佛有了良师益友。这种声音帮助他减少恐惧，让他练习弹吉他，做呼吸训练，建议他按时吃饭，而不是“忘记吃饭后暴饮暴食”。有时他会让那些批评的声音闭嘴。他还听了美国海军上将麦克雷文的红极一时的演讲：“如果你每天早上都整理床铺，这就完成了每天的第一个任务。这会让你产生一丝自豪感，鼓励你去做另一个任务，接着再一个……”这一简单的道理让卡斯觉得很受用，并成了他主要行为的一部分。

我们的谈话很轻松，还伴随着笑声，卡斯生动地描述了他想象中的史蒂夫·乔布斯的形象。他肯定像机器一样有着钢铁般的纪律和极高的工作效率。他端坐在椅子上，模仿着这一形象的声音说“一切就绪”。我们一起笑了，他雄心勃勃的样子令人振奋，我告诉他，我们需要找到方法来利用这种雄心，去化解他混乱的自我中蕴含的柔弱，因为这对他不利。他看了我一眼：我能看出他已经听进我说的话了。当他转过身看向别处时，仿佛在想象一个更好的自己。

史蒂夫·乔布斯这个角色，必然指引我们探索卡斯对男性榜样的需求以及父亲离去对他的影响，困难的是，卡斯无法触及任何对父亲的感觉。这些感觉像被裹在铠甲里，当有人靠近时，就会发出“不要触碰”的警告信息。但卡斯还是试着谈起了父亲，并回想了一些早期的记忆，比如和他一起在花园里踢足球，但谈到父亲的离开时，他就停下了。几分钟后，他转移了话题。我俩都知道，闭口不谈的背后是巨大的伤害，而我们希望能早日触及这些伤口。

我想知道，第一次见到我时，卡斯的恐惧感达到了顶点，他极低的自我价值感跌到了谷底，这是否真的如我所说，是他患有多动症导致的。还是说，这只是他对事件的反应，根本原因其实是他父亲的离去。在某种程度上，这并不重要：被诊断为多动症使他更愿意接受现实。但这个想法使我意识到了关键所在，随着我们的关系越来越牢固，我鼓励卡斯去探索更多的自我。我觉得他脑海里有很多需要打开的盒子，让他清楚自己是谁，真正爱和信任的是谁，自己相信什么，在无尽的焦虑中能感觉到什么。

我听到了更多关于他母亲的事情，他深爱着他的母亲，愿意告诉她所有的事。而作为家长，母亲觉得他必须从自己的错误中吸取教训，她也不会帮他做决定，尽管他尊重母亲的放手，但仍对此感到恼火。他们争吵最多的是关于电子设备的问题。她很讨厌卡斯在十几岁时就不停地玩任天堂游戏机，长大后又玩手机。但在这一问题上她从未赢过：与遵从母亲的强烈愿望相比，他和手机的关系显然更牢固、更稳定。他常常付不起在伦敦东部租房的房租，所以只好转租，然后回到曼彻斯特的家。这使他们的母子关系更加紧张，因为他的母亲工作回来已经很累，还要为他的就业问题忧心，而他也对母亲的“唠叨”感到愤怒，仅仅因为母亲是个可以发泄的对象。同样身为母亲，我很同情她。

其中一个继兄弟是卡斯生活中的关键人物：他们经常互发搞笑段子的链接，并有一个不成文的约定——会在每个周日打很久的视频电话，最主要的话题是体育。接着也会聊聊爱情。

卡斯的混乱感消失了，通过进一步探索，很多事也变得明晰了。但他有了一个问题：现在的雄心还有什么意义？“我不知道我是否需要具体的工作计划。我可能会一直工作到七十多岁，而我父亲在五十多岁时就不工作了。我为什么要现在就开始工作呢？”他知道自己需要一份赚钱的正职，而不是打零工：在商店里工作让他很郁闷。他的一些朋友找到了工作，有些甚至做得很好，薪酬丰厚，也很喜欢自己的工作，而卡斯则担心自己“错过了机会”。回到曼彻斯特时，他常常为自己的“天真”而后悔，因为一开始时他拒绝了一些工作，后来又没有努力找到其他的。他仔细考虑了出去旅行和获得生活经验之间的关系，也权衡了维持现状和找份工作的利弊。最终他决定目前先留下来，以后有机会再去旅行，在工作中度过余生令他觉得受到了束缚，而这一决定减轻了这种感觉。他用愤怒激励自己，告诉我“机不可失，时不再来”。

最后，卡斯成功地找到了工作。他在一家医院里搬搬东西，什么活儿都干，一直干了五个月。他很喜欢自己的老板，她是一个坚强的女人，对待卡斯很坦诚，而且很幽默。多与人相处有利于他保持一份好心情。几个月后，卡斯得到了一个为期两个月的带薪实习的机会，在一家数字杂志社做数字营销。这是一份死板的坐班工作，连出去买片阿司匹林都有被解雇的风险，每天工作结束后，他都感到非常压抑，仿佛根本不是人过的日子。但这份工作使他的生活变得有条不紊：他知道首先要起床、整理床铺、吃早餐，然后开始工作。知道自己每天都有班上的经验帮助他渡过难关，几周后，他找到了一份每周上两天班的工作，为一家初创公司创建数字内容。

卡斯笑着走进来，甚至是咧嘴大笑着。那家公司全职聘用了他。他这样描述这份工作："因为公司刚起步，所以有做不完的事情，而且还需要做其他工作，比如市场营销和任何我能帮忙的地方。我喜欢这份工作，因为我感觉到了自己的价值，而且我能把它做好，尽管在一周的工作结束时，我确实感到精疲力竭。我的同事都对我很好，这很不一样。"我感觉他就像得了奥斯卡奖一样开心。他内心经历的挣扎以及为了得到第一份全职工作而克服的外部的困难，比我知道的要艰难得多。后来我了解到，卡斯的故事非常普遍，学校没有帮助即将就业的学生做好准备，这让我感到愤怒。学生们即将迈出人生中最关键的一步，却几乎没有任何知识或技能上的准备，简直不可思议。

我们最后一次对话时，我很想知道卡斯与我们第一次见面时有什么不同。他现在二十五岁，仍带着那股飘忽不定的气息，但他的声音变得更坚定。他看着我的眼睛，我能感觉到我们在交流，我们之间有了某种联系。对他而言，让自己的生活保持正轨是一项艰巨的任务，因为这需要自律，但回报也同样诱人，他表现出了应有的活力，感受到了社交和生活的参与感。我们还没有完全弄清父亲的离去对他造成的影响——我猜他已经意识到，自己不能在需要增强能力和信心的时候处理这件事。

他已经解决了几个问题，其中最重要的是更加清楚自己的目标是什么。他想在三十五岁左右的时候“经营自己的事业，不管那是什么。如果没有成功，也不必为自己感到羞愧，生活就像过山车，我想从我的错误中吸取教训。我曾经觉得自己是那么的失败，但现在我知道自己并不是失败者。我想享受惊喜不断和丰富多彩的生活，不再患得患失。我想有一天住在乡下，与妻子和孩子们安于一隅。这听起来很简单，甚至有些天真，但就是我想要的”。

蕾切尔：产假归来

RACHEL: Back from Maternity Leave

我们的第一次谈话进行到一半时，蕾切尔不再盯着自己的红色指甲了，她抬起头来，终于不再焦虑，我瞥见了那个容光焕发的女人。她在谈论她对儿子丹尼尔的爱。在儿子出生后，她一直相信自己的直觉，她觉得自己和儿子都在成长，“我不再犹豫不决。我非常高兴。作为母亲，我觉得自己变得越来越成熟，我做得很好。我想把这些刻进我的余生”。她来见我，是因为在接下来的几个月里，她必须下定决心回去工作，而恐惧和不自信就像幽灵一样再次纠缠着她。

我望着房间的另一头，看到了她那忧虑而苍白的脸，浓密的红色长发在她宽阔的肩膀上拂动。她的身材又高又壮，与她惊恐的眼神里的忧虑形成了鲜明的对比。我不止一次地想说:“你足够好。你可以的。呼气，悠着点。”但我们的关系还没有到让她信任我的程度。现在，我知道这对她来说非常痛苦。我让她告诉我她在想什么。

我了解到蕾切尔在利兹市长大，父母在她三十一岁时离异。母亲希望她和妹妹贝琳达接受教育，因为这是她一生中从未有过的机会。蕾切尔在学校里成绩优异，因此得到了大家的赞赏，她很享受这一切。然而，尽管分数一直很高，她还是会对出色的考试成绩感到惊讶。在大学里，她会为一篇论文而恐慌——“焦虑就像一头怪物，会给我负面信息说我做不到”。她会寻求导师的安慰，导师会笑她，说这是自己读过的最好的文章，但这只会让她怀疑自己的判断力，却不能给她自信。

大学毕业后，她通过实习进入了管理咨询公司。有时候她会感觉自己处于工作的最佳状态，虽然有压力，但进步很大，她知道自己有能力，并能够出色地完成工作。我们谈了很多次之后，我才发现蕾切尔对自己是否要回到这个领域感到矛盾，她认为自己应该做的事比现状更重要。这将成为我们谈话中反复出现的话题。

剖析矛盾的心理:蕾切尔觉得她的性格不适合在管理咨询公司工作。在男性主宰的环境下工作对她不利，何况那些自以为是的男人似乎更善于装腔作势。她知道自己是个完美主义者，需要时间思考，处理信息。但在压力下，她可能会陷入一个怪圈——“我脚下的土地裂成碎片，我失去了信心，一个小小的批评就会让我难以入眠，我觉得自己陷入了万丈深渊”。她把焦虑看作一个怪物，一头非常强壮的野兽，她不得不跟它撕扯摔打。

蕾切尔在怀孕前参与的一个项目给她留下了阴影。她当时被恐惧吞没，只好告诉老板自己无法继续下去了。经过考虑，蕾切尔意识到自己根本没有必要感到恐惧，因为她已经完成了大部分任务，之后交给了她的同事完成，效果非常好。但那痛苦的记忆还是在她心中燃烧，她哽咽着说：“我害怕离火焰太近。”

她被另一番天地所吸引，而且已经考虑了很久，她想在一个保护环境的慈善机构工作。她要为绿色星球而战，这一激进的想法在丹尼尔出生后变得更加强烈。但这意味着大幅减少支出。她觉得随着时间的推移，自己可以和丈夫托比一起解决这个问题，但她的母亲完全不支持她的选择，并告诉她，她是一名出色的顾问，应该咬紧牙关回去工作。

蕾切尔的另外一个关注点是自己作为母亲的角色。想到这里，她身体前倾，叹了口气，那是身处困境的叹息。如果经济条件允许她待在家里，那她一定会那么做——尽管事情并没有那么简单：她也有雄心壮志，希望为女权发声。她不想成为“那种女人，刚开始工作时很成功，四十多岁时的工作却很糟糕，而这只是因为花了十五年时间来照顾孩子”。蕾切尔的两难处境，其实就是几十年来一直困扰女性的普遍问题：如何平衡工作和家庭的关系。

在我看来，蕾切尔代表了一代女性，她们拥有丰富的知识，脑海中的想法却让她们抓狂。她们了解父母的教育对孩子发展的重要性，这也意味着她们会有更强的负罪感。我觉得她那一代的女权主义者，很少为争取自己的权利而奋起抗争，更多的是要充分实现自己的潜能，成为新一代的领导者。“我必须成为拥有完美孩子的完美母亲。”同龄人之间的相互比较也使她倍感压力，虽然嘴上都说没有竞争，但实际上她们就是在竞争。

我们都认为相互比较可能会造成破坏性的结果，尤其是通过社交媒体进行比较。她们并不是渴求“拥有一切”，只是希望能更多地“兼顾两者”。对蕾切尔来说，她的大脑好像行星那么大，她的需求是无止境、多种多样、互相碰撞的，并禁锢着她的思想。我能感觉到她想要甩掉自己的焦虑，她想逃，却无处可去。我觉得如果我们能把她的问题分出轻重缓急，那我们就能取得进展。我们要想办法屏蔽外界的干扰，让她头脑中的命令和抗争都安静下来。

成为母亲的过程绝不轻松。为了怀孕，蕾切尔接受了不孕不育治疗，经历了情绪的大起大落，六年后终于怀上了丹尼尔。当她描述那段经历了几年之久的黑暗时光时，画面有些凄凉：为得不到的东西悲伤。她和托比在希望渺茫时，都感到失望甚至绝望，她甚至不再和有孩子或怀孕的朋友联系。体外受精使夫妻俩承受了巨大的经济压力。整个过程令他们备受煎熬又十分焦虑。托比努力保持着耐心，但他们之间还是发生了一些可怕的争吵，现在回想起来，她还是不寒而栗。“我崩溃了——我们俩都崩溃了，不论经济上还是感情上。”

当她把头转向另一边，用手指整理着头发时，我仍然能感觉到她的心碎，正如她所说的那样，实际上，他们已经承受住了“一次又一次巨大的损失”，这些经历足以支撑他们继续工作，维持他们的婚姻，并成功地拥有了一个孩子。当她平静地说出“我很勇敢”的时候，她的眼神是那么明亮。听到她鼓励自己，我也变得欢快起来。她难得地对我笑了笑。时间很短。

我们接下来讨论的是，她如何改变对生命中所珍视的事物的看法以及如何赋予其意义。她很想回到熟悉的过往，但这远不及她对丹尼尔深深的爱。蕾切尔发现了自己作为母亲的一面，这是她以前从未有过的，她不想失去这一切。我们都意识到，对她而言最重要的事情已经改变，现在是进行适当过渡的好机会，给自己时间去了解自己，倾听自己，倾听不同的声音，然后找到最适合现在的自己的东西。“我希望我不再企盼着成为一个正常人——我甚至没见过任何正常人。这也没有任何意义，但着实令我费神。”

出于害怕失败和需要取悦别人的原因，她隐藏了一部分真实的自己，而我却从她的这一面中感受到了温柔。我想让她知道，她已经足够优秀了。我想在我们之间创造一个空间，在那里她可以了解自己的每一面，了解自己灵活、睿智的头脑中的一切。

一天早上，蕾切尔来了，如平常一样穿着她飘逸的彩色上衣和长裙，脚上是一双希腊凉鞋。从她转身的样子中，我可以看出她的不安。她说：“我三十八岁了。我想知道自己的人生意义何在。我为自己的放纵感到内疚。”她陷入了自我怀疑之中。我想知道那是一种怎样的感觉：她为什么感到内疚？她屏住呼吸，感觉肚子像被踢了一下，她想跑出去。

我们采取了想象疗法，先展现出来的是一个黑色的、代表疼痛的图像，重重地压在她的头上，最后变成了一层黑色防水布，能够保护她。另外，这种保护也可能令她窒息。所以我们知道，她想要逃走，逃到她想象中阳光普照的高地，在那里她可以平静下来，一切都会好起来。知道她逃跑的欲望有多强烈，这一点很重要。当看到黑色下面的蓝色时，她开心了一些，因为那使她想到自己非常喜欢的蓝天和绿树。她常常仰望天空，寻找寄托。这就出现了这样一个问题：她怎样才能把自然带进自己的生活，为她的日常生活带来快乐。

也许这是能够决定她何去何从的第一个线索。我们可以看到，她有着活跃的创造性思维，寻求高强度的艰巨任务。它可以突然爆发，然后开始运转：或许她可以通过在这种环境下做一些事来发现自己的意义。另外，当她因压力过大而疲惫不堪时，她无法调整自己，担心自己像在断头台上一样，有一把利刃会落在自己的脖子上。我们都知道，关键是找到让她冷静下来的方法——通过有规律的呼吸练习、冥想、瑜伽和其他活动，帮助她尽量不去胡思乱想，避免给她带来伤害。我们都很清楚，对蕾切尔来说，自己照顾好自己是不可能的。

我突然想到，当我们结束谈话时，我对蕾切尔说了再见，并表达了我对自己女儿的爱。我和我的导师探讨过，要让蕾切尔觉得我对孩子有一种母爱，但这需要恰当的时机。蕾切尔需要我的同情，但我是什么时候跨越了治疗师的界线，更多地将母亲的角色展现在她面前的？我对蕾切尔的母亲很生气，因为她似乎很少倾听蕾切尔的想法，意识到这一点对我很有帮助。她觉得蕾切尔如果不赞同她的观点，就是大错特错。这不仅使蕾切尔无法倾听自己真实的想法，还丧失了对自己的信心。我觉得蕾切尔害怕的那把利刃，正是母亲的话对她的打击，使她脱离了自己的思想。蕾切尔需要做的是想办法保护自己，不再奢望母亲会理解自己并做出回应："感觉我说的是外星语……我快要疯了。有时我觉得她会懂的，我总是抱有希望，却一次次地失望——我必须停止奢求她能理解，因为这永远不会发生……感觉很孤独。"

但在孤独背后，我们还需要了解她有多么愤怒。她不让自己发泄出来，所以经常把怒气转移到自己身上。

蕾切尔和托比谈了谈，她自己也很吃惊，因为她不停地抱怨她是多么恨她的母亲。"我好恨她。有时真的很生气，因为她完全不了解我的真实想法。她太强势了。她让我感到恐慌。当我觉得自己快要疯了的时候，我就会离开，找一顶安全帽然后躲起来。"向我重复这些话的时候，她抬头看了看天花板，想看看天会不会塌下来砸到她。我们慢慢消除了她的恨意。她恨她的母亲不够了解自己、只能看到她认同的部分。她恨她的母亲把世界看得太过绝对：对蕾切尔而言，世界有太多的不确定性。最重要的是，她痛恨见到母亲后的那种伤痛感和无助感。

她知道自己需要尽可能和母亲保持良好的关系，并想办法不再渴望拥有自己想象中的母亲，那个永远都不会出现的母亲。以我的经验来看，当女儿发现问题无法协商时，她们常常会切断与母亲的联系。但我和蕾切尔都知道，这需要极强的心理承受能力。我们知道她母亲之所以会有这样的态度，是因为她爱自己的孩子；她担心孩子会受苦，这是她无法忍受的，因此她要找到解决办法，这在蕾切尔小时候很容易做到。但现在的蕾切尔已经是一个成年人了，作为一个成年人的母亲，她什么都解决不了。相反地，她需要的只是一对能充分支持和倾听的耳朵，把自己的设想和观点放在一边，然后充分听取女儿的想法。这意味着，有时也需要她说出她的担忧，甚至是建议，但必须是在理解了女儿的立场之后。想象理想中的母亲的样子，对蕾切尔来说是痛苦的，但这会使问题变得清晰。它帮助蕾切尔看清了现实，她的想法并不是孩子般的异想天开。我平静地说，也许和母亲在一起时，她可以利用这个想象来帮助自己，从而让自己不那么失望。

蕾切尔的慌乱持续了数周，最后发展到数月。她在找可以做的工作，说就像在笔记本电脑上打开了很多窗口：不知道怎样筛选它们，哪些是需要的，哪些是不需要的。疯狂寻找就像给电脑不断地上发条，最终使它的系统死机。她觉得自己永远无法改变，这让她陷入了绝望的深渊。我听到她说:“我对自己毫无办法，不知道如何处理自己的焦虑。我讨厌它。我想击败它、赶走它、阻止它，暴力地对待它。”看着这位才华横溢的年轻女性用言语作为自残的武器，我感到自己的心在颤抖。对此坐视不管真的很难，幸运的是我已经意识到，我不能过早地介入阻止她对自己的伤害。蕾切尔需要我倾听她内心的声音，那个从来没有被重视过的声音。她悲伤地哭着说，没有人能帮助她，因为她从小就有这种感觉。当她感觉终于替六岁的自己说出了这些话，释放出那些深埋的毒气后，我发出了一声叹息，想知道她现在需要什么:我想友善地对待那个六岁的孩子。

泪水从她的脸上滑落，她开始深呼吸。她看起来特别难过，第一次对自己感到同情，只说了一句:“太可怕了。”这似乎掩盖了她的自责，但确实给了我们一些希望。我知道这个过程有多么艰难，她希望儿子的出生能让她不再有这种感觉。她现在需要做的是，支持自己停留在未知的不安里，同时去探索她内心这块全新的领域。

在很多次谈话中，每当提到她的丈夫托比，蕾切尔都满怀爱意，说他是多么喜欢看自己和丹尼尔一起成长。托比是一名食品工程师，要到全国各地出差，有时一周五天都在外地。最近她比平时更敏锐地觉察到他经常不在。她不太想说这件事，向内侧着身子，想让这种她觉得不该有的感觉不那么强烈。蕾切尔觉得自己应该成熟一点，更好地应对，但事实是她感到很孤独。她的朋友们已经开始回去工作了，而她单身的妹妹也全身心地投入了联合国的工作。蕾切尔说这些时，把指甲撕扯得更厉害，似乎这种疼痛感比孤独感要好受一些。

当托比忙碌了一周回到家时，她知道他已经没有精力再帮她排忧解难，当然也不想听到她的自怨自艾：他只想平平静静地和丹尼尔在一起。这意味着她要在他面前装出一副幸福的样子，尽管装得可能不太像，这样一来他们之间的距离就会越来越远。我们知道，这种紧张的关系是所有有孩子的夫妇都经历过的。我能听到蕾切尔无声的尖叫，她渴望爱，或许正被爱着，但她感觉不到。我们最终一致认为，她需要和托比敞开心扉，好好谈谈，作为夫妻，他们应该一起找出解决问题的方法。

托比想出了一个绝佳的主意：早上去淡水池塘游泳。他在报纸上读到一篇文章，相信这会对蕾切尔有特别的意义，培养她对自然的热爱，让她沉浸其中。第一次去的时候，小丹尼尔很早就叫醒了他们，在去往池塘的路上，他们发现了冬日里新的美景。蕾切尔小心翼翼地走进冰冷的水里，然后忍不住跳起来——水太凉了，她不禁大叫起来，发现自己咯咯地笑着，她很久没有这么笑了。寒冷的天气使她放慢了速度：她只能大口呼吸，奋力游泳，却感到了活着的兴奋。这种兴奋持续了好几天，她知道自己找到了进入新生活的方式。

几个月过去了，她仍会去冰冷的水中游泳，她越来越有勇气，犹如一根力量支柱。她和泳伴之间的友谊在加深，他们成为彼此重要的朋友。

另一个转变是，丹尼尔不需要母乳喂养了，而蕾切尔与儿子之间独特的亲密关系正是靠母乳维系的，这总能给儿子带来抚慰，但现在她觉得自己的魔力被夺走了。她第一次感到作为母亲的无能为力。她抽泣着，为自己的眼泪懊恼，她愤怒地从盒子里抽出纸巾擦去眼泪；她让眼泪在眼睛里打转，似乎不想让它们流出来，但每次说话时，都会有更多眼泪流出她的眼眶。她诉说着自己的悲伤，因为她觉得和儿子在一起的快乐时光结束了。但很快她就恢复了信心，因为她发现，唱西班牙歌曲（谁知道呢？）能让儿子平静下来，温柔地按压穴位能让儿子平静下来，洗澡后按摩背部也能让儿子平静下来。这是作为母亲需要迈出的成千上万步中的第一步，她要用爱来减弱对儿子的控制，但同时要对他敞开心扉，满足他的需要。

他们全家去度了假，去峰区徒步和露营。蕾切尔和托比有了聊天的时间，也可以趁此机会好好相处。她又感受到了和托比之间的亲密，她对他的爱是那么温暖，令我感动。没有了电话和外界噪声的干扰，大自然治愈了他们。出发之前，蕾切尔做了大量关于环境工作的研究。她还联系了很多同事和以前的老板，看是否有适合的工作。她也通过阅读书籍和收听播客，了解了其他的“高度敏感人士”。这使她用一颗充满同情的心来看待自己：她不是唯一一个有这种困难的人。

散步和聊天让蕾切尔更加清楚自己需要什么。她将回到管理咨询公司，每周工作三天，努力完成一个特定的项目。这个决定并不容易，她为没有进入一个新的行业而感到难过。通过讨论，她知道对她而言最重要的是丹尼尔，所以她不想做全职工作。在第三机构做兼职无法给她带来足够的收入，而咨询业的工作却可以做到这一点。她打算每个月为一个环保组织做几次志愿者，体验一下那种生活。满足自己的雄心很难，在新的领域停滞不前也令人沮丧，但她最终用《百岁人生》中的思想来慰藉自己：她还有很多事业要完成。

做完关于工作的决定后，蕾切尔感到平静多了。她开始意识到可以相信自己和托比。这让我们有机会探究她焦虑的根源。儿时，家庭生活中的许多矛盾都是悄无声息的。她试图解释这种沉默，想象各种情景，让自己产生一种控制感。有时她是对的，这使她误以为自己有能力控制未来。她的大脑仿佛有超能力，但这种超能力会令人精疲力竭。这是一个显著的认知。

这帮她进一步认识到，尽管方式不同，但父母对她的看法都是一成不变的。为了保护自己，她筑起一堵墙来抵御他们的评判。她谈起他们的过往和教育方式，说他们从来都不是直截了当的。她越同情他们，就越感到不再那么愤怒，尤其是对为她付出了很多感情的母亲。她努力接受着他们的身份和能力。她意识到专注于当下会有帮助：她的母亲喜欢做有用的人，就住在她家附近，蕾切尔可能会对此心存感激。她的父亲住在苏格兰，所以很少来看望她。他是一个爱开玩笑的人，丹尼尔很喜欢和他一起玩，尽管他们相处的时间很短。要想与他们保持简单的关系，她需要在前进途中做出评判，把这种关系变得更为平等，并且要停止向他们寻求建议，因为这总会造成不好的结果。

重新审视蕾切尔和她父母的关系，花了几个月的时间。她试着在见到母亲之前让自己平静下来，与父亲相比，她见到母亲的次数更多，她会有意识地压制自己的怒火，将其安置在更安全的地方，然后向我表达她激烈的情绪。多次讨论后，蕾切尔对他们的态度有了根本性的转变。最后，她从与他们交往的负担中解脱出来，卸下了盼望——渴望——失望的重担，这让她感觉与父母更亲近，甚至感到了爱与被爱。

我们的大脑是可塑的，我们可以改变它，对我来说，这确实是个奇迹。无论感知和信念之间的联系有多么紧密，只要我们用心去改变，忍受它带来的不安甚至痛苦，坚持下去，就一定能改变某些事情。改变并不能抹去以往的关系留下的伤疤，也不能避免在像圣诞节这样重要的家庭聚会上，旧事一再被提起，但它确实能为未来的关系提供新的可能性。

我们度过了愉快的几周，蕾切尔变得更强大了。她回去工作了，虽然有时会摇摆不定，但过了第一个月，她就安定了下来。她的视角变了：对工作不再感到紧张，当她感到焦虑加剧时，会去街区散个步，然后再回来完成任务，而不是一直反复思考如何去完善。最后，她的感觉与想法达成了一致，对儿子的爱使她在工作中不再对自己抱有不切实际的期望。人们必须渴望变得更好：他们要愿意为之奋斗，忍受改变带来的痛苦。蕾切尔就是一个活生生的例子。

我们的治疗自然而然地结束了。蕾切尔回归了职场，她默默地为自己感到骄傲，低头微笑着。这不是她的梦想，却能带来丰厚的收益，而且很有趣。工作和对家庭的爱永远难以实现完美的平衡。紧张的气氛总会存在。她的自我意识和自我安慰的能力不断发展，使她学会了如何控制这种紧张情绪，而不是被害得失去控制。我们取笑了这一点：作为人类，我们经常把自己的汽车看得比头脑还重要，并为它们定期检修。她说：“我需要摒弃过去才能展望未来。”

海因里希：退休后的生活

HEINRICH: Life after Work

我通过视频电话见到了海因里希，他看上去不像已经六十五岁的样子。他灰白的胡子修剪得整整齐齐，剃了光头，穿着粗花呢马甲，打着领结，看起来很文雅。他戴着一副无框眼镜，一双笑眼和他脸上的笑容很相称。我还没见过快乐的人来进行心理咨询，痛苦才是我熟悉的领域，然后我发现自己被他的快乐弄得不知所措，不知道能否深入了解他的经历。

我们联系彼此是因为我告诉我的同事，我想接治已经退休的人，所以海因里希回复了我。我把我们要做的工作描述为治疗性谈话，而不是纯粹的治疗：他来找我不是因为痛苦。我告诉他，我会遵守治疗的基本原则，但也许我们都要知道，他在对我敞开心扉时是否会觉得不舒服。

让我吃惊的是，海因里希说他并不害怕，他想更深入地了解自己的内心世界。他跟他的妻子和朋友们谈过，但觉得自己并不知道这个巨大的变化对他而言意味着什么。

在过去的二十五年里，海因里希一直在海德堡市工作，现在他仍居住在那里，是一名法医病理学家。我不知道这份工作具体需要做什么，但本能地产生了一种反感，因为我觉得这可能需要解剖尸体以得到组织样本，黑暗的画面充斥着我的大脑，让我无法听下去。他理解我的反应：他已经习惯了，大多数人的反应都是一样的，既好奇又厌恶。海因里希简要描述了他所做的工作。一开始他为非正常死亡的人进行尸检，此类非正常死亡事件通常会成为刑事案件，但随着时间的推移，他调到一家法医学研究所工作，在那里领导着一个不断壮大的团队，从事不同的项目，其中很多都是创新型项目。让他难过的是，研究所决定让他退休。起初，他作为顾问遭到排挤，后来又被告知必须在六十五岁时退休。海因里希宁愿慢慢结束工作，先做兼职，然后逐渐淡出。他觉得自己过时了：今天还在，明天就不在了。

从海因里希的语气里，我听不出任何怨恨，他更关心的是自己现在的身份问题。在退休之前，大家一直需要他，工作给他带来了地位。而现在，他整天都待在家里，没有工作头衔，这在某种程度上让他觉得自己在走下坡路。他发现自己很难说出“退休”这个词：它会让他想到弯腰驼背、拄着拐杖的老人的形象，他轻声承认，这让他恐惧。

他原以为退休后，自己可以立即发展退休前的兴趣爱好，却发现事情并没有那么简单。他慢慢地说着，仿佛在打开记忆里的包裹，看看里面有什么。令他没想到的是，他无法用一样东西代替另一样东西：无法像计划的那样立即开始摄影或绘画。从第一天开始，他唯一坚持下来的，就是每周划三次划船机，骑行两次。这仿佛是稳定结构的钉子，帮助他提升情绪，保持健康，也使他能够处理未知的事情。虽然一方面，他觉得自己是在开心地度假，但另一方面又感到矛盾。无论如何告诫自己要行动起来，他都无法激励自己抓住这些新的机会。

我解释说，作为人类，我们天生会对改变产生抗拒心理——我们的系统更愿意保持已有的习惯，并寻求某种规律性。即使我们选择改变，阻力的大小也会与变化的大小相同，这意味着大的变化也将带来大的阻力。他停顿了一下，意识到在开始新的生活之前，他必须放下旧的自我，而他现在还没有准备好。他害怕如果真的放手，内心会感到空虚。我对他说，为了放手，也许他必须承受那种空虚，尽管这有些矛盾。改变有其自身的节奏，他听上去好像正在慎重地对待这种节奏，尽管比他希望的要慢。他对我说："我想利用这个机会成为不同的自己，而不是重新做回以前的自己。"

我问海因里希他是不是很愤怒，现在回想起来，与其说他愤怒，不如说是我在愤怒。因为他不是愤怒，而是感到困惑。他的确认为自己应该退休，为下一代腾出空间：我们需要有见解、有精力的年轻人提出新的理论，进行新的研究。他只是不想这么快就退休。他补充说，他也没有觉得沮丧，他在某种程度上一直等待着那一天的到来。总的来说，他比较平静，不是很高兴，也不是很难过。

我听到海因里希在轻声笑着，他告诉我，他退休的朋友似乎都直接去其他岗位工作了，做兼职或者当志愿者，他们不停地告诉海因里希自己有多忙。比没退休时还要忙。但海因里希的情况并非如此。十几岁的孩子们上学走后，他悠闲地吃早餐，看看报纸，喝喝咖啡，这是他一天中最快乐的时光。他会做些什么来打发时间，家务肯定比以前做得多了，但很少有什么有趣的事情。他一边说着，一边再次意识到，自己的工作是多么令人着迷：他一直知道这一点，只是很久没有说出来了。工作指引着他度过每一天，他需要分清事情的轻重缓急。这从来不是做什么的问题，更重要的是，这能够让他的生命变得有意义。他没有低估作为丈夫和父亲的价值，但显然，社会并没有给予这两个角色高度的重视。

当他告诉别人他已经退休了，人们对他就不那么感兴趣了，他发现自己对他们的工作也没什么兴趣。他最近去了理发店，当他说自己已经退休了时，有人问他："那你以前是做什么的？"好像必须要有过去的职业标签，才能算得上是一个人。我想知道这是否与我们的自然生存机制有关：我们是否要知道一个人的工作，然后再以我们自己的地位来衡量他？又或者，如果没有一系列预先确定的关于工作的问题，例如"你喜欢你的工作吗？"那么人们就会觉得尴尬。我们被"退休"这个词难住了吗？它仿佛令我们陷入了困境，或者说陷入了深渊。我们一致认为，退休群体中没有我们敬仰的榜样。那些在老年时被奉为楷模的人，都是从未停止工作的人，例如我们的女王、鲁思·巴德·金斯伯格[1]（Ruth Bader Ginsburg）或大卫·爱登堡[2]（David Attenborough）。

最大的问题是"现在该怎么办？"他知道自己想要成为全新的自己，但他陷入了困境。我们都知道，他不能强迫自

1　鲁思·巴德·金斯伯格（1933 年 3 月 15 日—2020 年 9 月 18 日），女，德裔犹太人，美国法学家，美国联邦最高法院历史上第二位女性大法官。2020 年 7 月 14 日，因感染新冠病毒住院，9 月 18 日，美国最高法院宣布其去世，终年 87 岁，白宫降半旗致哀。

2　英国 BBC 电视台著名主持人，被誉为"世界自然纪录片之父"。

己。他也不想强迫自己。他很好奇，想知道“全新的自己是什么样子”。他在想，现在我们衡量自我价值的标准，是自己忙碌的程度，还是对极度空虚的恐惧程度？他发现退休后最大的困难是控制自己对消极情绪的恐惧。他想做一个积极的人——找到一种实现价值的新方式，一个新的自我。我觉得这展示了他真正的自信，海因里希相信这个新的自我会随着时间的推移而发展，他无须以一种符合他人价值体系的方式，让自己陷入无尽的工作之中，来向世界展示自己。然而，与未知的不安共处，感受“极度的空虚”，是开始一段新的人生之前必须经历的阶段，不过这一阶段通常很短，这意味着，潜在的发展和其带来的满足感都会慢慢消失。

从海因里希说话的语气中，我能听出他的态度有所缓和，因为他不那么激动了。这一变化说明他重新调整了与妻子的关系。妻子比他小十二岁，在电视台当导演，这意味着她经常不在家。他有退休金，但这比工作时挣得要少很多，所以她如今是家里主要的经济来源。他发现自己不得不让妻子支付特定的账单，甚至是向她要钱，这让他俩都觉得不舒服。有时妻子会对支付的金额产生怀疑，而这无疑又会令他气愤。他做了更多的家务，比如做饭和打扫卫生，当妻子生气地问他为什么不修理坏掉的架子时，两人之间的气氛就会变得紧张起来。新的秩序出现了：虽然妻子从来没有说过，但她觉得他是在家里消磨时间，自己却要承担所有的工作。

海因里希被激怒了，他让妻子知道他要掌控自己的时间：他不是她的新用人。他说争论和吵架有很大的区别，听起来他似乎很有道理。吵架意味着叫嚷，而不是倾听。即使双方都很生气，站在不同的立场上进行交谈仍然是至关重要的。就算他们对彼此感到失望，也能找到快速解决分歧的方法，有时，为了变得更好，他们也会质疑对方。他没有深入谈论自己的感情，但我知道他们已经结婚二十年了，他们的婚姻被两个重要因素所维系：想要维持这段感情的意愿和决心。

在我们交谈的几个星期里，海因里希注意到，他对病理学领域的兴趣在逐渐减少。他不再阅读论文，也不再关注病例，我们都很惊讶的是，有人向他提供了主管的职位，一个月只工作几天，但他拒绝了，而这曾是他梦寐以求的。他以前的想法开始消散。现在吸引他的是他的孩子们。下午四点在家迎接他们成为他一天中的重要时刻：他们不一定和他说话，因为手机对他们的吸引力似乎更大，这是他比不了的。但我能从他的声音中，从他加重的语调中听到他的快乐：他们都享受着彼此的存在，想聊天就可以停下来聊聊。

他喜欢给他们做晚饭，发现自己对食物产生了兴趣，他会尝试新的食谱，阅读美食文章。当孩子们把朋友带回家时，他会听他们谈论新的音乐、新的电影和他们的见解，这些对他来说都很陌生，但能和孩子们保持交流。在自己不觉得疲惫，也不被工作问题所困扰的时候，和孩子们一起相处，他会感到特别快乐。我觉得他在描述他得到的珍贵礼物，就是和孩子们一起度过他们青春期的最后几年。缓慢的生活节奏使他能够以一种全新的、令人兴奋的方式来享受时间。

海因里希开始去上哲学课，参观艺术展览，享受听馆长演讲的悠闲时光。这使他的灵魂更加充实，开始用新的视角看待生活。他知道，要想健康幸福，思想的养料和我们吃的食物一样重要，这是不言而喻的。他经常和其他参观者一起喝咖啡，他把工作中对细节的敏锐的观察力，集中到了这些参观者身上。当描述他们的整体行为，包括自己的行为时，他表现得很幽默，这是他现在所熟悉的、带有嘲讽意味的幽默。他发现人们总是加入同类的队伍。一开始就是随便聊聊，然后话题会迅速转移到他们曾经的工作上来，因为工作是身份的象征——家庭也是。子女的成功和孙辈的排名是他们更高一级的荣誉的象征，人们会向那些与自己的受教育程度、智力水平和阶级水平相当的人靠近，他将这种现象称为优胜劣汰的达尔文式潜意识反应——大家齐心协力，赢得胜利。

我比较感兴趣的是，离开工作岗位和亲人去世，对我们而言是否有相似之处。在许多层面上，这两点无法比较——甚至似乎有些老套。但当我和海因里希交谈时，我从他身上了解到，他之所以能够比较坦然地面对退休，部分原因是他对自己所做的一切并不感到遗憾。他为自己取得的成就感到自豪。他离开时还被授予一项荣誉，以表彰他对这一领域的贡献。我很好奇他为何迟迟不提这件事，但这也让我明白，他的自我意识不仅根植于他的工作之中。他能够把自己所做的实质工作记在心里，尽管日常生活中不会再有，但却能继续给他信心。

在我看来，那些对自己的工作不满的人，就像那些与逝者关系不好的人一样，很难记住美好的东西，因为未竟的事情让他们难以释怀。海因里希只是更希望慢点退休，他并没有被解雇。退休不是针对他个人的。最重要的是，他有足够多的钱：没有陷入入不敷出的可怕境地。他可以昂起头来，因为那是既定的退休年龄，他可以接受。而那些被解雇的人，就像遭遇了意外死亡一样，他们总是一门心思想知道为什么会这样，是不是自己说了什么不该说的话。是谁的错？他们把自己的愤怒和精力都用到了往往不可能搞清楚的事情上。破碎的玻璃片刺破了他们的信心。而海因里希却能够从思考中解脱出来，他的家人和朋友，给了他坚定的支持和深深的爱，让他可以安心依靠，与此同时，他的内心也在挣扎着努力调整。我们知道，失去亲人后，要想重建自己的生活，最重要的因素就是他人的爱。

我们做了一个比喻，海因里希就像坐在跷跷板中间：他可以向上倾斜，也可以向下倾斜。在我们看来，在知道下一步要怎么做之前，他必须坐在中间。如果想保持平衡，就必须清楚自己的方向。他需要经常提醒自己享受每一天，对自己所拥有的一切心怀感激。尝试新的想法，朝新的方向迈出一小步。坐在中间，他就可以自由地转向生活的新方向。

他最小的儿子成功考入了一所国际大学，这意味着他将比预期的时间提前一年离开家。我能听出海因里希的骄傲——他为儿子感到高兴——但他将要面对的是“凄凉又空荡荡的房子”，随着那一天越来越近，他变得更加犹豫了。他的儿子是个吵闹的孩子，可想而知，儿子走后家里会有多安静，海因里希对此感到恐惧。从某些方面来说，我觉得这就像退休一样重大。他开始感到平静，适应了不工作的状态，现在他面临着一个新的转变。

他说话的时候，我意识到他以前的应对机制开始起作用了。他开始感受自己的焦虑、悲伤和未知的困难。他也在思考。思考和感受的机制是一致的，并支持他将新的转变融入自己的机制和生活。他知道自己的空闲时间会越来越多，但他不想变老，也不想被动地接受。接下来他想建立一个由志趣相投的朋友组成的圈子——找到新的生活方式和目标。

海因里希和家人一起去度假，通过和大家的讨论，制定了一个清晰的未来计划。他们的小儿子明年就要上大学了，他们决定搬到海德堡郊外一所小一点的房子里居住，那里离他妻子的工作地点很近，她还有八年的时间才退休。这样能够节省开支，减少妻子上班的花费。海因里希有些兴奋地说，他们即将开始的生活方式“在这段时间将发生彻底的改变”。他必须努力实现它，买一套新房子，卖掉他们现在住的，然后开始一种完全不同的生活。

他在上次谈话的最后总结道：“对我来说，这是感受和思考的过程，而不是从上班的生活转变为领取养老金的过程。这更像是接受工作不可替代的过程。对我而言不是做什么工作的问题，而是放手的问题——放弃我过去的职业生涯，接受它已经过去的现实。现在怎么样？我不知道。但我发现，我很好奇接下来会发生什么。我们搬进新房子并不能算一个新项目。项目意味着工作，要有目标、开始和结束。这更像是一个放手的过程，然后拭目以待。”海因里希很清楚，退休绝不意味着寻找新的方式来打发时间，而意味着寻找新的方式来发现自我。

辛迪：被解雇以及爱情的波折

CINDY: Fired and Love Uncertainty

我可以从新客户联系我的方式中得知大量信息。辛迪是一个三十一岁的美国人，住在旧金山，听了我录制的播客后，她很好奇，想了解更多，她还收看了我的在线采访。她知道我正在写一本关于变化的书，于是通过脸书给我发了一条信息，告诉我她是这个主题案例研究的最佳人选。我该见她吗？

在见到她本人，听到她的声音之前，我便知道她是那种努力追寻心中所想的人，当她相信自己已经找到的时候，她就有信心发问。辛迪也是那种还不太了解情况，就愿意前往的人。

我和大家一样，第一次见到某人时，会从他们的眼神、肢体语言、衣着、态度和话语中获取信息。当我看到辛迪时，首先想的是，哇，她太美了！接下来的想法是，我可能会被她的美丽所俘虏，而难以发现隐藏在她橄榄色的皮肤和深蓝色的眼睛下的问题。所以我需要在几周内对她有一个更清晰的认识，而不仅限于第一印象。

在通过视频电话最初的评估谈话中，辛迪告诉我，她在科技行业工作。作为一名创业者，她在一位投资者的资助下，开发了一款基于位置服务的移动应用程序。她进行心理咨询的原因是，她正处于爱情和工作的十字路口。她的投资人希望她为这款应用找到买家。她的前未婚夫埃利奥特找到她，希望和她约会，但他们已经分开一年了。他带来了礼物，还有他的承诺。当辛迪说话的时候，我注意到她叙述时满怀希望。我的印象是，在任何情况下，她都会往好的方面想。她那健美的身材昭示着她早餐吃奇亚籽、喝冰沙，还有高强度的健身计划，她的能量溢满了屏幕。她不停地微笑，这种微笑与她眼中的忧虑以及试图咽下悲痛时声音里的颤抖有些不符。

辛迪从小就相信一切皆有可能。作为21世纪年轻又智慧的女性，她的前途一片光明。她努力工作，跨越一切障碍，为自己创造了人生中最好的机会。她相信自己已经找到了，因为她热爱自己的第一份工作。那时，她在一家房地产代理公司工作，对房地产、客户和整个行业都充满热情。但两年后，由于房地产业崩盘，她被解雇了，她的热情也戛然而止。她不得不暂时把房地产业放在一边，在接下来的一年里，她在各行各业申请了数百份工作，但都没有成功。她身无分文，待在家里，似乎没有找到工作的可能。

她的继父是一名成功的商人，她视他为榜样，所以决定自己创业，和一个朋友在当地开了一家线上有机食品公司。尽管工作很努力，但两年后公司还是倒闭了。这让她很难过，但这段经历也让辛迪体验到了创业的滋味。她的父母告诉她要保持信念：生意的失败并不意味着她也很失败。母亲告诉她，她的外祖母也是一位企业家，经商是她血液中流淌的东西。她的父母很富有，但他们认为孩子必须自己谋生，他们希望她再试一次，并愿意支持她，但条件是她必须留在阿肯色州。他们的控制让辛迪感到窒息，她非常想离开家，给自己创造新的机会。科技行业是少数蒸蒸日上的行业之一：她决定让自己置身于这一行业的中心——旧金山，并卖掉了自己所有的东西。

从阿肯色州来到旧金山时，辛迪身无分文，也没有任何人脉。此前，她从未来过旧金山，这座城市和家乡截然不同，就像纽约和新奥尔良完全不一样。辛迪的住宿环境很糟糕，蟑螂横行，房东什么也不肯修。她晚上在咖啡馆和餐馆工作，努力让自己出现在大家的视野中，以寻求工作和学习的机会。在打了几份工后，她有了开发基于位置服务的应用程序的想法，并奇迹般地找到了一位信任她的投资者。辛迪告诉我，这款应用在过去几年里一直是她的“心脏和灵魂”，但她的投资者想要出售它的时间比她预想的要早得多。她有五个潜在的买家，她和他们进行了谈判，提出想从他们那里再将程序买回来的计划，但都失败了。说完那句让她感到轻松的话后，她吸了一口气，好像很害怕。我意识到了我们之间潜在的差异，我不确定这是否与年龄、文化或经历有关，但我的本能是走向黑暗，而她却是走向光明。我能感觉到自己想要关注她的恐惧，她必须面对的所有困难以及尽管努力工作却不知未来如何的那种紧张感。但这样做的话，我可能会破坏她克服失望、满怀希望继续前进的能力，毕竟，这是她本能的应对机制。我努力了一段时间，但当她告诉我，她对她的投资者感到失望时，我心想，“失望，真的吗？”投资者曾向她保证会公正处事，但他食言了。他答应给她一份不错的薪水，结果却降低了她的工资。她已经创立了一项正在不断发展的事业，她所有的工作、关系和名声都在这份事业上，他却突然让她提前三年离开。

我问她，是不是很愤怒？其实我很愤怒，虽然这不是我的工作。她告诉我，她不确定自己是在愤怒，也许有一点，但更多的是感到失望。然后她很快又开始了学习，这花了她很长时间，但她克服了对未知的恐惧，现在的她在追求最好的机会，她要使每一天都成为最好的一天。我需要控制住自己的感情，既要认识到她面临的挑战，又要支持她乐观的态度。

辛迪想和我探讨的另一个问题是，她是否该和埃利奥特重新开始。他是她大学毕业后那几年最好的朋友，他们在一起很开心。在一次格外愉快的聚会之后，他们开始约会，后来订了婚。她重点跟我说了分手的问题。有两件事给她造成了巨大的伤害：埃利奥特的母亲认为辛迪配不上她心爱的儿子。所以，从他们订婚的那一刻起，她就开始制造麻烦，威胁要拒绝参加婚礼，拒绝支付任何费用，并给埃利奥特发了长长的、愤怒的，还带有威胁性的语音消息。她是“这个世界上最愤怒的女人”，但辛迪相信自己可以忍受她的愤怒，开心地举办一场小型的私人婚礼；埃利奥特却没有反抗他的母亲。他“躲进了自己的安全窝”，婚礼取消了。

在我看来，他们对这件事的认识并不一致：辛迪觉得他们只是取消了婚礼，以后还会结婚。埃利奥特却认为他们是解除了婚约。

更大的伤害是，辛迪流产了。她记得自己说过想要留下孩子，但埃利奥特的“沉默震耳欲聋”。没有稳定的工作，没有稳定的感情，她觉得年轻的自己无法承受这一切。她用手捂着脸，结结巴巴地告诉我，她知道堕胎会是一次无比痛苦的牺牲，但不知道自己将永远无法释怀。她深深地抽泣着，后悔当初的决定，并将永远对此感到后悔。哭过之后，她沉默了很久，直到疼痛消退，她的思绪才逐渐清晰起来。我从她那双深蓝色的眼睛中，看到了深深的悔恨，她告诉我，大多数时候，她都把那个孩子想象成在世的人，并为之祈祷，祈求自己的决定能够得到原谅。谈话要结束的时候，她的语气很乐观，她很感激能从这样一段让人痛苦的经历中吸取教训。

我被深深地触动了，我觉得她内心的两种声音永远无法达成一致：现实的声音告诉她自己是单身，这绝不是生孩子的好时机。但她内心深处的声音却使她悲痛欲绝，因为她的决定剥夺了她的未来，在她心底留下了那个虽未曾谋面却令她永远难以忘怀的孩子。

理想情况下，我们会一起探讨对他们的感情而言，最重要的是什么，但我发现自己会问一些直接的问题，在我并不确信她会保护自己的时候，反而强迫她保护自己。他们能否通过更真诚、更充分的谈话来建立信任？遇到困难时，埃利奥特能否站在她这边？他们如何应对他的母亲？他们共同的信仰是什么？梦想是什么？和埃利奥特在一起时，她觉得自己是什么样的？

她告诉我，她爱他。她可以和他在一起，而他已经为之前的事道了歉。他们都为那个失去的孩子号啕大哭。她想确保自己不是因为害怕孤单而回到他身边，陷入以往的循环，但她可以想象他们一起变老的情景。在分手后的一年中，她尝试过和其他人约会，试过“火绒”(Tinder)和“搞错”(Bumble)等交友软件，但她发现这些经历都很糟糕。她要么觉得无聊，要么更糟的是，那些只想上床的男人根本不尊重她。他们跟她有着完全不同的人生观，这让她觉得自己被孤立了。她还没有遇到像埃利奥特这样的人——像他一样有趣、聪明、魅力十足。我看得出她已经做出了决定。虽然我持怀疑态度，但我不是她的母亲，我是她的治疗师。我的任务是提高她对潜在困难的认识，而不是影响她做出人生的选择。

在接下来的几周里，辛迪被无情地赶出了公司。她完全信任她的工作伙伴——托德，但他却背着她从投资者手中买下了这家公司。遣散费和搬迁费的承诺都没有兑现。她什么也没有得到。更糟糕的是，她还牵涉公司的一些债务，催收人为了收债一直找她麻烦。辛迪破产了。她付不起房租，不得不搬进朋友的公寓，睡在沙发上。她脸色苍白，浑身发抖。她没有想到公司会这么急着赶自己走，但仍勉强对我笑了笑。

她的投资者（我在心里称之为蠢货）会在半夜给她打电话，质问她，向她索要图表和财务报表。辛迪会在清晨惊醒，冒一身冷汗。有时她的焦虑会升级为恐惧。我试探性地觉得，她会本能地认为“没事的”，但考虑到发生的一切，我不确定她是否会没事。辛迪告诉我：“我感到难过和失望。在某种程度上，这是一种解脱，我很高兴已经结束了。”过去六个月的压力太大了。

辛迪有一点做得很好：她的第一反应是“没事的”，因为这能使她在风暴肆虐时保持清醒。但是，如果她一直觉得没事，这对她毫无帮助。她减轻了多少失去的痛苦，就会削弱多少感受快乐的能力。我们无法在不影响整体感受力的情况下，单单忽略一种感觉。所以这意味着，她必须抑制自己的情感，而这可能会削弱她全身心投入生活的能力。但这只是刚开始的几天，我需要做的是，了解她是怎样安慰自己的。辛迪创造性地开始了绘画和写作，这是她思绪和情感的一个出口。她会看幽默的电视节目，使自己平静下来。跑步也总是很有帮助，尤其是当她睡不着的时候。但最有效的方法是和朋友们在一起，丰富自己的感受，和大家一起开怀大笑。

陷入困境的客户总是会浮现在我的脑海里，后来当我想起她时，我为千禧一代的生活中融入了自我关爱的艺术而微笑。这岂不是太棒了？我的同龄人在三十多岁时就完全懂得爱护自己，但他们在极端情况下的选择却非常不可思议。他们尝试、检验过的唯一镇静剂就是大量的酒精。

我不必担心辛迪承受不住这次遭受的损失。但在接下来的几周里，她最初的失望变成了愤怒，因为她收到了威胁性质的律师邮件，发现托德完全背叛了她。最让她难过的是，与她关系密切的其他同事都加入了新公司。其中一个曾与辛迪姐妹相称，她的行为尤其让辛迪感到心寒。她建议她们一起祈祷，还一直发消息说情况很乐观。如果她能够坦诚一点，承认选择托德是因为需要钱，并为辛迪的困境感到抱歉，那么这段友谊还有可能继续下去，而她伪善的话语实在让人无法忍受。

这是巨大的损失，辛迪现在需要做的无非就是为之难过。这一过程能帮助她发泄感情，接受自己不想面对的现实。弄明白究竟发生了什么是很重要的。辛迪需要理解事情的起因、经过和结果，这有助于她在认知上接受它。这种理解也将影响并指导她今后的计划。

残酷的是，辛迪对投资者和托德的愤怒很快转移到了自己身上，这也是人在悲伤时常常会发生的现象。她为没有多替自己着想而感到愤怒。她责备自己：没有争取到一份合同。“我为那份事业贡献了一切，离开时却两手空空。感觉就像他们从我这里把它偷走了一样。”她希望自己能早点离开，少付出一些。她知道如果是在劝告朋友，她会在危险信号刚一出现时就鼓励他们离开。我好奇的是，有人很早就警告她不要相信她的投资者和托德，她为什么还是相信了他们。辛迪看起来很惊讶。“哦，我不知道我为什么那样，”她说着，一边转动着手指上的戒指，试图弄清楚心里的这个问题，“我想相信人们是无辜的……如果不这样，那会是多么无情啊？”

我能理解她的两难处境：她不想怀疑别人，不想变成一个尖酸刻薄、城府极深的女人。与此同时，盲目的信任也伤害了她。在信任与不信任的紧张关系中，如何做到真正的睿智？让辛迪陷入困境的不仅仅是她对人的判断。确切地说，她唯一的机会就是能够使事业成功的动力，这超越了她的能力范围：她希望努力和运气能使事业朝她希望的方向发展。我在其他人身上也看到了这一点，还有盲目的决心以及令人上瘾的渴望成功的野心。

尽管事情很复杂，但我看得出辛迪足够坚强，能使自己从容应对接下来的混乱。当她遭受困境时，痛苦便更加强烈了。“我的世界，我的家，我的薪水都没了。我不想吸取这样的教训，更别提为不值得尊重的人付出的时光了。这太痛苦了。”她仍然无法入睡，在冰冷的恐惧中等待着，不断地对这群背叛她的人感到愤怒。就像自我伤害的前女友仍关注着前男友的账号一样，她会在社交媒体上关注她这款应用，故意给自己带来痛苦。她的健康状况一落千丈，与仍在追求她的埃利奥特共进晚餐时，她感觉很沉重。与律师打交道，面对事业的生死存亡，这些都会让她流泪或紧张。

一天早上，她醒来的时候，发现手机停机了。恐惧袭满了她的全身。她没有钱——甚至不确定她的钱还够不够吃饭。尽管如此，当之前的公司试图贿赂她签署保密协议时，她还是拒绝了。他们无法收买她的沉默或道德。她想用自己的亲身经历作为案例，告诉大家什么是不应该做的。她想把他们的行为公之于众，最好人尽皆知。

虽然辛迪有意让自己感受痛苦，但她也有充满信心和希望的时候。两个大公司向她发出了工作邀请，可以解决她的职业问题和严重的资金问题。她通过了第五轮面试，觉得自己的经验和知识是一笔宝贵的财富；她没有钱，但她学到了很多。埃利奥特还是想和她复合，她同意搬回去和他一起住。

谈到他时，她把饮料轻轻地贴在脸颊上，从她脸上看得出埃利奥特对她的关心。知道自己不再孤单后，她才完全意识到自己有多害怕。我们总是直到拥有时才知道自己失去了什么。埃利奥特不停地对她说自己有多爱她，他是她的。只要她愿意，他们随时都可以结婚生子。他为自己对她的爱而流泪，她在他身上看到了以前从未见过的坦诚。但是她不想再次犯错。这次她不能心急。

她写了一份条款文件，列出了对他的期望：更坦诚地和她交谈，和他母亲一起支持她，找到解决困难的新方法。他同意了，并再次强调自己有多爱她，不想分手。从某种程度上说，回到他的公寓，也就是婚约取消后她离开的那个地方，让她觉得很丢脸。她回到了开始时的地方，甚至还不如开始时。但她觉得很有安全感。和埃利奥特在一起，她很幸福。

在接下来的两个月里，辛迪的希望再次破灭了。她没有得到那两份工作。面试官没有给她反馈，这让她的脑子里充满了各种消极的想法。但一个朋友曾说过："你还是原来的你。你还拥有以前掌握的所有技能。好好利用它们。"辛迪天生的韧性再次显现出来。她能够重新来过。她联系了通讯录里的人，甚至还联系了不认识的人，寻找任何可能的工作。当她谈起这件事时，我能感受到她的力量，她让人难以抗拒。她的自信激发了我对她的信任——我想她的工作只是时间问题。我脑海中闪现出展现"女性力量"的海报，周围闪耀着能量的光芒。

几周之内，她就成功地找到了一份咨询工作，为两名客户提供咨询服务，在接下来的几周内，客户增加到了六个。她会工作很长时间，想要超额完成任务以确保客户满意。这意味着她会有足够的钱来维持生活。她松了口气。古罗马哲学家爱比克泰德曾说：“发生了什么并不重要，重要的是你如何应对。”在我看来，辛迪就是这句名言的代表人物。她天生充满希望，还有坚定的决心和职业道德，这意味着当她被击倒时，她不会瘫倒在地，她会坚强地站起来。

更大的挫折是埃利奥特的公寓要续租了。辛迪希望他们一起续租，但他拒绝了。他想让她搬出去。

这是一次彻底的打击。“我无法向你表达我有多失望。这让我无法呼吸。”她原以为他们相处得很好，又恢复了稳定的亲密关系。辛迪问起他之前说的结婚生子的事，他退却了，回答得含糊不清。当她再次提起时，他便哭个不停，“但什么也说不出来”。她真的不知道发生了什么。从那一刻起，她觉得他在慢慢退缩。他们曾经有着频繁的性生活，这是他们交流的主要方式，如今也停止了。同床而居却离得很远，这道裂痕使她感到寒冷。幸运的是，通过网友她找到了一所租期三个月的廉价公寓，从他家搬了出去。

当我询问他们是否已经分手时，辛迪告诉我，他们还没有“谈过”。她不想给他下最后通牒。我认为——很明显——他们都在避免进行重要的谈话。辛迪说她试过了，但毫无结果。她觉得一旦自己搬出去，给彼此更多空间，他们就可以更坦诚地交流。我做了一些强迫，暗示说他更像是把她当作房客，而不是女朋友。我担心他们之间的礼貌掩盖了他们对彼此的价值，回避困难并不能降低困难的程度。

辛迪没有跟我争辩。她觉得他们不太可能和好如初——和他在一起太痛苦了。“但是，”她说，这个“但是”很重要，“我深深地爱着他，我觉得他是一个很棒的人。我暗自希望事情会有转机。”辛迪哭了，她很害怕。她竖起拇指，将眼睛下面的眼泪拭去。

我能感觉到她的悲伤。我出于本能想要安慰她，给她留下哭泣的空间。她哭着告诉我：“我渴望一丝平静。我知道平静来自内心，有很多值得我感激的东西，但这太艰难了。我已经准备好重新工作，重新站起来……我仍然很爱他，但我不害怕孤独。我知道和别人在一起我会感到孤独……”辛迪十分迷茫。她希望他们的关系继续下去，但埃利奥特的所作所为让她知道这不太可能，但她还抱有希望。她内心深处的意志能使她振作起来：在她崩溃时拉她一把。

我对埃利奥特抱有偏见。但是情侣之间有他们自己的情况，自己的挣扎——我不能仅凭辛迪的叙述就评判他们的关系。我的职责是在辛迪对未知感到不安时，给予她支持。作为情侣，他们必须自己找到解决办法。

搬出去以后，辛迪惊讶地发现自己变得平静多了。和埃利奥特一起生活时，他们之间的紧张关系影响了她内心处理问题的方式。她跟我谈起她的父亲，他是一个性格相当孤僻的人。她的母亲承担了作为父母的责任，给了她很多关爱。父亲对她的生活知之甚少。他似乎只活在自己的世界里，远离其他人。她有种一直在寻找父亲的感觉，这是她的常态。我们想知道这对她和其他男人的相处产生了怎样的影响。辛迪发现埃利奥特与父亲有相似之处：从他身上，她再次感受到了那种缺失感以及对联系的渴望。当我让她进一步探索时，她拒绝了我。她不想深挖自己的潜意识过程。虽然她很乐意了解自己的认知过程，但深度治疗并不适合她。

另外，她又生动地描述了自己的母亲：母亲的爱太过强势，要求她要么和埃利奥特结婚，要么回家，这给辛迪造成了很大的压力。她会告诉辛迪，辛迪的很多同学都准备结婚了，将在阿肯色州举行超棒的婚礼。她不希望辛迪违背传统，她给辛迪发了当地的招聘广告，还建议辛迪交个当地的男朋友。辛迪很坚定。她知道母亲爱自己，但她不想被母亲控制。她去旧金山的原因之一就是想挣脱南方的习俗。她想成为独立的女性，创造自己的人生。

一个月后，辛迪告诉我，她觉得我们的治疗已经完成了，对此我并不感到惊讶。她和埃利奥特的关系有所缓和。

虽然还是没有进行深度的“交谈”，但他们每天都会聊天，每周约会几个晚上，也重新点燃了激情。辛迪看起来很高兴。她感到平静多了。现在的她不用为钱发愁，她想享受和埃利奥特在一起的时光，而不用急着结婚：订婚差点毁了他们。她有些激动地提醒我，每两段婚姻中就有一段是失败的。她很满意他们现在的关系，觉得自己又重新振作了起来。她的自尊心增强了，通过对自己的关爱，她终于感到自己正在慢慢好起来。她想要建立信任，享受他们在一起的时光。她还不需要迈出下一步……也许永远都不需要。

关于工作的思考

Reflections on Work

工作对我们而言好处颇多。我们必须靠工资来支付开销，我们注定要工作，要生产。对一些人而言，他们的工作能够定义他们自身：这是他们的身份所在。对另一些人而言，工作只是为了养家糊口。令人惊讶的是，约瑟夫·朗德特里基金会的数据显示，2017 年，英国的贫困劳动力数量达到了 400 万，这意味着经济体制中有八分之一的人属于“穷忙族”。然而，最近的一项调查显示，大多数人表示喜欢或热爱自己的工作，只有 10% 的人不喜欢自己的工作。

工作是我们生活的中心。它占据了我们睡觉以外的大部分时间，不论我们是否能够意识到，它都会以无数种形式塑造着我们的目的感、意义感和身份感。对许多人来说，工作是他们自我成长的最佳方式：他们有潜能，能感到自己的进步，看到自己的劳动带来的影响，有前进的方向，还有一起工作的团队。当私生活令人感到复杂、痛苦和无法控制时，工作有时可以改变这种局面，填补生活中其他领域无法填补的空白。对于不喜欢自己工作的 10% 的人（其中 6% 的人是憎恶）而言，工作中的他们可能会觉得事情不受控制，自己被约束，被贬低，或者只是觉得无聊。没有自主权或觉得老板人不好，是人们讨厌工作的关键因素。在理想状态下，为了拥有幸福感，我们要努力让生活中的每一方面都顺利发展：我们的人际关系、健康水平和工作情况。它们是相互关联且相互影响的。不过，研究清晰地表明，那些不工作的人，无论从哪方面衡量，情况都相对更糟。

《2017 年“英国舆观调查网”统计》

统计数据显示，当人们被问到有多喜欢自己的工作时：

45% 的人表示喜欢他们的工作

17% 的人表示热爱他们的工作

20% 的人表示既不喜欢也不讨厌他们的工作

10% 的人表示不喜欢他们的工作

67% 的中产阶级表示喜欢或热爱他们的工作

55% 的工人阶级表示喜欢或热爱他们的工作

女性比男性更喜欢和热爱自己的工作：68%：58%

当被问及他们是更愿意做高薪但不喜欢的工作，还是低薪但很喜欢的工作时，64% 的人表示他们宁愿选择后者

在过去的五十年里，在英国，关于工作环境的文化和思潮经历了巨大的变化，最近十年里，变化速度更快。最大的转变是，如今 48% 的劳动力都是女性，同时，经济基础从制造业转变为服务业。人们的生活水平不断提高：家庭收入增加了一倍，住房拥有率大幅提升，人们的寿命比以往任何时候都要长。尽管债务有所增加，但人们的生活质量似乎提升了很多，在这种环境下，人们对工作的态度正在发生变化，以前，人们认为赚钱是工作成功的唯一定义，现在却认为，工作还要能够为他们的生活带来意义。"舆观"的调查显示，64% 的人更倾心于低薪但自己喜欢的工作，而只有 18% 的人更想做高薪但自己不喜欢的工作。

"X 一代"[1] 和"Y 一代"[2] 对工作有着新的期待，他们希望

1 指出生在 1965—1980 年之间的人。

2 指出生在 1981—1996 年之间的人。

能够在工作中不断成长，希望自己和公司朝着越来越好的方向发展。当人们相信自己所做的工作很重要时，工作就会成为他们灵感的源泉。他们希望拥有一份弹性工作，能够平衡工作和家庭的关系。在我看来，随着宗教文化的衰落，工作已经开始取代人们残存的信仰。它是我们聚集在一起寻求归属的地方，是分享目标和信念的地方。这让我想起马斯洛的需求层次理论：既然大多数人的基本需求——温饱和住所，这些处于层次结构底端的需求都得到了满足，那么现在，人们希望从工作中得到的就是进步和激情。

根据牛津马丁后代委员会的报告，全球 47% 的工作面临被自动化取代的风险；其他研究显示，到 2030 年，这一比例在英国将达到 30%。由于数字时代第四次工业革命的发展，预计到 2022 年，40% 的劳动力将成为零工经济。全球政治力量必须从长远角度考虑如何应对这一巨大挑战，这对人类的未来影响极大，不容忽视。如果年轻一代不具备相应的技能和条件，仍还利用我们这代人的方式，那他们如何发展进步呢？

我们可以从卡斯、蕾切尔、海因里希和辛迪的案例研究中发现，一个人与工作的关系会受到初始条件的影响，即他的社会地位、受教育程度和父母的教育方式。父母的榜样作用可能会帮助他们明晰自己将要效仿的方向，但也可能会使他们产生逆反心理。永远不要低估榜样的重要性。他们独特的兴趣，加上先天的能力和不错的运气，使自己找到了第一份工作。当然，当他们不喜欢自己的工作，被解雇或对该做什么犹豫不决时，他们的幸福感和生活质量会受到很大影响。成功虽然常常是由金钱、权力等外在因素来评判的，但只有在那些事业有成的人身上才能真正被看见。

当别人问起我们的工作时，这听起来可能是一个无害的问题，但他们却可以通过我们的回答来做出假设，比如，我们是什么样的人，我们的地位如何，我们在“适者生存”的评分板上处于什么位置。它会影响别人对我们的看法，也会影响我们对自己的认同感，甚至自尊心。一方面，我们需要清楚自己的身份，知道它对我们的工作而言意味着什么。另一方面，我们也需要受到他人的重视，但我们很难在两者之间找到平衡。所以，我们需要花时间反思，并与他人讨论自己的价值观和衡量成功的标准，这是非常值得的——与他人攀比往往是通往痛苦的捷径，认识到这一点也十分重要。

退休

海因里希很喜欢自己的工作。这份工作有很多困难等着他去挑战，他能从中获得满足感。他仍对这份工作充满热情，这让他的生活充满意义，他也在工作和家庭之间找到了平衡。研究表明，对工作过于热情会导致人们对工作投入过多，从而失去平衡，影响家庭生活。海因里希是他那一代人的典型代表，在他的整个职业生涯中，他只做过一份工作，这份工作稳定而有保障，一直到他退休。他过着西方传统的三阶段式生活：学习、工作然后退休。从长远来看，这种情况在下一代人中出现的可能性不大。

对于那些将个人价值完全与工作联系在一起的人来说，他们会为未来没有工作感到恐慌。对他们而言，退休的一大普遍问题是他们迫切希望留下遗产，这种现象有时被称为“大厦情结”，即害怕没有工作的生活会很空虚。但停止工作可能会使生活中那些被忽视的方面突显出来，比如友谊、爱人，或者是发展其他兴趣爱好的时间。那些能够用新的友谊来代替工作中的人际关系的人，往往适应得更好。

退休对一个人的生活而言是一个巨大的转变，认识到这一点很重要，即便是那些希望退休的人也一样。他们正在失去处于团体或机构中的认同感，而这种认同感比个人认同感更加强大。他们不再拥有工作上的社交生活，不再拥有这一工作特有的语言、焦点、结构、资金、责任和认知地位。他们实际上离开了他们整个成年生活所了解的一切。这当然算得上一种损失，而且还是经常被忽视的损失。人们常常机械地看待退休，好像它只是生活中的必经阶段，可以笑着面对，却没有认识到它给人们造成的心理问题。而实际上，它会造成很多心理问题。

生活中的方方面面都不是绝对的。退休对于不同的人在不同的人生阶段有着不同的意义。它是一把双刃剑：可能有益于身体健康，例如，退休后的人们压力减轻了，可以花更多时间健身，或腾出时间参加社交活动。然而，它也可能对健康产生负面影响：闲暇时间太多可能会导致人们饮酒过量以及陷入缺乏运动和养成不良习惯的恶性循环。人们的压力一直很大，长期存在已经对身体造成了不利影响，退休几乎不可能逆转这一现象。经济事务研究所的研究发现，退休使临床抑郁症的发病率增加了 40%，致使至少一种生理疾病的确诊率增加了 60%。提前退休的情况甚至更糟：总体研究表明，提前退休会对健康造成负面影响，增加死亡率。

对许多人而言，保持健康是继续工作和寻找“过渡性工作”的不错理由。那些觉得工作有趣，并且喜欢自己工作的人，更可能想要继续兼职做原来的工作。那些被迫退休的人可能也会找份临时工作，希望重新获得管理权和地位，但他们可能会很挣扎，因为他们的信心已经受到了打击。相比而言，那些在更年轻的时候选择退休，并想继续工作的人更有可能成功。

退休的男性和女性之间往往存在差异。总的来说，女性比男性更关心婚姻的质量，因此，充实的婚姻有助于她们适应退休的转变。然而，传统上，男性的自我意识来源于工作，所以他们可能会与退休抗争。夫妻会突然发现，没有了工作和孩子们的打扰，他们在一起的时间要比以往任何时候都长。这种动态的转变可能很有趣，但更有可能造成巨大的动荡。俗语中的那些情况可能都会出现，比如，“我嫁给他不是为了给他做午饭。”显然，那些认真对待婚姻、努力寻找婚姻新常态的夫妻感情会更好。

研究表明，对于那些已经离婚，但还没有找到新伴侣的人来说，退休后的生活尤其困难，因为他们既没有收入，也没有可以一起规划新生活的伴侣。

退休夫妻共同开启人生新篇章的方式之一就是照顾孙辈。因为孩子的父母都要工作，所以祖父母的角色就变得越来越重要。那些乐观的祖父母发现，他们不再需要其他工作，因为与孙辈在一起就能获得成就感、欢乐和喜悦。此外，这还能为子女事业的成功提供支持。因为他们中的许多人都将处于事业的中期，如果不用照顾孩子，他们就可以自由地加快事业的发展。这对祖父母们来说是一种双赢，因为他们既给子女提供了更好的工作轨迹，也让自己有了更好的退休生活。研究表明，事业中期的发展是决定退休后生活质量的一个重要因素。

青年危机

另一个极端是卡斯这样的情况。他很难找到自己喜欢的、能带来收入而且又有保障的工作。他的经历在最近的研究中得到了证实，研究显示，近 80% 的大学毕业生在事业、人际关系或金钱方面面临着压力。61% 的人表示，找不到自己热爱的工作或职业是他们焦虑的首要原因，这甚至超过了寻找终身伴侣（47%）或偿还学生贷款（22%）带来的焦虑。他们觉得焦虑并不奇怪，因为他们不太可能在第一份工作中就发现工作的意义。第一份工作基本上都是重复性的、枯燥的，也不会经常得到上司的赞赏。

年轻人从大学生活到工作生活的转变，恰好与剧烈的时代变革同步，这可能会使他们产生焦虑，认同感降低并暴露自己的弱点。美国心理学家杰弗里 · 詹森 · 阿奈特（Jeffery Jensen Arnett）创造了“成年初显期”一词，该词与 20 世纪 50 年代出现的“青少年”一词相似，是指十几岁到二十几岁之间的年轻人，他认为，该阶段是一个新的发展阶段。

毫无疑问，在工业化的世界中，当父母和祖父母看着自己的孩子，与当时的自己比较时，他们会沮丧地发现，孩子们经常含糊其词、缺乏担当或毫无规划。这有助于父母和孩子认识并接受时代的变化。孩子们主要出生在和平年代，但后来社会发生了巨大的变化，他们也经历了经济危机并受到了影响，这改变了他们的看法。事实上，与他们的父母相比，年轻人得到了更多的保护和父母的陪伴，这也使得他们成熟较晚。越来越多的年轻人上了大学。他们经常把二十多岁视为试验和探索的时期，它充满了无限可能，而不是固定的观念。这个年纪的人在探索自己的身份，自己是谁，自己想从爱情和工作中得到什么时，会觉得自己在青春期和成人期之间不断转换。我们需要改变我们的认知，认识到对许多年轻人来说，接近三十岁才是真正成年的分水岭。在此之前的十年，他们在成人世界中寻找自己的位置，发现自己的成人身份，与亲密朋友组成新的团体，尝试不同的工作。

由于年轻人的工作寿命可能会延长到七十多岁，所以他们不希望过早地将自己束缚。有些人确实会这样。有些人一开始就走错了路——离家又归来，还有一些人则觉得一切才刚刚开始。对一些人来说，这是令人兴奋的，他们丰富多彩的出国和深造经历将在未来带给他们丰厚的回报。对于像卡斯这样的人来说，这是一个艰难的过程，而卡斯无疑代表了大量年轻人。整个转变过程通常比人们认为的要困难得多。卡斯相信，就像大多数年轻人一样，他实际上应该比自己认为的更加成熟。事实上，当他因为缺钱而陷入困惑时，会为大学毕业后的生活缺乏条理感到崩溃。在大城市的孤独感和找不到自己位置的恐惧感，让他担心自己永远都找不到安全的中心。

卡斯的抱怨之一就是自己在找工作时得到的支持和指导太少了。毫无疑问，学校和大学需要帮助学生寻找更多相关的工作和社交机会，例如，建立校友与在校生的联系。如果学生们离开学校或大学时获得了学位，却不知道应该如何利用，那么学校似乎只完成了一半的工作。但学生们在毕业之前，也需要发挥自己的作用。研究表明，那些能够识别工作机会，找到工作场所，承担自己职业探索任务的学生，更有可能找到一份与自己的技能和兴趣相匹配的工作。寻求职业指导的学生也更有可能拥有良好的职业前景。在离开学校之前，学生需要深入了解他们感兴趣的行业和工作场所的“职业生活”。这种主动性与人际关系网，被认为是在大学毕业后找到一份好工作最重要的因素。

用检验和发现的眼光去尝试具有积极的意义，但为了安稳而从事一份工作是有风险的。在这一时期做出的决定可能会影响他们生活的方方面面，尤其是在职业和人际关系方面。他们需要通过长时间的讨论和思考，获得尽可能多的自我认识和知识储备。我经常听到人们说，“我从事了父亲想让我做的工作”“我嫁给他是因为我觉得他是我唯一的机会”“我二十多岁的时候过得稀里糊涂”“我选择了这份工作，但并不是特别喜欢，尽管我已经从事这份工作十五年了，但仍然不是很喜欢”，这些话让我感到非常吃惊。

这与以后的生活紧密相关，尤其是女性，她们职业生涯的起点对职业轨迹有着清晰而直接的影响。男性职业生涯的起点没有女性的那么重要：如果男性在职业生涯早期从事低端工作，那么这对他未来职业道路的负面影响相对较小（这被视为一种尝试，一种自我意识的建立）。然而，女性对第一份工作的选择会对她们的职业发展产生更明显的负面影响。尽管大多数女性离开低端工作的时间与男性相当，但当她们成为母亲后，晋升速度就会变慢。这表明，要想获得更好的职业发展，女性必须一开始就尽可能找到一份好工作。

有些人把现在的年轻人称为“被抛弃的一代”，担心他们还没开始就已经失败了。他们的工作机会少，住房拥有率低，稳定性较弱，因此，他们在成为真正意义上的成年人的过程中会停滞不前。实际上，这可能意味着，他们未来的工作时间更长，收入更少，退休时间更晚，赋税更高，社会流动性更低。评论人士认为，年轻人的未来，被他们属于“婴儿潮一代”的父母和当今的政客剥夺了，紧缩政策获得的是短期利益，而非长期利益，而且造成了经济衰退。这些年轻人回到家里，依靠“爹妈银行”，不是出于选择，而是出于迫切的需要。相比之下，英国 75% 的财富掌握在五十岁以上的人手中。他们是英国最富有的消费群体，在战后世界得到了迅速发展，但他们需要更加努力地保护他们后代的未来。对年轻人来说，他们对“何为重要”的看法正在发生改变，他们质疑父母“适者生存”的信念。他们想知道，新的生活技能能否帮助自己在做决定时考虑到情感和道德的要求。

“X一代”和“Y一代”的职业生涯不像他们父辈那样稳定。年轻人意识到他们可能会有多份工作，甚至从事多种职业。这种变化的诱因有许多，包括全球化、技术进步和预期寿命的延长。这可能意味着，一些机构不再培养人才，因为他们觉得无法从这种长期投资中获得回报。用人单位掌握着主动权，2010年，每一个工作岗位都会收到118份申请。年轻人背负着期望的重担，成功的希望越来越小，因为他们没有稳定的商业组织可以依靠。政治问题很大程度上取决于个人的权利、选择的自由程度和可能性的大小。我们天生需要归属感，想成为组织的一部分，在这个组织中，个人受到群体、群体目标和群体领域的保护，但这一事实常常被忽视。这是可怕的，有时也难以维持，而且会导致年轻人还没开始就选择放弃。

“X一代”和“Y一代”需要以“婴儿潮一代”的人从未考虑过的方式应对变化。这种变化过程应该作为大学教学大纲的一部分，教授给年轻人，帮助他们了解改变的过程以及怎样帮助自己。这将有助于他们意识到自己并没有失常，他们所经历的一切都是正常的。

奥利弗 · C. 罗宾逊（Oliver C. Robinson）是一名心理学家，专门研究处于青年危机中的年轻人，他希望人们能够认识到，在该阶段，年轻人的焦虑可以分为四个阶段：感觉不知所措，打破固定模式，经历情绪波动和尝试新的经历，直到他们走出这一阶段，才会感觉到自己的成长。适应力是可以教授的，而成功将属于那些能够开发出属于自己的一套方法来应对变化、从而学会适应的人。比较受欢迎的方法是与朋友和父母交流，这有利于他们停止对外界的批判，建立一套可控的应对结构，顾及自己的身心健康，为他人做些实事。更多关于如何增强适应能力的办法可以在本书后的“八大力量支柱”中找到。

丨失去工作

辛迪受过良好的教育，深受周围人的喜爱。她有天赋，有动力，有良好的职业道德和适应能力，这些都是她工作成功的要素。由于美国受到经济衰退的重创，她失去了第一份工作。所有失业的人都会觉得，失去工作就像经历死亡一样悲伤。这是一个人工作身份的死亡。人们起初是麻木的，震惊使他们的身体和思想都无法运转。失去工作时，人们都会感到丢脸。接受失去工作的现实，不再为了保护自己而否认这件事情，是需要时间的，事实上，当一个人开始体验和表达伤痛和愤怒时，疗愈就开始了。通常，最大的挑战是对“未知”的恐惧。联系朋友，和他们聊天然后大哭，然后接着聊天——出去玩，尽情欢笑，这些都很有帮助。有规律的锻炼和良好的饮食习惯可以帮助处于警戒状态的身体恢复平衡。最有效的方式之一是保持积极的心态。研究表明，积极的心态能在许多方面帮助我们提高工作表现，获得成功——我们做的决定，争取的机会，建立的关系，甚至我们的职业轨迹，都可能得益于积极的心态。俗话说，重要的不是你遭遇了什么，而是你如何振作起来。对于那些认为自己注定会失败的悲观主义者来说，这似乎很残酷；他可能会失败，但绝非无法改变：悲观主义者可以学着更加乐观。

被解雇或裁员的方式对人们的自尊心以及对未来的信心会造成很大影响。例如，没有任何理由就被解雇，在收拾东西时接到保安的通知，通过扩音器宣布解雇，或者是接到人力资源部而不是老板的通知，都会给人们造成严重的伤害。有时伤人的不是说辞或解释，而是被告知的方式。它使本就困难的事情变得更糟。被解雇的人会受到很大的伤害，他们反复思考，试图理解那些通常无法解释的事情。越是突然，越是残酷，影响越大。如果离开时的沟通充满关怀、同情和尊重，那么人们在离开时虽然还是会因失去工作而沮丧，但他们的自尊心得到了高度的维持。对于那些曾经遭受重创，或者童年缺乏安全感的人来说，这种影响甚至更为深远。但是，人们可能没有足够的自我认知，无法将之前的经历与成年后的工作反应联系起来。如果有机会寻求心理支持，那么会对他们建立信心提供重要帮助。

重要的是，辛迪一直在为她的关系网进行投资，关系网对工作的成功具有关键作用。“领英”(LinkedIn)、“搭伙”(Partner Up) 和“拓展”(BranchOut) 等职业社交平台为我们提供了前所未有的社交机会。通常，职业生涯的腾飞可能是“偶然事件”，而不是精心策划的结果。所以，那些希望职业生涯能沿着一条简单、顺畅的道路前进的人，很可能会失望。

辛迪比那些年纪大的人更有可能找到工作。五十多岁的人有 70% 到 75% 的概率在失业后的两年内重返工作岗位，这还可以接受，但对于六十多岁的人来说，这一比例要低得多。研究表明，在找工作的时候，有点事做总比什么都不做要好——可以做志愿者，去实习（老年人也有实习机会），做低薪工作。对于那些年龄较大的人来说，是否愿意再次接受培训很重要。雇主寻找的是那些掌握各项技能，可以在很多地方派上用场的人。这种灵活性的好处是，对于那些以前在传统工作环境中遇到障碍的人来说，他们现在可以自主创业，并在非传统的领域中工作。在线教学和提供各类支持服务的公司的兴起使他们在家就可以接受培训，学习新技能，培养新人才。

良好的人际关系是渡过失业难关的关键。我们最需要的是稳定的夫妻关系，而失业必定会使夫妻关系变得紧张。在面临经济上的挑战和未来的不确定性时，夫妻双方都会感到害怕。他们可能会发现，双方的沮丧会阻碍彼此间坦诚的交流，而交流正是他们需要的。如果缺少交流，他们之间的距离就会越来越远，从而产生责备、内疚、羞愧、愤怒和排斥等一系列情绪。这些情绪会交杂在一起，身处其中的人会觉得一切情绪都是那么真实。争吵、急躁和误解会成倍增加。夫妻双方能否积极、努力地去克服这些挑战是很重要的。他们可以腾出时间谈谈，最重要的是倾听彼此的想法。边散步边聊天是很好的方式——外面的环境能让他们平静下来，活动活动身体，相比于盯着彼此的眼睛，轮流说话和被人倾听的方式更有助于他们的交流。谈谈近期的事情，不要计划一周之后的事情，这是使焦虑保持在可控范围内的重要方法。有意识地去选择做自己擅长和喜欢的事情，什么都可以，形成规律，这会有助于保持自尊。面试时的信心很大一部分来自人们在家里感受到的爱。

新妈妈如何重返工作岗位

孩子出生时，母亲也就应运而生了。我们知道成为父母会改变我们自己。我们也知道，我们无法预测这种变化会是怎样的，因为内外部的变化都很巨大。新生儿让我们的世界发生了翻天覆地的变化——充满爱、担忧、疲惫、喜悦和意义——各种各样的感觉。对于蕾切尔而言，儿子是她无尽的爱和欢乐的源泉，但同时也会带来无尽的疲惫。重要的是，她发现自己是一个自信、快乐的母亲，而这正是她梦寐以求的。她面临的挑战是要回到工作中去，处理家庭与工作的关系。做一名职场母亲的确不容易。

做一个慈爱的母亲和找到一份既有意义、报酬又丰厚的工作之间存在无法避免的冲突，这是每个家长都需要解决的问题，而最终，很少会有人觉得自己做到了。一些母亲一想到要回去工作就会感到焦虑，她们不愿离开孩子，在职场上也不那么自信。考虑到公司会安排出差，自己需要找一个价格合适且条件较好的托儿所等问题，重新回到之前的工作岗位可能不再是可行的选择。

母亲自己对工作的想法往往比现实情况更糟糕。2014年，有孩子的女性参加工作的比例（74%）几乎和没有孩子的女性（75%）一样多。由于她们还要继续承担照顾孩子、家人以及大部分的家务工作，处于平衡家庭和工作压力的一线，因此她们是压力最大的人群。人们的态度是，如果一个女人要重返工作岗位，从事以前的工作，不管那份职业性质如何，她都必须像男人一样努力工作。但是职业母亲获得晋升的可能性却很低，因为人们觉得她们负有抚养孩子的责任——这可能是女性担任高管职位的比例一直很低的部分原因，2018 年，这一比例上升至 22%。而有孩子的职场男性却被认为有能力同时处理好工作和家庭生活，因为他们不需要做到平衡。

一些女性能够解决这个问题，而另一些则无法在这两个世界中应对自如。不论是工作干扰了家庭生活，还是家庭生活干扰了工作，她们都会感到内疚，这就是“家庭工作失衡综合征”。但身为母亲的内疚感会越来越强烈，男人则很少会有愧疚感。有数以百万像蕾切尔一样的女性，她们爱自己的孩子，不想离开他们；她们的确想要工作，但只是不想投入太多；她们有天赋、动力和工作的意愿，她们由于缺乏自信而低估了自己：54% 的女性对她们的工作而言都是大材小用。她们的解决办法是兼职，做时间灵活的工作。但女性的兼职薪水要比男性低，而且兼职女性的人数是男性的两倍。蕾切尔的情况表明了兼职工作的普遍问题：有趣的高薪兼职工作机会少之又少。蕾切尔清楚地知道，儿子对她而言是最重要的，这意味着她不得不在自己的工作上做出许多妥协。女人不可能什么都要。

《哈佛商业评论》（*Harvard Business Review*）总结了最近

的一项研究，其中一方面表示，“产假有助于降低婴儿死亡率和产妇的压力”，另一方面，该研究则表明，“新妈妈休假的时间越长，假期结束后，她们晋升、进入管理层或获得加薪的可能性就越小。她们被解雇或降职的风险也会更大”。

工作单位和政府需要做很多工作来帮助各位父母，使他们既能好好工作，又能尽到父母的职责。但多种多样的需求可能永远无法完全得到满足。不过，也许女性可以拥有比过去更多的东西。蕾切尔已经在工作中站稳了脚跟，研究表明，当女性想要全身心投入工作时，她将获得更多的成功。尽管一些组织和活动，已经在帮助长期中断职业生涯的女性建立信心，为她们提供培训，提高她们的技能，以帮助她们重返职场，但对于女性而言，重返职场的难度依然非常大。

高度敏感的人

卡斯和蕾切尔天生就很敏感，这意味着他们在面对人生的起伏时不够坚强。对于他们自己以及那些和他们相似的人来说，任何改变都有可能使他们变得更加焦虑，不知所措。《高度敏感的人》（*The Highly Sensitive Person*）一书的作者、美国研究型心理学家伊莱恩·阿隆（Elaine Aron）认为，高度敏感的症状是对事件或话语有着十分强烈的反应，这样的人想象力十分丰富，会做奇怪的梦，并且每天需要有属于自己的时间来进行调整。他们似乎比其他人少了一层皮肤。但这种情况比想象的要普遍得多，有 15% 到 20% 的人遗传了这种特质。阿隆发现，要想克服高度敏感，需要四个步骤：首先，他们需要自我认知，既要了解自己，也要知道高度敏感对他们而言意味着什么。其次，他们需要用这种新信息来审视自己的过去，并重新构建它，让自己有更清晰、更准确的视角——这有助于建立自尊。再次，她建议将治疗作为第三步，深入治疗早期的创伤。我认为这需要治疗师的帮助，因为这很难单独进行。最后，他们要培养一种技能，既要努力融入这个世界，又要有时间独自思考和恢复。

健康

Health

健康是人生的第一财富。

——拉尔夫·沃尔多·爱默生

杰弗瑞：家中的病人

GEOFFREY: Illness in the Family

杰弗瑞的女儿爱玛建议他来见我，并代表他联系了我。爱玛很担心，她的父亲最近被诊断出癌症，治疗可能会使他失去以往的活力和对生活的投入。她告诉我，父亲常常一个人待在客厅，看电视或者睡觉，即使是白天也总拉着窗帘。她想知道这是不是抑郁的表现。杰弗瑞的妻子觉得这很压抑，因为她是一个善于交际、性格外向的人。由于杰弗瑞不一定需要心理辅导，所以我们的见面不是那种正式的咨询，我称之为“交朋友”——我愿意倾听他的故事。

与杰弗瑞第一次见面时，我看到的是一个身材修长的男人，他脸色苍白，尽管已经七十五岁了，但脸上完全没有皱纹。他的前额上方是一头浓密的白发，眉毛也很浓密。杰弗瑞的行为带着老派的礼仪，他仿佛有一种天生的热情。

杰弗瑞告诉我，他被诊断出患有乳腺癌（这在男性中很少见），正在接受治疗。他说话的时候，表现得很乐观。他的会诊医生告诉他，他死于癌症的概率和自然死亡的概率差不多。癌症的确诊真的令他感到恐惧吗？我惊讶于他对此表现出的乐观。“老实说，我们都吸了一大口凉气，被诊断出癌症确实够糟糕的，但没必要担心，所以我并不担心。活着是为了生活。为什么要大惊小怪呢？”

他的回答中透露着希望，让我觉得他并不需要我。我觉得他仿佛有一个过滤器，过滤后他便感觉不到恐惧、担忧或者暴躁，他不是有意识地隐藏这些感觉，而是将它们关闭起来。他的父母生活在爱德华七世的时代，有着严格的军纪，他好像也受到了军纪的影响，所以觉得“一点问题都没有”。我感到迷惑不解——他告诉我他并不担心时，仿佛很高兴，但这与他女儿描述的，在黑暗的房间里独自一人、沉默不语的他并不相符。我刚刚介入，还没有开始治疗，但我记录了下来，希望能解开这个疑问。

杰弗瑞描述了他接受的六次治疗，包括化疗和射波刀放疗，他的语气比之前还要积极，赞扬了他所遇到的每一位医护人员。他很高兴自己能够成为一种新疗法的试验者，能够接受这种治疗让他感到很幸运。尽管第一次化疗时，他突然感到十分恶心，但他还是成功地坚持住了，并为下一次化疗做好了准备。放疗也是一样。他笔直地坐在椅子上，看着我的眼睛，我不得不承认，他那种“坚持下去，不要大惊小怪”的隐忍态度对他很有帮助。

当我问到他的家人是否担心时，他的脸上出现了一丝柔情，他自己也能感觉到：“对安妮和孩子们而言，这的确是非常艰难的一段时光。她们一定想知道未来如何——我也想知道我的未来会怎样，但我没有对她们说。我不想让情况变得更糟。”

我说道，在家庭中，一个人的痛苦不可避免地会影响到其他人，因为家庭是一个相互联系的网络。我说这话更多是出于自己的利益，而非为他着想。这时的他看起来很痛苦，担心自己没有给妻子和女儿足够的支持。我感觉他并没有表露出自己的想法，而是暗自决定以后做些什么来弥补她们。

我对他的职业生涯和他退休后的生活很感兴趣。他给我讲的故事听起来很连贯，像是构思好的。他的父母都是军人，一辈子都在印度工作和生活。他从小就频繁往返于印度南北部。他曾目睹母亲以异常坚忍的态度面对父亲在缅甸失踪的消息，甚至不知道父亲是死是活。尽管他知道父亲是那个时代的典型代表，对母亲非常专横，他还是很钦佩自己的父亲。杰弗瑞从小被送到英国接受教育，经常见不到父母。他说话的时候，我再次意识到，作为孩子，我们从父母的行为中学到的，远比从他们的言语中学到的多。如果他没有学会完全独立，没有学会安慰自己，没有学会寻求帮助，那他怎么生存呢？

在妻子安妮的陪伴下，杰弗瑞像父母一样移居国外，为一家大型石油公司在世界各地工作，工作期间，他在东非、印度尼西亚、新加坡和南美之间共搬过二十七次家。受童年经历的影响，改变对杰弗瑞来说已经是习以为常：他能很快适应新的国家和当地的人群，他的妻子也一样。他们都喜欢改变，喜欢体验新的挑战和新的环境。

退休后，他曾在其他公司工作，不过听起来都不太能令人满意。第一份工作不符合他的道德观和秩序需求：他与管理层产生了冲突，不得不离开，但他为此感到欣慰。下一份工作需要回到英国，这是他工作以来第一次回去，他在当地一家小公司担任经理。几年来，一切都很顺利，但后来他与新任首席执行官发生了冲突，并同意离开公司。

我被他的故事吸引住了，我问他，离开自己待了很久的、实力雄厚的公司，加入这些规模更小、更具个性的公司，并且最终不欢而散，他作何感想？他的回答告诉我，他既能控制自己的感情，又能让家人感受到他的活力：“没有什么事情能够阻挠我，如果前面的路有障碍，我就会迅速右转，寻找另一条路。如果有什么事让我心烦，我会说出来，但我不会表现得过于激动。”接着，他承认，他退休时安妮一直很担心，当他考虑到安妮时，脸上又露出了那种温柔的神情。我们说话的时候，他经常会对着他的狗点点头，咯咯地笑。那是一只很大的金色拉布拉多犬，退休后，这只狗显然成了他和安妮关注的焦点，他们每天轮流在固定时间遛它。我看到了狗是如何给人带来安慰；它看到主人时总是很高兴，不提困难的问题，也不喜怒无常，还促使主人定期到户外锻炼。

杰弗瑞的智慧很快起了作用，在妻子的帮助下（当提到她的鼓励时，他笑得像个顽皮的孩子），他找到了工作，在当地一家慈善机构做志愿者。这意味着他会遇到很多有趣的人，并享受自己的价值。他了解到，在健康和生活质量方面，弱势群体的生活是多么艰难，同时他也认识到了自己是多么幸运。但他在生病期间，被迫停止了志愿活动，他很想念那份工作。他希望自己能尽快回去。

我们说好再次见面，但我觉得我好像帮不上什么忙。我们都觉得彼此之间存在代沟。我的观点是，如果情感不表达出来，它可能会一直困扰我们，并在某种程度上影响我们的心理健康，有时这些情感会一直持续，但是，如果我们成功地将情感表达出来，我们的内心就会平静下来。在我看来，妻子和女儿的看法和他自己的看法很不一致。她们和我一样，把自己对他退休和生病的反应强加到了他身上，这并不合适。他能够对所爱之人敞开心扉，对此我很感兴趣。当谈到妻子和女儿时，他激动得说不出话来，他很在乎她们，他们之间的感情很深。我也从他女儿的电话中得知她有多爱自己的父亲。

我们第一次见面几周之后，我收到了杰弗瑞的电子邮件，他告诉我，因为左腿有运动时留下的旧伤，很僵硬，所以他摔了一跤，导致臀部骨折。医生告诉他，他需要换新的髋关节，这意味着我只能在手术后见他，因为他现在行动不便。鉴于我很想帮助他，我提议我们在他家里，见一下他的女儿爱玛。如果他和女儿能有机会一起和我谈谈，也许对双方都有好处，因为我可以帮到她，让她知道她的父亲是否感到郁闷。

几个月后，当我见到他们时，他的妻子安妮去了沙漠，他们称之为"刺激的沙漠"。杰弗瑞骄傲地告诉我，安妮是个喜欢冒险的人，对她来说，危险和不安越多，她感觉越好。最近她被赶出了埃及，她把这当作荣誉的象征。对于一个七十多岁的女人来说，这着实令人钦佩。爱玛是来照顾杰弗瑞的，我一眼就看出了他们之间的那种温情。对于更换的新髋骨，杰弗瑞从不喊疼，当他描述手术期间，自己在硬膜外麻醉状态下听到的敲击声和锯断声时，他笑了起来，由此可见他是多么坚忍。他一直说自己一切都好，迫不及待地想带着心爱的狗去散步。

我问他们，觉得杰弗瑞是如何应对退休和疾病的。爱玛说大家都非常担心，以为他坐在黑屋子里是因为郁闷。失去工作上的地位和目标造成的焦虑，再加上生病，这一切都让她们想到了各种各样的凄凉情景，尤其是在他沉默的时候。她的话使他豁然开朗。他也承认自己一直很担心，这是“艰难的两年”，但他十分坚定，没有沮丧。他解释了自己的态度：他觉得谈论困难只会让事情变得更糟——程度翻倍。当他担心的时候，看电视上的体育节目能让他平静下来，帮助他从手术和化疗后的不适中解脱出来。当女儿暗示他没有爱好和社交生活时，他非常激动，提醒女儿自己喜欢打高尔夫和钓鱼，还参加了安妮安排的好友聚会。他争辩说，只要身体足够健康，他就会恢复这些活动。他承认，与上一任首席执行官发生冲突的部分原因是他无法适应新的商业环境，这令爱玛很吃惊。她对父亲提出质疑，说自己从母亲那里听说，他并没有承认这样的结果有一部分是他自己的原因，但显然，他自己理解到的比她们所有人意识到的都要多。他微笑着点点头，像以往那样没有多说什么。

爱玛刚刚经历了与丈夫分手的痛苦。她看着父亲的眼睛告诉他：“你是唯一一个没有问我为什么的人。你只是问我你能做点什么——需要修东西吗，需要搬家具吗，需要钱吗？”当他们一起谈论那段对每个人来说都十分艰难的时光时，杰弗瑞表示十分理解，我第一次觉得，他的出现，他的不加评判以及他展现出的爱，都对爱玛的重新振作起了很大的作用。我被她对他的坦诚打动了。虽然只有几句话，但我知道他会反复回想的。

当我最后一次见到他们时，爱玛含着眼泪说，我们之前的谈话非常有帮助。因为他们有机会以一种安全的方式进行交谈，能够坦诚地说出所了解的关于对方的事情；把心里的话说给对方看似简单，却有着惊人的力量。当她望着父亲时，她告诉他，离婚后，她真正了解了父亲这个人，而不只是他作为父亲的一面，她觉得自己很幸运，因为她的许多朋友都无法体会。她告诉父亲，他们之间亲密的感情使她感到幸福。我看到杰弗瑞的脸激动得通红，当我说他显然是个了不起的父亲，看到他们的关系这么好，我很感动时，他的脸变得更红了。他自言自语地说，很高兴除了家人还有人能这么说，我可以感受到，他的信心在增强。

显然，杰弗瑞感到有些难为情，于是他把话题转移到了他新做的决定上：他想帮安妮做饭，更多地参与到他们的生活中。爱玛笑了笑，问他是不是因为安妮和他住在一起时，“拒绝像用人一样侍候他”，所以他不得不为两人着想，她好奇这是否让他体验到了安妮的辛苦？我现在知道，他总是用他一贯的方式来掩饰他那颗跳动的心，他说自己不觉得是那个原因，但他也不反对。他们都笑了。

当我离开的时候，杰弗瑞礼貌地微笑着和我道别，爱玛给了我一个拥抱，我认识到，坦然面对困难是适应变化的有效方式。但我还是想起那句老话，当我们受伤时，我们需要的是爱。我有幸见证了这种有爱的父女关系。这种感觉很特别。爱玛的话让我难以忘怀：“他一直是个伟大的父亲，这个角色对我和妹妹来说仍然十分重要。尽管在之后的几十年里，他的其他角色——家庭经济支柱、经理人、领导者、户外运动爱好者——已经离他远去，但父亲这个角色依然存在，而且将永远存在，他走上了这条路，并且乐在其中。”

阿伊莎：更年期、失业与家庭关系

AYESHA: Menopause, Redundancy and Family Relationships

阿伊莎用词讲究，而且非常聪明。我感觉到她在开口之前已经斟酌过要说的话，所以我只听到了她想让我听到的内容。或者说，我只看到了她觉得自己应该向我展示的一面。这让我觉得她不得不独自为生活奋斗，好像她内心深处知道没有人能帮助她。我看着这个五十多岁的女人，她皮肤黝黑，身材肥胖。她与保罗共度了二十五年，有一个十七岁的儿子拉维。她身上的肉褶与她的身份相符：她似乎很自在。她既对自己的美丽感到自信，又害怕自己可能并不漂亮。她把黑色的短发捋到耳朵后面时，精致的耳环叮当作响，好像在向这位巴基斯坦母亲致意。我很惊讶她能够这么真诚地跟我交流，但我觉得她还是封锁着自己的内心世界。我的反应对她而言很重要。我需要饱含情感，与她建立联系，但又不能太过，以免吓到她。

她为什么来找我，为什么现在来？阿伊莎觉得自己处于旋涡的中心，生活失去了方向，当时，她无法有效地借助心理治疗。但现在，她觉得自己在心理上更能了解发生了什么，并且想采取必要的措施，使自己更快乐地适应人生的下一阶段。我让她告诉我发生了什么事。

阿伊莎在三年前有过一段婚外情，当时的她正处于更年期早期。这不是真正的外遇，跟恋爱不一样，更多的是性迷恋。她说话的时候，我能感受到她想起这件事时的痛苦。她告诉我是和一个她根本不喜欢的人在一起——她使劲吞咽着，试图把这种感觉压下去。当时她正在拼命地寻找男人，那是一种她无法满足的强烈的饥饿感。“就像太阳被云遮住之前是最亮的……那是最后的机会。”就像青春期的疯狂一样，不过对象是一个五十岁的女人，这种感觉持续了三四个月。这是一个享乐的重置，是她对性爱最后的渴望。之后，她的性饥渴突然消失了，就像它突然出现时一样。现在任何人对她都不再有性吸引力了。

她说话的时候，我意识到她是一个极端的女人，要么全有，要么没有。我设想，她之所以疯狂地渴望激情，是因为没有了它，她会觉得自己像个死人，而且她非常想知道，我们的工作能否让她处于一个中和的状态。

她用最尖锐的声音说："正是'足够好'或'恰到好处'这样的话让我感到恐惧。"阿伊莎现在五十三岁了，在过去的两年里她已经完全绝经，她描述了更年期如何让她的生活天翻地覆。"我不想承认。我想尽力把它抑制住，相信它不会发生在我身上。我本来就不是一般人。"但这确实发生在她身上。她忽略了那些明显的迹象和自己经期的停止。一天早上，她想下楼，却感到焦虑不安，全身颤抖，就像某种疯狂的病毒感染了她的身体。这似乎完全出乎她的意料，她整个人都崩溃了。要在平常，她能应付上千个任务，但在这时候，她甚至不能洗衣服。没有人告诉她更年期会这么糟。

她去看了家庭医生[1]，被证实她已经进入了更年期。医生开了小剂量的激素替代疗法药物（她的家族有乳腺癌病史），这确实减轻了她的症状，但没有根除。阿伊莎整晚睡不着，或是在睡得很沉时被潮热惊醒。她经常发热，觉得高度焦虑，只有通过快走和瑜伽才能舒缓。她现在仍然脸红发烫，她痛恨那些突如其来的潮热，尤其是她和别人在一起的时

1 全称 General Practitioner，普通医师，在社区而非在医院工作。——编者注

候。她总是脱掉衣服，用冰箱里的冷雾剂喷自己。她低头看着自己的肚子，仿佛那是不该属于她的外星附属物，然后轻蔑地说："我能看到我的'游泳圈'在变大，以前降得很快的体重，现在很难甩掉。"

她开始穿宽松的衣服，保罗说她好像活在黑色里。偶尔，她会觉得自己只有三十五岁，但照镜子时，她会奇怪里面那个老妇人是谁。有几天她沮丧地醒来，告诉自己她已经凋谢，老了，没有魅力了。虽然有家人的陪伴，但她还是觉得孤独，那孤独令她心痛，是由自我封闭产生的孤独感——无法爱与被爱。她无法下床。她躺在床上，反复回忆生命中失败的事情，就像一条狗，呕吐完再吃下去。她锻造了自我攻击的武器，对自己的厌恶上升到了难以直视的程度。作为一种旁注——她低声说道，仿佛他们就在房间里一样——她的丈夫和儿子说她非常暴躁，比以前更加不耐烦和心情低落。作为对他们的回应，她承认自己应付事情的能力已经削弱了，并朝我苦笑了一下。

她说话滔滔不绝，有时很难跟上，这只让事情变得模糊而非明朗。我不需要了解每一个细节，只需要抓住中心主题。我能感受到，失去年轻的自己带给了她沉重的悲伤，但更沉重的是，她无法想象出她可以拥有的未来。我对她的看法和她对自己的完全不同。我看得出，她聪明又好奇心旺盛，很有创造力。这些都是让她度过人生下一个阶段的极佳的特质。我甚至设想了她奔放而优雅，在雨中翩翩起舞的景象。但她根本听不进我的话。我可以帮她感受到这些，直到她准备悦纳自己。治愈她的最好的办法是什么？我试着问了一个有挑战性的问题，她对这个问题很感兴趣。她准备好面对变化带来的不适了吗？改变是一个积极的过程，需要决心和耐力来面对令人不安的现实。这不仅仅是通过减轻痛苦来实现的。

阿伊莎不能确定。她的腿跷起又放下，我的问题加剧了她的焦虑。她低下头，结结巴巴地说："很显然，我想改变，但如果我改变不了呢？我害怕有了希望，然后又失望。"她摇摇头。她的耳环叮当作响。我承认希望是一种冒险，敢于尝试需要勇气，而且感觉很危险。然而只有她能决定。阿伊莎沉默了很长时间，这对她来说很不寻常。她坐了起来，深吸了一口气，双手合十，但不是在祈祷，更多的是一种许愿的姿态：她别无选择——是的——她想改变。她不想像她父亲那样，一个人身无分文地死去，嘴里喊着"我不需要你"，但他想表达的恰恰相反。她想适应新的环境，并在这个过程中恢复对生活的热情。在目睹了这场转变后，我感受到了蓬勃的生机。阿伊莎已经迈出了积极的一步，她想支持自己，做出改变的决定。

在改变自己之前，她需要坦然地看待过去的事情。阿伊莎语速很快，细致地描述了她父亲的不幸。我让她慢点说，因为我需要知道她父母的情况。她向我说明了她为什么感到不安，这种不安在她成年后的每一天都在上演。阿伊莎把自己生动地描述成一个不安的婴儿，没有得到好的喂养，这让我很触动。当她描述那个饥饿的孩子无声的哭泣时，我感到喉咙哽咽。她想象着睡在母亲的卧室外，渴望能躺在温暖的床上，而她最难忘的记忆则是母亲“像剥洋葱皮一样剥离我”。她记得母亲把她留在一个朋友那里，阿伊莎非常害怕母亲就此不会回来了。她没有安全感：没有稳定的地方可以休息，仿佛只有流沙，这让她感到自己支离破碎。这些帮助我意识到，她需要有规律的生活，习惯的必要结构能帮助她应对生活的不可预测性。但在阿伊莎的经历里，她用它作为抵抗外部世界的外壳。这使她更加空虚。至于她的父亲，故事同样悲伤。

阿伊莎四岁的时候，父母的关系已经破裂到了无法挽回的地步。她的父亲是出生在英国的白人，与母亲关系破裂时，他还歧视巴基斯坦种族。阿伊莎一度是她父亲最宠爱的孩子，因为她看上去不像她哥哥那样像巴基斯坦人。但她十几岁时，他便开始挑剔，说她太胖了。他的爱是有条件的，并不比她母亲的爱可靠。父亲离开母亲时，阿伊莎记得四岁的自己站在窗前，“哭的时间是最长的一次”。

四岁的阿伊莎痛苦而孤独的样子一直留在我的脑海中，成为我们共同解决问题的关键。我告诉阿伊莎，我为那个可怜的孩子感到愤怒，当时我说话的力气让自己感到惊讶，我能感觉到，那个四岁的孩子被锁在柜子里，还在尖叫。没人听她说话，而且他们甚至扔掉了钥匙。我想接近那个孩子并安慰她。她温情地看着我，一句话也没说。虽然我还没触摸到那个四岁的孩子，但我知道我心里感受到了她，这是一个很好的开始。

如果阿伊莎能忘记四岁时可怜而孤独的自己，她对自己的未来会有更多的希望，我提议我们使用想象疗法。我很惊讶她对此非常乐意接受。她看见自己和母亲、哥哥在荒野上，一个盒子里放着一颗粉红色的菱形糖，上面写着“吃吧”。她感到口渴，渴望喝点水。她抬头看到树上的叶子，它们闪闪发光，好像在哭，欣慰地哭。泪水顺着阿伊莎的脸流下来，哭泣是一种解脱。我引导她寻找一个没有饥饿、没有恐惧的地方。我让她想象自己在宁静的大自然中呼吸，用身体去感受。她静静地笑着说：“很好。”我让她想象着抱起四岁的自己。她吸了一口气。我知道她很难相信自己。她终于振作起来了。她安静地抱着四岁的自己。她觉得更平静了。我很感动，觉得如释重负。过了很长一段时间，我们找到了一个安全的地方，来安置她幼时的自己，我们都知道，这是她可以随时回来的地方。

想象疗法结束时，她觉得基于那个想象，她可以摆脱自己的一切烦恼。也许那里有更多的动物。“我想踏进这个安全的地方。”我轻轻地告诉她，她的话让我非常感动。阿伊莎把头靠在一边，当她意识到自己不再流泪时，她用温暖的目光瞥了我一眼：“不哭是因为我被恐惧笼罩着，就像不下雪是因为天气太冷。”

此时我感情强烈，为我们的想象所触动，我注意到我们谈话快结束时，她给了我一个眼神。阿伊莎把头发整齐地捋到耳后，凝视着我的眼睛说：“毒瘾的反复无常使我对可卡因产生了完全的依赖。”

天哪。也许她无意中选择了在交流结束时告诉我，以防止我发现，或者是为了破坏我们的成果？客户在离开时会说一些关键的话，治疗师称之为“关门效应”。我意识到上瘾是因为陷入羞愧之中。感到羞愧时，人们最常用的抵抗方式是断开联系，远离它，然后隐藏起来。当然，这意味着这个人没有得到同情或理解。羞耻是一种有害的感觉，它会使人抵触一切有联系的事物。羞耻感会在沉默中发展，大声把它说出来可以阻止它，然后得到同情。幼时的阿伊莎很有可能无法说出自己的感受——她觉得这是不被允许的，或者她的话会被听到——而这让她内心充满了羞耻感。

有趣的是，我发现自己并没有那么惊讶。她追求刺激的倾向是可怕的，但这与她之前的事情相似。麻醉痛苦会不可避免地影响所有的感觉，包括快乐和幸福，这会使得她之后需要更多快乐和幸福来填补空虚，从而无限循环下去。药物会使她产生一种控制感，但这是错觉。坚持常规，每天吃同样的东西，是其中的一个关键部分。我知道表现出我所有的热情肯定相当困难，但我还是决定从下次谈话开始这样做。

接下来的一周，阿伊莎带着忧郁和急躁走进我的房间。我意识到她想成为第一个贬低自己的人，这样我就不会打击她或羞辱她。她描述了自己如何痛苦地沉溺于毒瘾。她回想了它的起源。想起小时候的自己，她哽咽了，仿佛这是一个很旧的剧本。她对幼时遭受的空虚感到无法忍受，谈及自己如何不断地试图填满空虚时，她声音尖厉："小的时候，我用储藏室的糖来填补它。"有一瞬间，她变得体贴多了，把自己的饥饿和她与母亲的关系联系了起来，她母亲在产后抑郁，母乳喂养困难。她知道自己和食物的关系与她生命最初的几个月有关。我在想象这个婴儿渴望得到始终如一的爱时，她打断了自己的话，告诉我："现在谈这个没有用了。"

我温和地说："你现在不是一个人。我能感觉到你的痛苦在我内心中翻腾。我无法治愈那些早期的创伤，但我想和你沟通，我在这里，在你的身旁，让我们一起努力。”我很少如此袒露心扉，但我的直觉告诉我，我必须站起来为她加油打气。努力让她知道自己不再孤单，那个孩子现在可以被聆听、被照顾了。她的态度缓和了一些，对着我微笑，我也对着她微笑。我觉得我们之间的距离更近了。

阿伊莎提到，母亲在她七岁时让她吃处方药，似乎这是再寻常不过的事。她一直问关于死亡的问题，而她的母亲无法回答，于是阿伊莎完全陷入了恐慌。母亲带她去看医生，医生给她开了安定片。她继续说下去的时候，越来越哽咽，从那以后，死亡就一直萦绕在她心头：“死亡是我真正的障碍。它真的越来越近，让我害怕。从那以后，它每天都影响着我的生活。如果我能接受它，一切都会迎刃而解。”

这让我想到了更年期带来的不可避免的联系，即衰败和凋亡。更年期仿佛在呼喊着“变老”和“活不久了”。我可以看到在我说话的时候，阿伊莎在退缩。我做得过头了。我说我们可以一起努力，但她拒绝了，因为害怕自己再次恐慌发作。我们一致认为要等她准备好了再谈这个问题。

听了她的故事，我觉得阿伊莎应该在四十岁出头就开始吸毒了，一开始是消遣，实际上吸毒的乐趣已经有了苗头让她沉溺。情况本应该恶化。但令人惊奇的是，她正在康复中，我问她是什么让她决定参加康复计划。那是在新年的时候，她的毒瘾在圣诞节时总是很严重，因为那时候食物和酒都更多。她的胸部被感染了，头发开始脱落，压垮她的稻草是她的牙齿也开始摇摇欲坠。除夕夜，她喝了一整瓶伏特加和一瓶葡萄酒。“我当时很绝望，我的生活也跌到了谷底。我以前也曾有过小的低谷，磕磕绊绊。如果没有了酒精和毒品，我该如何生活？”保罗已经意识到她是多么绝望，他知道她应付不来，需要帮助。他付钱让她去戒毒所。他想让她负起责任，找到合适的地方。

“我走进康复诊所，感觉就像回家一样。这对我来说很愉快。我很专注，不需要和任何人打交道。不再酗酒和吸毒真是一种解脱。作为一个上瘾的人，你会觉得喝酒是义务。那里我的同龄人也都这么认为。我喜欢这个由清醒的、没有毒瘾的人组成的群体。”她的经历很简单，没有人强迫她，在戒毒的过程中她觉得得到了解脱，这也证明了那句话，“康复不会不请自来。”

毒瘾和更年期并不是阿伊莎需要面对的所有困难。她引用了莎士比亚的话：“灾祸来临时，从不形影相吊，而是成群结队！”在见到我的六个月前，阿伊莎被她工作了十一年的文学代理公司解雇了。曾经深受她钦佩的老板，将公司半数的股份卖给了一个年轻的合伙人，而他想要“新鲜血液”。这意味着老员工将被裁员，其中包括阿伊莎。但毒品的麻木以及随后的康复计划，使得她现在才感受到失业的影响。她重新意识到工作带给她的不仅仅是金钱。她说话的时候，似乎明白了没有工作可做是多么凄凉。她失去了群体、共同聊天的人、共同的目标和组织体系。我能感觉到她的内心，这里曾是她整个联系的中心。如今空空如也。她可以穿着睡衣坐在电脑前好几天。她有充足的时间沉思，这就产生了“没营养的思想，在漫无目的的循环的痛苦中”，她把自己想象成超市里刻薄的老太太，厌恶吵闹，对每个人喊叫。

几周过去了，阿伊莎开始一点一点地信任我们的治疗过程和她自己。她惊讶地说：“我有了一些突破。”她开始注意到自己在做任何愉快的事情时，不管是吃饭，还是给儿子买衣服，她都会惩罚自己。她用更宽容的眼光发现，她做每件事时都要批判一下——判断在她胸中堆积起来，就像身体上的石块，切断了她的快乐。当谈到她的羞愧时，潮热涌动在她的身体中。我看到她有点不舒服。

理解她不断地自我封闭，能够帮助她走出“无休止的空虚”。她一得到想要的东西，就不再接受，也不再去感受它所带来的快乐，这就像她把美味的橙子放进嘴里，却拒绝享受它的味道和快乐一样。阿伊莎把这个过程和她的工作联系起来，在那里她会完成安排的工作，但不允许自己得到应得的认可。或者当她和她觉得快乐的人在一起时，她会退缩。

“但是想象疗法对我有好处。对拉维的爱帮助我把自己也看作一个需要爱的孩子。当我抚慰我的孩子时，我也在抚慰我的空虚。”

阿伊莎变得非常兴奋，脑海中似乎有了清晰的脉络，因为她意识到，她的暴饮暴食与控制欲有关。她有一个开关，但没有可以调节的档位。她希望在不同的情况下可以选择不同的档位。她兴奋地笑着：“我不是兴奋过度就是睡着了。我可以让耳边那些批评我的声音安静下来……这就是为什么四岁的我是那么好，因为那时我的情感是纯洁的。我从母亲肚子里出来的时候，不是一个诡计多端的人。我在这个世界上感到很高兴。我有真实的内心。我需要进入它，剥去层层的虚伪。”

阿伊莎心中有了一个“慈爱的女调节师”的形象，一种更高的信仰，她告诉阿伊莎一切都好的时候，大的转变就出现了。她轻轻地把阿伊莎推向正确的方向，帮助她做出更好的决定，这意味着她不再讨厌自己，也会过上更令人满意的日子。她的变化发生得如此之快，我们都意识到了她在之前的治疗中所做的一切：她在康复过程中学到的智慧现在起了作用。

我很想知道阿伊莎是否会在发生改变的时候告诉我。她不确定。但她每周都来。她感觉平静多了。她还做了针灸和瑜伽，并定期进行想象疗法：想象能够安慰她，达到药物或食物无法达到的效果。她已经停止使用社交媒体：“把我的内心和其他人的外表进行比较，纯粹是有害的。”

阿伊莎在度假时感到很平静。她几乎不敢相信自己在说什么。她争辩说，假日里的蓝天和阳光是虚假的黎明。但我反驳说，实际上，节假日往往是家庭矛盾加剧的时候：那时人们有时间面对家人和自己。她睡得很好，没有在食物上纠结；她对游泳记忆深刻，感觉是“哇，有游泳才完整”。当她说话的时候，她当时的形象在她脑海里依然鲜活，并且在经历过这些之后，这个形象还会滋养她。

她开始是在家里练习瑜伽，这后来变成了冥想的乐趣，而不是她“应该”做的事情。她和保罗一起跟拉维好好聊了几次，她觉得他也平静多了。我能从她脸上看出她为他感到骄傲。她走近丈夫，想拥抱他，感觉就像走进了生命的源泉，呼吸着他熟悉的气味，感受着他身体的温暖。她读懂了我的眼神，毫不犹豫地告诉我，她不想再有性生活了：那太危险了。然后她惊讶地意识到，这是她母亲传递的信息，母亲向她传递了迷恋的力量，但坠入爱河过于冒险。永远不要坠入爱河。性和死亡，是我本想和阿伊莎一起探讨的问题，尽管我知道她还没有准备好。最后，我们还没来得及尝试，她就停止了治疗。治疗效果与期望相差甚远。

度假归来后，她的工作出现了转机：一位出版商联系她，想让她编辑一本书，另一位出版商则想让她代写一本传记。阿伊莎以不同的方式控制着自己的情绪，她将手臂举过头顶，仰卧在椅子上，伸展着，放松——利用她新发现的机制在不同的情绪状态之间移动：她能做的不再只是全神贯注或毫不在意。度假回来后，她的皮肤晒成了古铜色，看上去很性感。看到她拥抱自己的身体和人生，我很感动。我感兴趣的是，在接下来的过程中，当她意识到自己感受到了平静，马上就会通过瑜伽来寻求涅槃。我咯咯地笑着，对她说，我希望她在追求更好的生活之前，先接受现在所拥有的一切。她笑着承认这是事实。

阿伊莎走了很长一段路。她说，自己必须记住那个调节师："我一直觉得孤独，这是为了拥有更多的力量，那个声音，无论你怎么称呼，都站在我这边，想为我争取最好的。这很有启发性。我很感激。而且，见鬼，我喜欢这个想法，而不是退缩，这是我生命中真正重要的一部分。是我下一段人生中令人兴奋的部分。不从别人的角度看待自己。我天生就有价值……"

阿伊莎不再封闭自我。她允许自己做回真我。她面对着令人不安的变化，并适应了它。死亡令她恐惧，但也给了她动力：生命是短暂的，她必须珍惜。她想提醒自己要快乐，要感激自己所拥有的一切。"也许我现在可以得到回报了。也许我生命中最美好的时光就在眼前。"

本：患癌症的单亲父亲

BEN: Cancer as a Single Father

本走进我的房间，微微低着头。他个子很高，总是提防自己撞到低矮的天花板和门框。本来找我是因为他担心自己的前列腺癌又复发了，他在十八个月前接受了治疗，但在三个月前的检查中，他被告知需要进一步的检查。他开门见山地告诉我："我已经到了崩溃的地步。人们说，'你看起来好多了'。然而我每一天都待在癌症中心——尽管这次的结果还不错。我对未来失去了所有信心。我感觉自己几乎一夜之间就变老了。"

本四十多岁，穿着卡其色的夹克和T恤。他留着小胡子，样子很酷。他是一名自由摄影师，但也是一个失去了妻子的丈夫。他的妻子丽莎四年前死于一场车祸，他由此成为单亲父亲，独自抚养十三岁的女儿蒂娅和十一岁的儿子杰克斯。我的笔记写得很随意，因为他可能也是那种写东西比较简洁的人，简明扼要，没有多余的句子、敬辞或昵称——他告诉我，他没有多余的话，也没有多余的感情。

本的语速很快，表述清晰，给我列举了他生活中力不能及的方面：他知道孩子们比以往任何时候都更需要他，但是为了让生活继续下去，他不得不比以往任何时候都更努力地工作，所以满足不了孩子们的需要——他在“毁掉”孩子们的生活。“我不想成为蔫蔫的病人。我想成为正常、健康的父亲，就像其他孩子的父母一样。”他们是一个“破碎的家庭”：他与父亲、兄弟和他妻子的家人处得都不好。本的母亲在他十六岁时死于癌症，这令他十分悲痛，而现在他的孩子们也在经历着类似的悲伤。他说话的时候，就像在地上打木桩，以标记他的生命是多么不堪一击，而他要面对的早逝肯定比看起来更加令人难以接受。他很清楚自己的状况，我被他面对巨大的困难时表现出的勇气所感动。

我能看到他脸上因疲惫留下的黑影，映衬着他苍白的皮肤。作为回应，我发现自己很想给他信心，让他相信我能帮助他。我感到内心有一股力量促使我向他灌输希望，但我知道希望只能来自他自己。

自上次那场残酷的手术和治疗以来，本积蓄了些许力量，但他最近的健康危机使这些力量都化为乌有。然而，对他来说，最初的癌症诊断才是最致命的。他刚开始敢于相信自己会有一个新的未来，甚至在他深爱的妻子去世后考虑寻找新的伴侣。去做年度体检时，他的家庭医生告诉他，他的血液测试结果显示他的前列腺特异性抗原水平升高。核磁共振扫描证实了是癌症，这种疾病是侵袭性的，需要手术、放疗和化疗，因为癌细胞已经扩散到了淋巴结。他花了一年的时间，通过手术恢复过来，试图在两次治疗之间工作。这是可怕的一年，伴随着化疗、发烧、呕吐、乏力、皮肤酸痛和脱发等可怕的副作用。他生活在痛苦的旋涡中，有时感觉好一点，却又被抛回去。把这件事告诉孩子们是他一生中做过的最艰难的事情之一，看到他们担心、愤怒，而不能保护他们，这是可怕的。他对一切都感到害怕。

他往后伸出手，好像伸出手掌就能敞开自己的内心世界，以适应他内心的混乱。我脑海中有一个画面，我想创造一个空间，让他释放出自己的痛苦，然后呼吸，慢慢地逐一审视不同的想法。

我试着向他解释他的感受：当然，他正处于“崩溃的边缘”——他才刚刚开始摆脱妻子死亡的悲痛，而此时他的生命又受到了严重威胁；母亲的死亡使他非常清楚，癌症足以致命。我告诉他，悲伤从确诊的那一刻就开始了，新的损失总是会让他想起以前的损失。对他来说失去的太多了——母亲的死亡，妻子的猝死，而现在他又患上了前列腺癌。外部事件太多，他的内心需要时间适应，因此反应总是会有滞后，这是可理解的。我看到他在点头，甚至同意我的观点，但我觉得我的话飘走了，成了他心里的暗流。

本详细地描述了他的第一次临床诊断，那时他崩溃了，“我相当肯定自己要死了”，当告诉父亲和兄弟们这个消息时，“我无法控制地抽泣”（他从未这样哭过）。令我震惊的是，我听到他们被他的眼泪吓到了。他们轻蔑地看着他，仿佛他的痛苦是他个人的失败。他们甚至表示了厌恶，告诉他要振作起来，不要再装可怜。本受到了伤害，也不可避免地充满愤怒，这意味着他与父亲不再联系，与兄弟的联系也只是敷衍了事。说话的时候，他敏锐地意识到自己内心的声音和他父亲的一样：有一种惩罚性的声音，“告诉我，我不能放纵…… 控制一下自己。这让我的身体感到僵硬”。他的脑海里不断浮现出批评的声音，异常残酷，就像胸口疼痛，但“像呼吸一样正常”。他嫉妒陌生人，因为他们很健康，很有信心，甚至没有想过这种痛苦。

事情并没有就此结束。他眼里含着泪水，承认道：“我能感觉到自己在疏远孩子们。我知道，如果我已经病入膏肓，我就必须停止一切。”这让他想起了母亲的离世：每个人都告诉他母亲有多爱他，但这听起来并不真实，他现在明白了，母亲撑不住了，她不得不离开。几十年来，他一直没能说出她的名字，他在脑海中改写了这个故事——母亲死了真好。本用十分尖锐的语言说道：“她死之前在我心里已经死了，她死后便又死了一次。”然而，当他进一步谈到母亲时，一种柔情在他心中蔓延开来。他眼里再次含着泪水，问道：“我失去了什么？我成为父亲的时候才意识到，天哪，我母亲对我也曾有这种感觉，我知道她一定很爱我。我对孩子的爱就像是母亲对我的爱……我想成为母亲那样的人，但害怕会变成我父亲那样。”

尽管我被本的话深深地感动了，但我还是感到无法接近他。他的心就像埋在年复一年的秋叶和寒冬下面，春天和夏天的温暖都无法穿透。这一点在他年轻的时候就已经根深蒂固，他从父亲那里了解到：这是他最好、最安全的选择，能够保护他免受未来的伤害。这给了他一种不同的、持续的伤害：彻底的孤独。

但从表面上看，本的生活总是忙忙碌碌——他要工作、开会，忙于拍摄电视节目，不停地解决问题，出差上班，长时间工作，不能自主安排日程，要做的事情超出了他能适应的范围。

我问他为了生活做过什么。什么都没有。他有一些好朋友，其中有些人非常了不起。当我了解到他做的一切时，我想知道我们该如何创造一个空间，给他一点空间让他喘口气。在打开心扉之前，我们是不会有任何进展的。虽然我承认他很想对孩子们负责，但他没有足够的财力来支撑他不工作。而且还有另一个方面，他看到其他人都有伴侣陪伴，便用工作来填补没有伴侣的空虚。我告诉了他必须面对的矛盾：一方面，忙碌让他没有时间真正感受自己的痛苦；另一方面，他告诉我，“我不知道自己内心这种根深蒂固的想法是否会一直存在。我每天醒来都会对自己说，‘去你的，我要重新来过’”。

当我们谈到令他不适的话题时，本会在椅子上动来动去。他的口头禅是他不知道如何去感受，但他只是让我们都了解了他不自知的脆弱的一面——那忍住的泪水，在他说话的时候就流了出来。他很快把泪水擦掉，说自己很勇敢。我让他继续哭出来：眼睛给眼泪的空间是有限的。我第一次感到和他更亲近了，我觉得我可以帮助他。之前，我感到他筑起了一道高墙，把我挡在外面，而不是让我进去。

在接下来的几次交流中，我们谈得更多了。他真的向我敞开了心扉，他可能会表现得更加脆弱。他知道，如果表现出自己的脆弱，就会产生亲密感，但根据他的经验，这会给那些对他好的人带来更多的负担。我们分析了由他的头脑和心灵筑起的防御屏障：他头脑里想着，“我不需要任何人或任何东西”；他的心则将自己掩藏起来，让每个人都远离他的真实感情。他叹了口气，说：“这很孤独。”我们都惊讶地发现，他父亲的教诲是多么的根深蒂固，一直伴随着他，尽管他和父亲没有了联系。我们知道他用了四十五年的时间来隐藏真实感情，而改变需要很长时间。

在我们的交流结束前的几分钟里，重要的时刻出现了。本问我其他人是怎么打开心扉的：他能学学吗？我想了一会儿才回答。我认为他心里还没有那样东西。最关键的是，他发展出了一种非常强大的自卫机制：当他表现出软弱的时候，只得到了父亲的鄙视。我觉得这令人厌恶，对我来说，这甚至与其他父母都不一样。这些话引起了本的兴趣。他曾认为他的本能反应是自己的错，为此感到自责和羞耻。他说话的时候，意识到面对别人的困难他可以敞开心扉，但他从不为自己感到难过。他能看到我眼中的悲伤。我们不用说话。我平静地补充说，我们的治疗工作并非对所有人都有同样的效果，它只是一些小实验，甚至只有一两个人可以体验。他的声音减弱了，离开时的他在想这一两个人是谁。

我们的见面停了几个星期，这意味着我们失去了一些正在尝试建立的联系。当我们再次见面后，本又感到了愤怒，他觉得需要做的事情太多了。当他列出所有任务时，我都感到头疼。我明白他为什么在早上很难起床：这一切的负担带走了他生活中的快乐。他必须面对作为单亲父亲所要承受的负担，独自承担对孩子的抚养责任。他对孩子们付出了全部的爱，这意味着当他不能满足孩子们的需要时，他会感到很愤怒——不是对孩子们，而是对他自己，他心中的愤怒是出于爱以及害怕自己可能照顾不好他们。当他看到其他拥有更多支持的家庭时，会毫不掩饰地表示羡慕。是的，抚养孩子需要很多方面的支撑。理想情况下，每个孩子的生活中都应该至少有九个成年人，而本的孩子只有他们的爸爸。

我们谈话时，他情绪越来越激动。本认为什么都不会发生，他现在觉得，一切都不会好起来——不仅如此，他还总感觉会有可怕的事情发生。他觉得："我很迷信。我最危险的想法就是认为一切都很好——就在丽莎去世前，我以为我已经得到了人生中想要的一切，然而很快，一切都消失了。在她忌日那天，我想着应该会有好事发生，结果五天后，我被告知得了癌症。这就好像如果我相信一切都好的话，我就会受到惩罚一样。"

确诊为癌症给他带来了最大的压力：害怕自己没有未来。他现在处于双重困境，因为他现在的病情控制得很好，但如果病情发展下去的话……就糟了，更糟的情况是癌症复发。他总结说：“即使上帝向我保证一切都会好起来，我也永远不能做回原来的我了。丽莎死后，我觉得我还年轻，离生命结束还早，还能够开启全新的生活。癌症却意味着我的生命快要结束了。”

他的生活艰难，摇摇欲坠。他时刻觉得时间紧迫，一天二十四小时完全不够用，自己的生命也那么短暂。他觉得努力让情况变好没有意义，因为没有任何良好的情况可以一直维持下去。他想知道我们交流的目的，这是他在我们中断之前慢慢发现的好处。

我乐观地向他保证，我们可以努力改变这种状况，我知道他该如何在自己身上找到空间，让自己变得有活力——我建议他定期锻炼，与蒂娅和杰克斯一起发现积极的治疗方式。我提醒他，他无法决定是否患癌症或失去亲人，但他可以选择如何应对。如果他坚持认为自己无药可救，那只会成功毁掉自己已经拥有的美好事物。从实用主义的角度来说的确是这样，但后来我发现，我之所以努力地工作，是因为他对厄运的想法已经转移到了我身上。我经过一番讨论才找回自己的观点，与本消极的思维大相径庭。他认为如果自己还抱有希望，那些正注视着他、嘲笑着他的神就会击倒他，以示惩罚。

随着时间的推移，本开始更加坦诚。他大声地哭了出来。他告诉我，他不觉得我在评判他，他很惊讶自己感觉好多了。我们之间的隔阂减少了，我感觉我们正在取得进展。更重要的是，他的生活似乎回到了正轨。他的工作很紧张，但他的孩子们在学校很快乐，表现也很好；他和他们一起度过了真正快乐的时光。他也遇到了一些难处，比如车被偷了，但正如他告诉我的，很多时候，他是个可以解决问题的人：这些事情很难缠，但并没有让他偏离正轨，因为他可以解决这些问题。本的自信心增强了，他决定花些精力找一个女伴。

我的脸上一定闪出了一丝忧虑。本很敏锐，他很快补充道："下面的功能好着呢。"我们都笑了，笑声连连。他继续说，找到和他一起生活的人，会重新唤醒他的心，给他希望。此外还可以解决很多问题，比如孤独、收入，他的工作压力和养育子女的负担，而且他也会更快乐。我们都感到很乐观。

我有好几个星期没见到本了。他没有赴约，也没有回复短信。我很惊讶，但我设想是他应该更快乐了。在我们原本约定的最后一次治疗的那天，我给他发了短信。他同意过来。

他的背比以前更加佝偻，戴着墨镜。本瘫坐在椅子上，用手捂住脸，不想让我看他。我了解到上一次的癌症检测结果使他担忧，虽然还未得到证实。“我永远逃不开癌症……一切都是徒劳……我想放弃斗争。我想离开，然后去死，越早越好。我无法忍受了……一次次抱有希望又一次次绝望，我觉得受到了羞辱。癌症毁了我的人生，也毁了我……”

我感觉到了他骤然而至的绝望，还伴随着对他有可能会再次受苦的愤怒。我也曾急切地希望生活对本公平一些，让他从失去亲人的痛苦和危及生命的疾病中得到一些解脱。我需要知道他是否有了自杀的念头，他向我保证，他不会抛弃孩子们。但我们都知道他的痛苦是多么难以忍受。他接着说：“我不认识自己了。我没想到我会是个崩溃的人……但丽莎的死是无法挽回的，现在我的病可能又复发了，我可能赚不到钱……钱可以解决我的很多问题……它不能治愈我，但可以让我不那么担心……”

我不能和本争论。他应付的事情比任何人都多。困难来自太多方面：他的家庭没有给他足够的支持，他幼时便失去了母亲，后来妻子去世，他又得了癌症，收入也不高。如果他只是痛心其中一个损失，也许他会培养出韧性来克服困难，但所有这些困难加在一起则是毁灭性的。本不相信和我交谈会有帮助，因为我能做的只是让他表达痛苦，然后逐渐带给他重建生活的希望。对本来说，现在抱有希望太危险了。因为希望常常令他失望。它甚至粉碎了他拥有希望的愿望。他告诉我:“我的灵魂死了，我只是一副躯壳。”

我们停止谈话的同时，他也想停止抗争。有时我们不愿抱有希望，因为我们认为，不抱希望会让我们免受失望的伤害。但没有什么能使我们免受痛苦，而希望是唯一的力量，在生命最黑暗的时候提供光明。希望是能改变人生的魔法。确切地说，我们坚信“黎明前是最黑暗的”。但对本来说，就在他寻找生命的转折点时，他又被击倒了。最终希望需要实现。现在的本已经经历了太多的失望，不敢再抱有希望了。

我很担心本。我一直在脑海里努力地寻找答案。我听到了他的故事，每个人都试图帮他解决问题，但他才是最会解决问题的人:如果有办法的话，他会找到的。我知道他是对的。在和导师讨论时，我得出了一个结论，但愿它是正确的，即从本质上来说，本是一个斗士。从内心来说，他是一个幸存者。这种想法充满了他的每一个细胞。他不再想见我，这完全可以理解。但如果医生能帮助他治愈癌症，随着时间的推移，他会重新打造自己的人生。为此他需要药物发挥作用，保持身体健康。他也需要更稳定的收入。我祈求他有好运。

埃里克：新冠肺炎患者

ERIC: A COVID – 19 Patient

我在四月中旬接到了埃里克要求进行心理咨询的电话，当时伦敦的新冠肺炎疫情正值高峰，而埃里克刚刚从新冠肺炎中死里逃生。令我羞愧的是，当我接到埃里克的电话时，我的好奇心盖过了任何对他的同情和关心——我并不喜欢自己的这个反应。好在当我看见他枯瘦的面颊、听见他在讲述自己安上呼吸机那五天的经历时，声音中的喘息，我的治疗师自我又重新上线了。埃里克的脸被屏幕放大了许多，我能够看见他模糊的棕色眼睛，苍白的椭圆形的脸，他的圆框眼镜和灰色胡子让他颇有学术气息，这很合宜——埃里克，一位来自哈克尼的退休人类学教授，七十二岁，已婚，两个孩子均已成年。埃里克语速缓慢，多次停下来喘气，但他还是大致讲述了自己的故事。他在某天早晨起床时感到身体疲惫，并在这之后的几天内愈发地不适，他的言语变得有些错乱，妻子宝琳娜也开始越来越担心，但埃里克依然无法正视自己的身体状况，坚持相信“别人会生病，我不会——疾病是懦夫的专利”。但在接下来的日子里，他的身体开始发抖，体温在过高和过低间徘徊，并且双腿冰凉，他的眼前开始浮现眩光，但因为自己没有出现咳嗽的症状，埃里克坚信自己患上的不是新冠肺炎。当他的体温攀升到 41 摄氏度时，尽管没有与他同住，他的女儿还是为他叫了救护车，六分钟后，救护车到达。

埃里克记得自己被放上轮椅，记得“被绑上氧气机和静脉注射抗生素”。在说话的过程中，埃里克突然垂下头，思维仿佛进入了一条无法继续行进的死胡同。我让沉默在我们之间继续。“我和进入医院时的自己已经不是一个人了，我被改变了。”我的本能反应将让我顺着埃里克的陈述继续追问一个明显的问题：你怎么改变了？但从他缓慢、气喘吁吁的言语中我可以感觉到他的思维中有很多黑洞，我不想让他感到更加沮丧。因此，为了让他理解拥有这种异样的感受也是正常的，我用轻松的语气回答道：“当然，你肯定改变了，你昏迷了很多天，喉咙里插着一根可怕的机械管帮助你呼吸，你住在轰鸣而炎热的重症监护病房里，周围的人被包裹在太空服一般的防护服里，你怎么可能不改变？”他提起一边嘴角笑了笑，点了点头。我们的谈话继续进行，他的精神略微好了些，说道：“如果你想设计一套系统来恐吓像我这样的老年人，就把一根管子插进他的体内，并且不让任何他认识的人、爱的人在他身边……”说到这里，他的身体开始抖动，好像身体的记忆正从他眼前闪过，他的声音低沉了下来：“最可怕的是他们给我插管的时候，我感觉好像自己正在溺水……我以为自己要死了。”下意识地，我把手放在了自己的喉咙处，感受着能够自由吞咽的宝贵，他所叙述的经历让人感到真实的害怕。讲完了自己的经历，他还是流露出了天然的乐观：“当我能够自主呼吸的时候，我哭了，我都不记得我上一次落泪是什么时候了——我的生命被改变了，但也被拯救了，我想沿着这条路继续走下去。”依据这一句话我向埃里克提问：他是否希望我们的工作能帮助他应对这场疾病带来的创伤，同时也帮助他认识这场疾病将对他人生的进程带来怎样的改变？他点了点头。他有些疲惫了，当天的咨询结束了，我们说好在接下来的几周内继续。

埃里克说：“我感觉很虚弱……我的记忆，我的腿脚，我的整个身体都感觉不再强健。我能走路了，但是还需要借助助行架，晚上也还是会做噩梦。我想要回到以前那个自己……仅仅就在五个星期前，我还是健康矫健的。”埃里克向我描述他曾经是怎样如饥似渴地热爱步行，他在假日里进行长途徒步旅程，每周都频繁地散步。在他描述自己曾经的强健时，我能听出他言语中的骄傲。在生病前，他曾是一位充满活力的七十二岁老人，兴趣繁多，尤其热爱帮助年轻人；他志愿为王子基金工作，每周辅寻许多青少年。但如今，他的身体和思想都正在经历着一场深重创伤所留下的后遗症，需要积极的复健来帮助他痊愈。早先，在和一位咨询者的交谈中，我倾向于强调生活中一些有益于身体和心理康复的实际习惯和行为，在混乱之后，通过建立生活的架构来让生活看起来重新有序，这也许会有所帮助。我询问埃里克在他出院回家后是否形成了自己的生活规律，埃里克告诉我他每日大致的规律是在早餐前做一些腿部的复健练习，上午写几封邮件，宝琳娜为他准备午餐，然后他会在下午时睡一个长长的午觉。

“我感觉自己像一个老态龙钟的人，我记得自己曾经带着鄙夷看着我的父亲在电视机前打鼾，全然不顾电视机里正在进行的，我们说好一起观看的足球比赛。而现在，我就像他一样。”

我们需要做的是通过加强日常生活的节律来改变他低迷的精神状态。我自然地表现出引导的姿态，这能让他更易接受我的意见，我们一起讨论了他喜欢做的事情。他同意在日常生活中加入三个新的习惯——每天早晨去户外至少三十分钟，在午睡后，观赏自己喜欢的绘画来活跃思维，然后进行素描、涂鸦，或是简单地在纸面上涂抹色彩，这样还有自我表达的良效，最后，我教给了他一个“安全地带”冥想练习，回想一个自己成年时期曾独自去过的，他能在其中感到平静的地点。我让他闭上眼睛、呼吸，然后去感受自己能够看到的图像、听到的声音、闻到的味道。然后，我教他将双臂在胸前交叉，每只手搭在一边的肩膀上，随着他吐气、呼气，缓慢地轻拍自己的肩膀，这样进行至少五分钟。这种姿势叫作蝴蝶抱，是一种通过双重注意刺激来沟通左脑和右脑的方式，能降低压力水平、安抚身体。他可以在一天活动的末尾进行这个动作，让自己过渡到夜晚的状态。

我听说他的妻子宝琳娜很想帮助他进行康复，但她正处于高度的焦虑中，让她帮忙往往得不偿失，反而带来许多麻烦。当他谈论起宝琳娜时，他数次停下来吸气，仿佛宝琳娜的焦虑以及他自己的焦虑正落在他心中。我意识到在伴侣中如果有一方生病，健康的那一方在想要极力支持伴侣的同时，也会因为对方的痛苦感到深刻的不安。我能想象宝琳娜还能感受到埃里克曾可能离世带来的恐惧，同时，照料埃里克，这个曾经更为强健的一方，也可能让她感到沮丧，阻碍她的同情，使得这段关系失衡。但是，现在就与埃里克讨论患病对他们关系的影响实在为时过早，我们需要先让埃里克稳定下来，为了留作日后参考，我对埃里克说：“你的疾病也可能在很多层面上动摇你和宝琳娜的关系，等你好些了我们也需要观照这个问题。”埃里克的回答证实了我的猜想：“与我最亲近的人我现在却感觉离我最远……我感受到我的身体里有一种冰凉的孤独。”

埃里克所感受到的孤独是两方面的。他与两个女儿露西和凯瑟琳的交流无奈只能局限于线上，但他最渴望的便是能够拥抱她们，感受她们传递而来的爱意和温暖。当他想象隔离解除的那一天，想象那时他能拥有的一切时，我在他的眼里看到了湿意。但是，埃里克的孤独在很大程度上也源自疾病在他身体里、在语言无法到达的深处所留下的创伤，他频繁地回想起他在重症监护室中所受的种种煎熬。我想用眼动脱敏再处理疗法来修复他非正常储存的记忆，并在当下适应性地应对这些记忆。这一方法也许有些机械，却是一种极其简单有效的手段，它能够将有诱发性的记忆内容通过双向刺激和眼动重新与大脑中能够治愈和消解这类记忆的部分连接起来。

我向埃里克解释了这个方法，并附带了文字信息和网站链接。在经历过严重的新冠肺炎和后续治疗带来的创伤后，让他能够对我们正在进行的事情有所了解是十分重要的——这不是一件正在被施加在他身上的事，而是我们一起共同完成的事情。同时，我也需要进行一系列的测试来确保他有足够的心理稳定性，能承受被唤起的记忆所重新带来的感受。我评估的结果告诉我埃里克的本性是十分坚韧的，他幼时的生命中没有极为曲折的坎坷——这一最容易给治疗过程带来困难的因素。他的父母相爱，尽管也许是以一种老派的方式；他有不少朋友；他能够很好地解读自己身体传达出来的情绪信息，也能够意识到自己可以积极地运用很多方法来获得平静。我们能够轻易地连接，这也体现出了他对自己和世界根本的信任。在当时，我并不知道我们的治疗会如何进展，但我相信他最终会获得一个好的结果，并且不会长期需要治疗。

埃里克四个眼动脱敏再处理疗程集中于他的记忆以及与之相关的会被触发的画面，这一治疗的目的是将压力从他的身体中释放出来。这些画面分别是：他的喉咙中被插入了一根管子，他幻觉中的蛇、巨蟒以及有着怪异的黄色、红色面孔的恐怖分子；他难以呼吸，不得不挣扎着呼吸，觉得自己即将死去并且不确定是否要继续挣扎的瞬间以及病人在他身边去世的画面。每一个疗程各不相同，但是有一点贯穿始终：当我每一次对他进行一系列的刺激时，他强烈的负面情绪就会随着这些画面、感觉以及想法的出现而侵袭全身。有好几个瞬间，我都担心埃里克在回想起蟒蛇的画面时所引起的强烈情感会将他击垮，看上去仿佛有一阵龙卷风正在从他的身体内呼啸而出。但是他没有被击垮。在每一次刺激进行的过程中，我都会给他安慰“做得好…… 很不错……”以及通过眼神交流让他从视觉上获得这种信息，有几次我不得不让他睁开眼睛看着我。在每一系列的刺激结束后，我都会问他：“你现在注意到了什么？”接着继续进行治疗。然后他所说的“一阵奇怪的风声”就会随着他的大脑逐渐平复而到来，他的感知会变得更加积极，而创伤性的记忆则显得“更加遥远”。例如，他记起在进行气管插管前的镇静剂注射时，他的护士瑞秋会握着他的手，在口罩后友善地看着他，告诉他“你会没事的，开始数数……”这段关于人类简单表达的记忆让他流下了感激的泪水。左右脑之间的联系建立了起来。在每一部分治疗的结尾，埃里克都感到精疲力竭但同时十分高兴，因为他感到创伤正在离他的身体而去。

我知道这个过程听起来奇怪且像江湖骗术，但是眼动脱敏再处理疗法的有效性已被英国国家卫生和健康研究所以及世界卫生组织所认可，并被许多基于实证的论文所支撑。并且我作为医生的经验告诉我，这一方法确实有难以解释的奇异效果，能产生极为重大的改变。而掌握能够真正疗愈我的病人痛苦的方法，也让我无比激动。

在我们的治疗之外，得益于他天生健壮的体魄，埃里克的体力也在逐渐增强，他的医生们都表明他本身的身体基础是康复中非常重要的因素。他不再使用助行架，并且体重也有所增加。他每天早上都会步行一小时，思维也逐渐清晰。现在，我们需要将他患病的经历与他未来的生活相结合，更重要的是，将我们的注意力转移到他与宝琳娜的关系上。

通过埃里克，我了解到他的妻子为他的患病有多么恐惧。宝琳娜安抚自己焦虑的方法是保持忙碌，四处奔波，找些事情做。同时，她也常常违反医院的探视政策，总是为医院的家人或朋友送来她的食物和关心。因此；当她不能陪伴埃里克，只能一个人孤独地坐在家中，孤立无援；当亲朋好友询问信息的短信像洪水一般向她涌来，而她脑海中正浮现着末日的场景时——这种情况确实能让她发疯。为了能在电话里和护士或者医生说上几句话，宝琳娜忍受着电话里无尽等待的痛苦，有时她能得到一场谈话，获知埃里克当时状况的全部信息，有时，她只能听见零星的几个字“没变化”。幸运的是，在埃里克住进重症监护病房几天后，宝琳娜通过视频认识了瑞秋（和埃里克记起握着他手的瑞秋是同一个人），而当瑞秋值班时，她就成为稳定宝琳娜的生命线。她不仅向宝琳娜传达情况信息，还与她聊天、说笑。知道她所信任且喜爱的人正在看护着她的丈夫，这让宝琳娜感觉平静了一些。

在埃里克回到普通新冠病房后，宝琳娜每天都会打来电话，通话内容的简略让埃里克感到惊讶。尽管他承认“家从未这么美好过”，但不同于他期待中热泪盈眶的重逢、互相安慰、来自宝琳娜的拥抱和充满爱意的言语，他回到家时，迎接他的只是双唇紧闭的焦虑的妻子，她努力在他回家的第一周，身体还很虚弱时，满足他的看护需求。埃里克说话时，我能观察到他感到十分受伤，并且对妻子的反应感到极其困惑。尤其是当他被人们充满善意的短信、贺卡和鲜花感动时，他说:“我并不知道有这么多人喜欢我——他们看起来都比我的妻子更对我还活着这件事情感到开心。”我向他微笑了一下，让他知道我明白他的感受，并说道也许宝琳娜关闭自我的需要恰恰证明了她对他感情的深度，这种深度与她对他有可能死去的恐惧成正比，而这种恐惧她不知道该如何承担。我继续说道，我想她也许也对他感到愤怒。当然，她不是有意识这么做的，因为对一个生病的人感到愤怒是不被“允许的”，但事实上她可能感觉到自己被他抛弃了，也许，有一部分的她正愤怒地想着:“我不接受，我不要一个病恹恹的丈夫，我要我过去四十年里健康的丈夫，而不是这个令我担惊受怕的丈夫。”在说完了我的高谈阔论后，我对自己精妙的观察感到沾沾自喜，然后终于把我全部的注意力转向了埃里克，他看起来有些困惑。皱着眉，摇着头，他向我重复“因为我生病而对我感到愤怒？”我柔和了语气，向他承认这看起来确实既不合理又不公平。我们完成了这节咨询，当埃里克比咨询开始前更为难过地按下了 Zoom[1] 的退出键时，我感觉心中涌起一阵愧疚。

接下来的一个星期，我宁可听到埃里克和宝琳娜吵了一架，宁可听到他们互相大喊、大闹、发泄，然后他们感觉好了些，并且重归于好。但是客户并非为了满足我们编造的故事而来，而在埃里克具体的例子里，他并没有满足我对一个干净利落的解决之道的期待。事实上，他们过了十分煎熬的一周，他们持续不断地误解彼此、循环往复，然后好几天拒绝和彼此说话，接着，他们又会回到“把黄油递过来一下”这种实用但缺乏亲密的交流。当然，身处隔离中，缺乏朋友帮助他们转换心情，也无益于他们的和解。他们的女儿凯瑟琳和露西在这方面也难以帮忙，因为她们都需要在父母身上释放自己对埃里克健康的担忧。但是，她们带来了购买的商品和做好的餐食，也的确在现实层面上提供了帮助。埃里克

1　一款多人手机云视频会议软件，用户可通过手机、平板电脑、PC 与他人进行多人视频及语音通话等沟通，是目前领先的移动视频会议工具。——编者注

反复地说她们有多不支持他，而他又对她们不公的反应有多么厌烦。毫无疑问，这种反应是不公平的，但同时，我在内心也承认人们无法将逻辑置于情感系统中。她们都以自己的方式被埃里克的患病震动，这种变故剥夺、耗尽了他们在危机结束后互相关照的能力。

通过导师的反馈我觉察到我们做的康复和眼动脱敏再处理疗程都有着明确的目标，让埃里克重整旗鼓。我的导师慷慨地没有向我反复强调一个事实——我是一位心理咨询师，我告诉人们我们必须要哀悼之前的自己，哀悼生命中的失去，也告诉人们这需要时间，需要比我们所愿意付出的更长的时间，以在情感上赶上我们生活中发生的事件。然而，我并没有在履行我所倡导的，或者，一种不那么严厉的说法是，我并没有在完成眼动脱敏再处理疗程后，在创伤从埃里克的身体中被释放出来后关注时间——埃里克需要时间和空间来哀悼，来适应这个新的、曾经接近死亡的自我。埃里克需要的是在当下面对自己纷繁复杂的感受。我将这一信息重复给他，并问他是否知道自己内心正在发生着什么。“我感到难过……为曾经自己的天真而难过，现在我知道了我也可能会死，并且我最终会死。我没办法再把这种想法置之脑后了。”随着这句话，眼泪安静地淌湿了埃里克的面庞，我感觉到喉咙里仿佛有一块肿块。我给了他空间，并且向他反馈他的悲伤是合理的。

接下来的几个星期内我们不断重复回忆埃里克的故事，它的开端、中段和结局，重复其中所有复杂的情绪：我们思考他究竟是在何处感染的病毒，病毒的随机性，为何他感染了而宝琳娜却没有。他对国民医疗服务体系非常感恩，回忆起他曾经是如何全然依赖那些工作人员，而作为结果，他又如何感觉自己就像个孩子，甚至到了要穿纸尿裤的地步。他有足够的时间去表达这些情绪，直到这些情绪在他的脑海中慢慢沉淀，并最终可以将这些故事归档到他记忆的图书馆中。

以人类学的视角看待他的故事，从文化、行为学以及社会的观点来解读他家人的反应也有所帮助。这种认知令他兴奋，并有助于他将这个故事吸收成为自己的一部分。他意识到当他想要的时候，他随时可以取阅这个故事，但是这个故事不再盘踞在他大脑的前方，占据着他所有的情感空间了。而当他有了更多的情感力量，他与宝琳娜的关系也变得更好了。他给宝琳娜写了一封信，在他们的婚姻中，他一直给宝琳娜写信，比起口头语言，他用书面文字能更好地表达自己的感受。他告诉她自己是多么地爱她，并承认他的疾病对她来说也一定十分艰难。他又开始做起了他退休后对她小小的爱意举动，比如每天早晨将一杯茶端到她的床边。随着时间的流逝，她与他在一起再次感到了安全。这意味着她对他有足够多的信任，能够向他表达自己的悲伤和大量混杂着的负面的感受，这些感受曾让她将自己完全隔绝。他们曾经生活的节奏又回来了，他们共同享受着阳光，享受着在公园里与孩子以及朋友们见面。我知道我们共同的工作已经接近尾声了。这是一场令人胆战心惊的经历，但不会给他留下持久性的创伤了。

时近六月底，一些封锁限制已经解除，埃里克将自己的注意力转移到了未来。埃里克在内心深处十分坚韧，他的经历改变了他，他不否定这带来的痛苦，但他可以以此为基石，在知晓了生命的可贵后，更强烈带有更多感激地生活着。那双曾经模糊的眼睛现在又闪亮了起来，他告诉我："我曾经在乎的一切，现在我只感到更加在乎。年轻人总是最令我感兴趣的。他们现在面临着糟糕的经济，不确定的未来，工作稀少，债务繁重。我会继续我作为一名义务导师的工作，带着新的激情与意义。我现在活在借来的时间里，我想珍惜每一天……世界上没有什么比生存的喜悦更为纯粹的东西了。"

（该章节由贺露曦翻译）

关于健康的思考

Reflections on Health

在我们生病之前，健康是看不见也摸不着的。健康就是没有痛苦：我们每天醒来，认为自己是健康的，身心运作正常，然后我们转而关注周围的人，关注我们需要做的事情，无论多么困难或容易。理想情况下，健康的一天才能构建健康的生活。对我们大多数人来说，直到变老，健康才会出现问题。老年人经常会遇到多种健康问题。发生意外，也许是摔倒，就可能造成严重的后果，他们比年轻人更难康复。

阿伊莎、杰弗瑞和本的故事都表明，健康和疾病对人们的影响。我们看到，他们在适应自己的情况时，遇到了何种支持和阻碍。越来越清楚的是，当我们遭受痛苦时，生活便被痛苦完全占据：痛苦越强烈，它的影响范围就越大，它限制了我们参与生活各个方面的能力，而这些方面实际上能够使我们快乐，让生活有价值。这是一个特别残酷的循环。它不可避免地对周围的人产生了巨大的影响，让他们也遭受着相似的痛苦。

同样变得清楚的是，阿伊莎、杰弗瑞和本的态度、理解和随后的行为，如何影响了他们管理自身健康的能力。他们的思想和体格在康复中有着同样重要的作用。他们无法选择如何反应：这种模式已经形成，并因为疾病一触而发。但当他们找到一种方法来适应疾病时，他们就能更好地支持自己。有证据表明医生和医疗方案可以治愈我们，但更多的研究表明，制定积极的应对策略，可能包括替代药物，实际上会帮助人们减少痛苦，康复得更快，获得更多生活的乐趣。

对本来说，年纪轻轻就得了危及生命的疾病，又是单亲父亲，也没有家庭的支持 (即使有好朋友)，这些都大大加剧了他的痛苦。他不再来见我，更不敢抱有希望。毫无疑问，我们都有忍受的极限，而本达到了他的极限。他需要的是好消息、好运气：他需要经历一些好事情，而不是好的咨询。杰弗瑞和阿伊莎的病确实影响了他们，延缓了他们生活的步伐，并打击了他们对自己和未来的信心。但我们看到，通过思考，经过时间的洗礼，他们可以从最初的反应变得更有希望。

健康和幸福

我感兴趣的是，从统计数据来看，我们的生活比我预期的更健康、更快乐。2011 年，在英格兰和威尔士，81% 的人口总体健康状况为“非常好”或“良好”；英格兰的比例为 81%，威尔士为 78%。个人幸福的衡量标准是相似的——对生活满意，感觉你所做的是值得的，感觉幸福的人数占七成以上，而焦虑的人数则不足三成。

根据 2012 年国王基金会的报告，社会经济背景与健康幸福有着直接联系。那些有慢性病的人，更可能来自特定的社会阶层或从事某些职业。那些生活在最贫穷的环境中的人，长期患病的可能性要比生活在较富裕地区的人高 60%。

在英国，超过三分之二的国家卫生支出花在六十五岁以上的老人身上。数据显示，八十五岁的老人在医疗上的平均花费要比三十多岁的人高出七倍左右。这意味着，对那些寿命更长的人来说，他们最后几年在疾病上的花费会越来越多，而且往往患有多种慢性病。

健康损失和诊断后恢复

当被告知时日无多，或被诊断出患有危及生命的疾病时，人们对自己健康的看法就会不可避免地改变。正如人们所知，疾病会让他们的生活发生翻天覆地的变化。震惊和恐惧让人感到悲伤。这些变化是人们不想拥有，也不愿选择的。无论是因为事故还是诊断，人们心理上都会经历从“我很健康”到“我生病了”的转变，这是一种令人厌恶又很难协调的认知的转变。人们为无辜的自己感到悲伤，原本指望自己会很健康。那些既能感觉到自己的损失，又能保持常规行为（通过维持现有的活动和培养当前的关系）的人，会更积极地面对持续的疾病。

研究表明，我们如何接受诊断会产生重大后果。即使健康问题相同，恢复对每个人来说都是不一样的。那些与家人和朋友关系密切，在发病前生活环境舒适、怀有目标的人，更有可能康复，也更期望康复。当了解到自己的病情，明白需要做些什么来控制病情时，他们的情况会更好。那些选择积极应对的人，乐于谈论自己的感受，情况也会更好。例如，如果他们处在一段亲密关系中（可能是性生活，但不一定），生病后的他们可能会比被疾病击倒前更有活力和吸引力；遭遇困境时，他们保持耐心和友善的能力也会相应增强。做自己喜欢的事，即使受到了限制，锻炼和冥想也能降低他们引发抑郁的风险。

具有多种健康问题的老年人，并经历过失去，且人际关系不太稳定的，会发现自己更难以康复。许多因素能够起到积极作用，首先是他们现在对自己的看法，因为他们正面临着新的可怕的现实，即自己还有什么选择。他们可以把自己的疾病定义为个人的失败，并认为疾病夺走的不仅是他们的健康。研究表明，这种消极观点可能意味着他们否认治疗的重要性，可能停止服药，也可能不去医院就诊。他们也可能不再照顾自己，这会造成一个恶性循环。在医学上和心理上，这种做法的结果更糟，不是因为如果他们不积极治疗就没有效果，而是他们消极的态度和行为会导致疾病更加严重。

患者的情绪反应具有复杂性，特别是对于那些接受化疗和放疗的患者来说，病情在治疗过程中会改善还是恶化都是不确定的。他们的情绪就像过山车一样大起大落，身体状态好时会快乐一些，觉得疾病难以忍受时便会心情低落。疾病常常会使生活方式和工作发生变化，这会增加他们的压力。一项研究结果表明，患有类风湿性关节炎等慢性疾病的人抑郁的风险为 20%，而患有癌症的人抑郁的风险为 30%。接受治疗后，患者会发现之后的时间更难挨，因为要经年累月地担心癌症复发，也不能采取任何有效的措施来阻止它。

对于那些有慢性病的人来说，重新定义“康复”这个词是很有帮助的，因为它意味着固定的目标以及恢复到原来的状态。康复更多的是一步步进行，有很多阶段和可能性，而不是终点。这有助于他们在短期内对未来保持希望，专注今天，或者这一周，而不是望向未知的深渊，加剧自己的恐惧。每个人都可以用小小的进步来定义康复，做到了以前做不到的事，就可以算是康复，比如散步。康复几乎不会是一条直线，它总有起伏，但庆祝一下小小的胜利会很有帮助。关键是要知道，你已经学会了接受疾病带来的限制，知道自己正在尽全力康复，并尽可能过上充实、幸福的生活。

对许多患有重病的人来说，变化会很大。他们对世界的感知会增强，从而让他们对生活更满意，更热爱生命。当亲人和朋友明确表现出爱意的时候，他们可能会第一次意识到，自己被深深地爱着。他们对于在困境中生活和生存的信心也会相应增强。

家庭系统与健康

正如我们在案例研究中看到的，生病时，受苦的绝不仅仅是病人：疾病会对与病人关系亲密的所有人产生连锁反应，这种反应广泛而深刻。疾病长期存在时，家庭会受到多方面的影响：人际关系，情感和经济收入，各个层面上对时间的利用，还有社交。这也很复杂，因为照顾病人变成了家庭的第一要务，而那些爱他们的人常常感到忧虑而痛苦，却不能向患病的家人寻求支持。

研究表明，那些能够对彼此袒露心扉的人会直接表达自己的感受，共同解决问题，他们感受到的焦虑较少，患抑郁症的可能性也较小。透过家庭系统的角度来看：慢性病患者和家庭中的每个人都会相互影响。家人需要共同努力，以满足病人不断变化的需求，一起分担责任。每个家庭成员可能会受到不同的影响，如果接受了这一点，每个人都可以自由表达自己的感受，一个家庭就可以解决问题。当家人在疾病和愉快的活动之间寻求平衡时，这种方法最有效。

每个家庭对健康与疾病的看法和态度都是独一无二的。在不重视疾病的家庭中，成员会表现得很坚韧，不怎么抱怨。反例则是疾病变成了家庭成员的关注点：一点小病也要谈论和治疗。这两者之间还有无数不同的版本。了解自己家庭的信仰，有助于弄清楚当某人的行为引发不安时，究竟发生了什么，这很可能是因为与家庭的信仰体系不一致。

英国国家生物技术信息中心在 2013 年的一项研究显示，在患有慢性病的家庭中，"92% 的受访家庭成员在情感上受到了患者疾病的影响，情绪包括担心（35%）、沮丧（27%）、愤怒（15%）、内疚（14%）。据报道，家庭成员在考虑未来或病人的死亡时会担心。进一步的心理影响包括感到不安、烦恼、无助、压力和孤独"。当人们开始接受疾病的影响时，感到担心是正常的，而信息和明确的计划有助于缓解这种影响。沮丧和愤怒无法让他们爱的人变得更好；这也意味着他们必须承担更多家务，可能会发生更多争吵，因为每个人都处于紧张状态。财务问题也会出现，并且肯定会增加愤怒。内疚通常是因为人们觉得对生病的人应该只表现出爱和同情，所以当他们感到愤怒时，会觉得自己这样很不应该，并希望这种感觉尽快消失。这让人疲惫不堪。

朋友对生病家庭的帮助能起到很大的作用。承认生病了，关键是要倾听。作为朋友，说出的话要温暖而富有同情心，而不是那种“你就认命吧”的语句，这会很有帮助。要经常提供一些实际的帮助，比如送来食物，或者帮忙照看孩子，让父母有时间在一起度过美好时光，这是很重要的。或者组织一个惊喜晚宴，让大家感到愉悦，分散病人的注意力。也可以给朋友带来一些小惊喜，或许是一条短信，一束鲜花，一起坐下来聊聊天。即使病人的情况很严重，一些小的举动也能带给他极大的安慰。当朋友们想通过推荐偏方和药物，介绍临床医生，或者分享成功案例来提供帮助时，尽管是出于善意，但这往往帮助不大。最重要的是，要保持长期的帮助，不要只在危急时才露面。每个家庭都是独一无二的，需要找到自己的解决方案。但友谊、倾听、陪伴和情感支持，往往是奇迹的发源地。

更年期

在英国，女性进入更年期的平均年龄是五十一岁，但发生在四十五岁到五十八岁之间的更年期现象也是正常的。在极少数情况下，女性可能会在四十岁前提前绝经。

更年期可以持续四年至八年，它的症状是众所周知的，最常见的是潮热、注意力不集中、疲劳、失眠、焦虑和情绪紊乱；一些妇女很幸运，她们出现的症状很轻，或没有症状。阿伊莎的事例证明，更年期是多么令人崩溃，如果没有得到正确的理解和支持，更年期会带来一系列的影响。更年期的羞耻感和禁忌感会加剧这种影响。我见过许多长久的婚姻和事业都受到更年期严重影响的例子。我们都需要对它的影响和后果有更深入的了解。最近的一项研究显示，在 440 万五十岁以上的女性中，有一半的人觉得工作很困难，更多的人觉得谈论自己的更年期很困难。

与所有生理和心理的反应一样，一些独特的反应和方法可以帮助促进或阻碍更年期。在生活中扮演多重角色的女性不太容易抑郁，也不太担心生育能力的下降。相反但并不奇怪的是，那些症状更多的人，更担心更年期对她们魅力的影响：流汗、疲惫和焦虑会使魅力值下降，活力降低。与此同时，西方社会向来崇尚青春与美丽。中年女性常常觉得自己遭到了忽视，她们的技能和天赋因为外表而被低估，这是非常普遍的。

更年期意味着进入人生的另一个阶段。它是女性不再丰饶的实质表现。性、生育能力和母性，往往是女性身份和社会认同的关键。因此，找到新的身份和目标，可以给女性的生活赋予新的意义。但这并不是一夜之间就能发生的：从一个身份转变到另一个身份，会带来失落和不安。

工作在其中扮演着重要的角色。为了母亲的角色而放弃工作的女性，往往会因为失去这个身份和与之相关的安排而经历艰难的过渡期，这可能会非常困难。更年期的到来通常伴随着孩子已经长大，不再需要他们的父母。随之而来的生活意义和目的的丧失会让人觉得衰弱，这时，最有效的方法就是回到工作中去。但是，如果她们已经离开了就业市场二十年，她们往往会没有信心找到新工作。

我们需要更坦诚和公开地与男性及我们的孩子谈论女性更年期和男性更年期。在这方面的教育不当会对妇女及其家庭造成伤害。它需要多代人、多性别的参与，经历过更年期的老年家庭成员必须与年轻的家庭成员交流。谈论女性的荷尔蒙周期和月经周期是很重要的，要营造一种氛围，还要有经历过更年期的人做榜样，让人们觉得这并不是见不得人的、可耻的话题，而是作为女性正常健康的一部分。幸运的是，通过英国国际计划组织和英国更年期支持组织以及社交媒体上的“只爱靓女”(Hot Women Only) 运动，人们展开了重要的讨论和活动，以改进工作实践。

在实践中，我很感兴趣地发现，一些社会经济背景较好的女性，正以一种不同的方式与更年期抗争：她们不把更年期视为正常的人生阶段，有钱便觉得自己可以与之“抗争”。她们的做法被认为是凭借自己的意志和作为成功女性的经验来战胜更年期。也许她们可以做到，因为激素替代疗法可以缓解更年期的症状。成千上万来自不同社会经济背景的妇女开始停止接受疗效明显的激素替代疗法，因为研究表明，该疗法与乳腺癌的高发病率有关。现在发病率已经降低了。对一些人来说，生物同源性激素[1]是一种新的、越来越流行的应对更年期症状的答案。然而，即使没有更年期症状，正视这一人生转变也显得至关重要。中年女性需要反思和应对生活中重要的事情；她需要思考人生的下一章会是什么样子，如何才能发挥自己的潜力。

就业

本和杰弗瑞的疾病在相当长的一段时间内限制了他们的工作能力。就业能改善我们的健康状况，而健康是就业的一个先决因素——人们认为有效的寿命是指人们健康的年月。

---

1 bio-identical hormones，生物学上常将其译为“生物同源性荷尔蒙”，指在实验室中进行提取，或利用基因工程技术进行生产而得到的荷尔蒙，其分子结构、分子量、氨基酸序列与人体自身产生的荷尔蒙完全相同，具有相同的化学结构。——编者注

统计数据显示，生病对工作生活的影响巨大：英国有1,100万人患有长期疾病，其中一半的受访者表示，这影响到他们能做多少工作、做什么工作，而它带来的负面影响远不止财务方面，受访者中有五分之一身体健康的员工报告说自己有心理健康问题。

当雇主细心地调整雇员的工作，使之与他们的能力相适应时，通常会得到十倍的承诺和忠诚的回报。这要求双方在多个层面上坦诚沟通：雇主要权衡员工的实际能力以及工作中需要增加什么条件来满足。员工需要了解自己的选择和权利是什么，并找到自信地表达它们的方式以及什么能使自己满意。

衰老

衰老总比死亡好！幸运的话，我们都会变老。作为人类，我们的基因决定了我们要繁衍，抚养孩子长大，并为下一代活着。我们的身体不是为了变老而存在的。2011年人类的预期寿命几乎是1841年的两倍。2011年出生的男性预期寿命为七十八岁，女性为八十三岁。在过去的十五年里，百岁老人的人数增加了85%。预期寿命的延长带来了一系列有关健康的问题，也带来了我们的父辈做梦也想不到的，拥有另一个完整的人生阶段的机会。

透过个案研究，可以清晰地发现我们对老龄化的态度正在改变。杰弗瑞有一种坚忍的态度，与出生在 20 世纪 60 年代早期的阿伊莎相比，他的要求和期望都较低。阿伊莎发现自己很难过渡到人生的下一阶段，原因有很多，而其中之一是保持年轻身体的压力。

针对全球长寿热点区，即所谓的“蓝色地带”的研究显示，衰老实际上只有 10% 与基因相关，90% 则是由生活方式决定的。这意味着如果我们做出更健康的选择，会很有帮助，但如果我们认为我们可以控制自己的健康，那就毫无帮助了。

事实是，随着年龄的增长，我们的身体状况会逐渐退化。研究人员发现，对一个特定个体来说，搞清楚真实的年龄意味着什么能帮助他们。每个人都要对自己的老年生活有所憧憬，并且充满好奇，看看是什么让他们兴奋和感兴趣。这样可以使他们的注意力更集中，更好地利用有限的时间，规划新的、积极的活动和生活方式来保持头脑、生理和心理上的活力。

老年孤独

孤独和孤单是老年人的杀手。2016 年，英国 770 万独居人口中大多数是女性。因此，女性最容易罹患长期慢性疾病，如糖尿病和心力衰竭，这是她们在社会上感到孤独造成的。在英国，有 100 多万的老人一个多月没有与家人、朋友或邻居交谈过。他们往往是配偶和朋友去世后唯一的幸存者，或者他们可能有残疾，或者身体虚弱，无法再通过工作与社会联系。

年老体弱会导致活动减少，进而影响老年人的记忆和认知。“如果你不使用它，你就会失去它。”这句格言基本上适用于老年。我们需要接受可能会生病的事实，但通过制定一套可实现的目标，有助于我们保持兴趣和最大的积极性。最重要的是与家人、朋友和邻居保持联系，即使只是通过电话。

希望

对病人和他们的家人来说，希望是关键。研究表明，希望是艾滋病毒感染和乳腺癌的长期幸存者的预测指标之一。要想保持健康，仅仅通过“积极乐观地看待一切”是无法实现的。它意味着必须忍受忧虑、恐惧和悲伤，同时能将这些情感表达出来，还要期待好的结果。

没有一个病人能够消除自己的焦虑，尽管有家人和朋友经常开导。通常情况下，这更多是与身处慢性病的痛苦有关。虽然医护人员可能只关注病人的乐观情况，但他们在传达现实希望的方面发挥了重要作用。即使困难重重，重要的是，他们要在给予患者希望和如实告知病情之间找到平衡，对二者同样重视，这样才能避免患者抱有不切实际的希望，与他们建立信任。

身份认同

Identity

首先要了解自己是谁，然后再据此包装自己。

——伊壁鸠斯

萨拉：从拉卡逃到柏林

SARA: Escape from Raqqa to Berlin

萨拉是叙利亚库尔德人，现在住在柏林，她通过网络电话和我交流。她二十四岁，但看起来只有十六岁的样子，一双天真的棕色眼睛充满迷人的热情，深深吸引着我。她在一个饱受战争蹂躏的国家生活了多年，最近又经历了一段可怕的旅程，我对她展现出来的坚韧感到惊讶。她充满活力的幽默感和乐观吸引了我，我能感觉自己正走近她，想和她建立更深层次的交流。

随着时间的推移，我们的谈话越来越深入，我意识到这绝不是她全部的经历，但是一种必要的、有用的生存反应，能够帮助她在一个可怕又不可预测的世界中找到自己的位置。

萨拉之前和两个弟弟以及做牙医的父亲住在拉卡，过着正常的中产阶级生活。母亲在她十岁那年死于癌症。叛军占领了这座城市，政府军开始轰炸的时候，她刚刚高中毕业，正在读大学。轰炸无休无止：二十四小时里不断有炸弹落下。她被吓呆了，吃不下东西，害怕在某一刻突然死去：可能是走在街上，睡在床上，或者吃饭时。她的弟弟抬头仰望天空，大喊着："为什么要这样对我们？"但萨拉会告诉他们不要动，保持安静，保持沉默，默默祈祷。她希望如果他们谁都不动，炸弹就会放过他们。

我能看到她脸上不加掩饰的惊恐的表情，能感觉到她全身颤抖，她似乎不知道该如何表达恐惧。我的回应必须谨慎，不能扰乱她必要的应对机制。我想让她知道我和她在一起，尽管我永远无法真正了解她的经历。拉卡有 90% 的地方被摧毁了，她告诉我那些恐怖的事情，比如她看到许多尸体，还有她堂兄的头被炸掉。

他们是被迫离开拉卡的库尔德人，"伊拉克和大叙利亚伊斯兰国"(ISIS) 已经宣称库尔德人是魔鬼。每一次新的暴行都让我震惊。我承认这让人无法理解。这似乎与她产生了共鸣：她同意我的想法，并告诉了我人们用"恐怖"描述的事情，但"恐怖"也不足以形容这一切。"我失言了。没有可以描述它的词语。”我问她，我们今天的交谈是否足够了。她告诉我，的确应该回忆那些时刻，而不是回避它们：“一个简单的词或场景就能让我记起当时确切的情景。我现在没有哭，但我想哭时，我无法控制眼泪……我一直记得这些。”尽管已经在柏林待了一年，但她从来没有告诉过任何人她的故事。

她的家人搬到了叙利亚北部边境的城镇塔尔阿比亚德，但那里也遭到了袭击，很快就被夷为平地。他们逃到土耳其，和表亲们住在一起，但十八个月后，他们感觉那里的生活开销太大了：他们没有工作，也没有正式文件，于是他们又搬回了塔尔阿比亚德。她的家人对战争一直保持中立态度，不想成为任何一方的目标。但在第一次起义的六年后，萨拉感到她的不作为已经耗尽了自己的生命。出于一种幸存者的本能反应，她成为一名社会活动家，在脸书上发布消息。

她几乎立刻就接到了匿名电话，命令她停止发帖，否则就杀了她。想到自己可能会被割开喉咙，死在血泊之中，她便克服了对离开叙利亚所带来的风险的恐惧。这下面隐藏的是她的决心，我从她说话的眼神中看到，她想用自己的生命做点什么。跟她同龄的同学都要结婚了，她不想听从丈夫的想法：她想掌控自己的命运。她渴望接受正当的教育——她想成为一名博士。

萨拉决定离开，即使她知道，数百名试图离开的人都被枪杀或殴打。她四次试图越境。前三次她都被开枪警告，不得不掉头回去。每一次尝试，她都哭着跟家人道别，她很害怕，但她前进的动力更强烈。在第四次试图通过时，她成功了：真正的越境只花了两分钟，一辆等候的面包车载着她和其他人到了一个公共汽车站。就在那天晚上，她从一个走私者那里买了一张船票。这艘原本只能容纳十五人的小艇上坐了五十二个人。她冻僵了，水涌了进来，人们尖叫着求救。她不会游泳，肯定会淹死，但她觉得“还没到死的时候。我还有话没和父亲说，我不想看到这些孩子死”。

幸好，他们被一艘希腊海军的舰艇救了出来，船员们对他们怒吼，她害怕自己会被送回去。但她被带到了莱斯博斯的难民营，在那里，多亏了表兄给的钱，一个走私者把她空运到了柏林。

萨拉的故事很熟悉，因为我已经读过很多次了，但当我看着她稚嫩的脸，听她讲述时，我的反应则完全不同。我对她所经历的一切感到震惊，对她为自己生命而奋斗的能力以及为她拯救和提升自己而付出的努力感到钦佩。我不知道我自己，或者我的孩子们，是否也能如此勇敢。她的幽默和乐观的性格是她贯穿始终的力量。这些肯定打动了柏林的法官：他询问了她的情况，被她的话逗乐了，立即接受了她的难民身份，并给了她居留证。通常情况下，难民要想拿到居留证，至少需要两年的时间。

我想知道她现在的生活是什么样的。当她描述内心反对的声音时，我听到了更多隐藏在表面下的事情。她无时无刻不在担心她的家人，一旦没收到消息回复，她就害怕他们已经死了。她梦见父亲被谋杀，也无法保护她的兄弟。她觉得自己很自私，是个坏人。她的弟弟们无法上学，不会读书写字，随时可能被炸死，而她居然还担心自己能否上大学。“我觉得幸存者会一直内疚。如果我看到一个死去的小孩，我会问为什么是她而不是我；我的家人还在那里。为什么我是安全的，而他们不是？”她告诉我，其他难民有时会因为无法保护家庭而觉得自己很无能，他们想回到叙利亚。

她听到了两种声音。一种是原始的求生本能，另一种则是质疑：当亲人还生活在危险之中时，自己是否有权利生活在安全的环境中。我承认这两种声音都很重要，需要被倾听。如果她试图阻止其中任何一个，她都会崩溃。

我看到萨拉的肩膀随着谈话的展开开始下垂。当我说她有权过上现在的生活时，她立刻绷紧了身体。她解释说，在叙利亚，作为一名库尔德人，她不知道自己是谁。她被视为二等公民，一直处于种族主义攻击的末端。她记得在学校被同学欺负，嘲笑她说：“你是什么东西？”她回答说：“我们是异类。”这是一种典型的不被视为人，而被视为厌恶的对象的经历。

在工作中，当别人介绍她是叙利亚难民时，她都会感到很生气——她希望自己被介绍为同事——然后如果被问来自哪里，她再自己回答。有人问到时，她通常会在回答之前先停顿一下。她担心这个人可能是反对难民的，或者更糟的是，她会得到一个“怜悯的眼神”。她希望别人尊重她，尊重她本身的价值。

我告诉她，如果她觉得自己能够成为柏林人，那她的想法似乎有些过于乐观了。萨拉的回答很明确。她感谢柏林给了她一个住的地方，让她能够赚一些钱，感谢这里有值得信赖的警察，他们跟叙利亚的警察完全不一样，也感谢自己能够拥有作为妇女的权利。作为一个妇女而受到尊重（这是叙利亚无法给予的）对她来说意义重大。但她不是柏林的公民，而是一个“陌生人”。她一直感到害怕。她觉得没人想听她说话，也不关心她或她的家人发生了什么，她十分没有归属感。萨拉仿佛被吊在半空中，无人理会，独自一人。

尽管萨拉在每次交流开始时都面带愉快的微笑，告诉我她“很好”，但她开始逐渐变得更加坦诚。土耳其正在袭击库尔德人，她的噩梦越来越多。她梦见她的兄弟们被埋在瓦砾下，父亲受到折磨。恐惧渗透到了她的生活中，有时她止不住地哭泣，觉得自己快疯了。我第一次感受到了她的愤怒，她有一种不祥的预感："我们都是政治计划的受害者，那些计划会毁掉我们的生活。战争开始时我弟弟还是个婴儿——他所知道的只有战争。这不公平。就在我即将上大学的时候，战争夺走了一切，现在我想的是该如何生存——我的家人会死吗？"她说话时浑身发抖，为痛哭和说太多而道歉，她告诉我她看不到尽头，心急如焚。她有时可以抑制自己，但那些感觉一直都在。她想让医生从她大脑中切除这些想法。

我温和地告诉她，我能看出她所经历的恐惧依然存在于她的体内，并不断地被脸书上的图片，甚至汽车回火的声音触发。她所信任和熟悉的一切都被炸毁了——她的人身安全，家人和邻居，上学，简单的生活必需品，例如餐桌上的食物。威胁每天都存在。如果不是个机器，她怎么可能会有其他感受呢？

我的话似乎让她平静了下来，有了新的动力，她坚定地告诉我，她想拥有任何年轻女性都可以拥有的权利和生活，而不是作为一个受害的难民。她觉得："他们把你从一个正常人变得一无所有。我想要的不仅仅是安全，我有权考虑其他事情。我想获得学士学位。我很生气别人叫我忘了它，或者推迟，我想学习。"我看着她，在她勇敢地说出来时，我能看到她被这种潜在的、认为自己无法成功的恐惧击中了。她哭得更伤心了。她既是一个斗士，又是一出她无法控制的事件的受害者。这两者的分量远远大于她的信心。

我个人并未面临身份方面的挑战。我很“幸运”，因为在英国，我的身份和大多数人一样。透过萨拉的眼睛，我看到了被贴上标签是多么不人道，她的身份是难民、叙利亚人、库尔德人。一开始，她总是被视为会威胁东道国秩序的外人。我希望我的温暖能穿过屏幕，帮助她抵御她经常遭受的寒冷。我还需要从她的成长经历中探索她主要的身份认同感，弄清楚这对她有利还是有害。

与导师讨论过后，我觉得我需要额外的知识来尽可能有效地支持萨拉。我读过关于战争创伤的论文，和创伤专家贝塞尔·范·德·科尔克 (Bessel van der Kolk) 一起上了为期四天的住校学习课程，并广泛阅读了关于身份认同的文章。即使我们不想，客户也会教给我们治疗师一些事情，萨拉教会我从生活中深刻审视自己的臆断，审视我的盲点以及我的偏见。这让我对我们之间的不平等感到不安，我希望对她的经历更加敏感。我问自己如何才能给她最好的回应，因为创伤治疗最好是两个人在一起完成，或者使用我没有做过的眼动脱敏再处理疗法[1]，而她远在柏林无法进行这种治疗……从

---

1 “眼动脱敏再处理疗法”在本书的案例中时有出现，前文有几位咨询者接受了此种治疗。因萨拉的案例发生在这几位咨询考之前，所以作者这里交代她自己此前还未尝试过这种心理治疗方法。——编者注

某种意义上说，这样的想法加深了我的无助感，因为我实在无能为力，无法给她想要的东西。但如果我能使她真正袒露心扉，有效地与她协调，走进她的内心、同情她，但又不站在高人一等的角度，那么也许我能帮到她。我的想法是，通过我们的关系，她可以找到一种方式来面对自己经历过的毁灭性事件的后果，完全地享受生活。

虽然萨拉想让医生消除她的记忆，但我们一致认为，治疗师的工作是处理她曾经历的创伤，因为这些创伤在伤害着她的大脑，我们需要找到方法，在她一次又一次遭受痛苦时抚慰她。我让她做了一次放松练习，她松了一口气。我们做了一些有效的工作——梳理她脑海中一个个混乱的故事，找到她想倾诉的，表达自己的愤怒，尽情地哭泣——所有这些都让她能够平静下来。她开始意识到，她本能地不去触碰自己痛苦的记忆，而这却让这些记忆更深刻地印在她的心中。如果她想治愈的话，就需要接受这些记忆。我看到在萨拉内心深处，她是一个年轻的女人，她的身份是由别人认定的，并不符合她对自己的定位。我想支持这个雄心勃勃、聪明而富有创造力的年轻女性，她有权接受教育，发出自己的声音。

在接下来的几次交流中，萨拉感到很难过，家里传来的消息越来越让她担忧："我很害怕。我一直提心吊胆，我的手开始颤抖，手指发痛，我开始出汗。仿佛有很重的东西压着我，让我喘不过气来。”她看到了死人的脸，想记住她的母亲，但无法想起她的面貌。她的眼睛从我身边掠过，要寻找安全的地方。我想保护这个年轻女孩，她独自一人在这个白色的、空荡荡的房间里发抖，里面只有一张床和一套桌椅——萨拉觉得这个房间很安全，在我看来却很可怕。我想也许想象疗法可以帮她找到一个安全的地方，但当我让她闭上眼睛，深呼吸，告诉我出现了什么景象时，她看到的只有一片漆黑，这让她很不安：她担心这意味着她是空虚的，等同于虚弱。她担心，如果她让自己“向悲伤屈服，我会变得毫无价值，我会失败……如果我足够努力，我就会成功”。

她挣扎着让自己保持沉默，但随着时间慢慢过去，她恢复了交谈。放松下来和我说话，这对她有帮助：“说话时我感到很放松。比以前轻松多了。我把它们憋在心里时，就像一堆毫无意义的单词。”我觉得我们的交谈起了作用——我发现她在内心反复思考，寻找合适的话语，然后说出来的时候好像松了一口气。她赞同我的看法，告诉我：“当我找到恰当的词语来表达的时候，对方便会明白我的意思。”她需要的并不复杂：她只希望别人能够看到她，倾听她。不用多也不用少。

几个月来，萨拉做得很好，这使得她现在的状态不错。

她制定了各种计划，深呼吸、做瑜伽或练习跳舞（这是治疗创伤的有效方式），当视觉、听觉、味觉或触觉引起她的一系列反应时，她会与我交谈来对抗、逃避和封锁这些反应。这绝不是全部。萨拉一直在努力融入德国的生活：她学会了德语，找到了一份工作。她的创伤并没有阻碍她进步，但创伤还在。她已经调整了自己的身份意识，觉得自己是值得尊重和重视的人，但她迫切需要进入下一阶段的生活。我们都觉得，她甚至可以控制自己对家人的担忧，如果她的生活中有足够多积极的事情发生，那么她会一直保持下去。

萨拉未来的图景让她非常沮丧，有时甚至是她愤怒的来源。萨拉最想做的事是上大学，这就是她为什么甘愿承受枪击和溺水的风险。这是她的支柱。“我希望我能正常地生活。我想获得文学学士学位，然后获得博士学位。我觉得我正在失去想要的东西——它们正在远离我。我一直跟着它们，可它们越走越快。”她绝望地流着眼泪，低下了头。她申请了许多大学，但都没有得到答复；她本来有一丝希望获得奖学金，但现在也似乎破灭了。为了在柏林获得一个职位，她需要重新通过相当于高中水平的考试，才有资格申请。这让她很生气：她已经做得足够好了，现在却不得不重复这些看似毫无意义的东西。

她说话的时候，我明白上大学不仅仅意味着接受教育，它还意味着会被视为有价值的人，这是她信念的核心。“如果你没有学位，人们不会把你当回事。他们会看不起你。”这代表着她虽然失去了一切，但不再觉得自己无能为力。她还有时间上的压力：她的签证期限只有三年，到期之前她必须找到一个职位。

我想到了宁静祷文，它的主要思想是，接受你无法改变的，鼓起勇气改变你可以改变的。我想知道，对于萨拉而言，既然有很多事情她都无法控制，那么她能改变什么？她是独自一人。在她兼职的工艺设计工作室里有一些老人，她学习编程的地方有一些年轻人，但都没有叙利亚人。她想念她的弟弟们，虽然他们经常惹她生气，但晚上睡不着的时候，她可以和他们聊天；弟弟们逗她发笑，她也想念父亲的拥抱，想念家里熟悉的感觉。

我们进行了一次重要的谈话，萨拉哭了，她从来没有这样哭过，身体颤抖，双手捂着眼睛，抬头看着天花板。她想起了内心深处另一段痛苦的回忆，每一次回忆时她都要深吸一口气。她从来没有对任何人提起过这些记忆。她相信自己永远不会和任何人提起，她将带着这些记忆度过余生。这些记忆是她对母亲的思念以及她的去世对全家的影响，就像战争的影响一样。

在谈话快要结束时，我觉得留下她一个人很残忍。由于我之前同意她可以做些事来让自己好过一些，所以我怀着忐忑不安的心情，又同她开始了一次谈话，我想知道她是怎么做的。我听她说这是一种极大的宣泄。“我已经好几年没这样哭过了，心里和肩上的重担都卸了下来——这给了我勇气去做几个月甚至几年都没做过的事情。和你交谈之后，我决定要做那件事。这感觉就像有一个魔咒降临到了我身上——我觉得自己坚强了许多。”她感到更加快乐，更加清晰，更有信心自己能够得到生活中想要的东西，相信自己，即使这需要更长的时间。当她觉得自己“想得太多，快要崩溃”的时候，她决定不再去听脑海中的负面声音，而是思考当下，专注她已经拥有的美好事物。我能感觉到她巨大的乐观精神把她带到了一个不同的地方，使她感受到了温暖和爱意，我希望这种乐观精神能让她拥有美好的未来。

久而久之，即使偶尔会遇到低谷，当我看到萨拉时，我会感觉她的内心正逐渐变得阳光。她并非做做样子：我看到她朝我微笑，我也以微笑回应。她一直很忙，忙到不再纠结过去，她已经接受了必须再考一次的要求。她觉得生活有了更多可能，自己更坚强了：“我感觉自己长大了。更加独立。我不再是以前的自己。我经历过许多意想不到的事情——溺水、枪击。我在奔跑，而我脑子里只有一件事：‘到另一边去。’如果我以前问自己，我会说我是个胆小鬼，但现在我变得更勇敢了。我以前很害羞，但现在不了。我一直心存善良，现在则更富有同情心。”

我为现在的她感到骄傲，她站在自己那边，看着自己，知道自己比想象的更加坚强。这会帮助她适应这个她几乎没有任何影响力的环境。我告诉她要有希望，我想让她享受生活。我鼓励她走出房间，多和同龄人相处。她告诉我，她一直想重新打篮球，学习曾经一直很害怕的游泳，并且希望能交到朋友。

她想找一些志同道合的朋友：她鲜明的观点往往遭到自己国家的人的反对，尤其是关于女权主义。叙利亚的朋友嘲笑她，这让她恼怒。她在慢慢改变，开始认识到信仰是自己的根本，她不会为了交朋友而妥协。这让我想起了大屠杀的幸存者、精神病学家兼作家维克多·弗兰克尔（Viktor Frankl）：“人所拥有的一切都可以被剥夺，唯有一样除外：人性最后的自由——在任何境遇中选择自己的态度和生活方式的自由。”

在随后的几次交流中，我们都更加清楚地认识到，萨拉的身份认同感有多个方面，在不同情况下不同的方面会发挥作用。有信心的萨拉愿意和任何人说话，充满了活力。开朗阳光的萨拉喜欢被人关注，享受自己的改变。做好事让她有了归属感，觉得自己不是一个受人猜疑的外人。这个萨拉相信她会上大学，然后改变世界。这样的她我最近见过很多次。

但是还有一个悲伤的小女孩萨拉，她非常想念她的母亲，特别是当她不得不面对坏消息的时候，或者她生病的时候。她觉得没有人关心她，因为她不属于这里。还有那个身为年轻女人的萨拉，当她和朋友出去玩时，她很开心，但很容易受到批评，并因此心烦意乱。

有时，当她和别人在一起，会觉得那是最孤独的时刻，因为她觉得别人不理解她，或许是不尊重自己的信仰。还有年幼的萨拉，经常受到父亲的批评，他总是说："无论你做什么，都做得不够好。你永远不会得到你想要的。"这个声音最让她害怕。它可能突然出现，也可能由某个事件触发。我提醒她，不要把恐惧和事实混为一谈：她怕自己不能上大学，并不意味着她上不了大学。情绪不是事实。萨拉本身是有抗压能力的，一旦她说出来，哭出来，被听到了，她就可以松一口气。她说："谢谢你。我害怕的时候就像一直在燃烧。当我呼吸时，就像打开了风扇。空气冷却下来了。"

我们一致认为，萨拉家人的消息或柏林的事件将不可避免地影响到她。这些她都无法抵抗或阻止。恐惧源于她对上大学的热情以及对家庭安全的担忧。然而她也无法控制这些。但她确实能控制自己的反应。萨拉说，恐惧来临时，"最好接受，消化，然后停止”。她可以支撑自己去承受恐惧。

当她重回平静时，这让她得以坚持自己的价值，她是一个充满潜力的年轻女性，标签使她对自己产生了错误的认识。她在申请大学时变得更加自信，最终她得到了一个好消息：她通过了考试，拿到了入学通知。我很兴奋，也很高兴听到她激动地告诉我：“我终于感觉我们的治疗有了进展。这不仅仅是谈话、电子邮件和承诺——真的会有好事发生……我已经等了很多年，但我的经验没有白费。现在我的工作环境会更好……一切都很好。今天我心情复杂。我确实有时会感到心碎，但我不会让它影响我的生活。我会哭，然后继续努力。我想有所作为……”

对此我毫不怀疑。

欧文：接受自己，找到爱

OWEN: Accepting Himself and Finding Love

欧文刚刚大学毕业。尽管留着胡子，他看起来比自己实际的二十二岁要年轻。他有一头栗色的头发，拢在耳后，一双古铜色的优雅的手与他苗条的身材很相配。他穿着合身的牛仔裤，衬衣领口和袖口是流行色，还穿了一双伯肯斯托克凉鞋，看上去像是要去度假。他虽然戴着厚框眼镜，但并没有掩盖他那双深褐色的眼睛，他用充满希望和不确定的眼神看着我。欧文说话声音很轻，他的口音说明他有威尔士血统，后来他又去了美国。他的父亲是一名工程师，在世界各地工作，现在住在伦敦。他是通过一个朋友听说了我。我不知道他为什么来找我。

欧文开始犹豫了。他不确定我能否帮到他，也不知道谈话是否会起作用。我能感觉到自己在慢慢走近他，但当我试图和他联系时，他却在逐渐地疏远我。我不得不凭直觉说出我觉得他在做什么。这可能会让他沉默或感到羞愧，我需要退后一步，等他准备好了再行动。他吸了一口气，微笑着说："现在看来，我的学校生活很梦幻。"

我问他是不是现在的生活太真实了。我能看出他在琢磨该说什么，然后他告诉我，大学毕业后他过得很艰难。从这之后，他开始质疑一切，和以前的好友在一起时，他开始感到不安和尴尬。当他告诉我，"这是我有生以来第一次觉得自己是外人"时，我不由自主地打了个寒战，这是他新产生的孤独带来的寒意。

在接下来的几次交流中，欧文分裂的内心世界逐渐浮现出来。他出生在一个充满爱的家庭，有两个姐妹。这是一个异性恋的环境：家里没有任何他能够确定或效仿的同性恋者，或者同性恋关系。他告诉我："我从小就知道有些事情发生了，我跟别人不太一样。记得八岁时，我们从美国搬回伦敦，基本上我就知道，我发现男人很有魅力，而女人没有。"他的外在和他的内心完全不一样。"除此之外，我的生活很美好。我还幼稚地认为我不会因此烦恼，不必去处理这个问题，整个上学时期我都没关注过这个问题。"

我们一同认识到，通过不谈论此事，他就可以压制自己。作为一个小男孩在整个上学期间，他的本能反应就是要和同龄人一样，他辛酸地补充道：“当你和其他人一样的时候，你不一定能认识到它的存在，只有当你不一样的时候，你才会注意到它。”他微笑着回忆起幸福的童年和自信的自己，但这些上大学后就变了。

但我想知道的是，在他成长的关键时期，如果否认了自己不可分割的一部分，他的自我意识和自信会付出怎样的长期代价。

他焦虑的原因之一，就是晚上出去玩时的噩梦，他意识到他的男性朋友基本上只会谈论“如何与女孩相处”，而女孩们打扮自己，似乎也只有吸引男孩注意这一个目的。他害怕跟女孩相处，因为他知道这对他毫无用处。他会通过喝醉或嗑药来掩饰。“我一直都知道它是存在的，但只有在被逼急了的情况下，它又踢又叫时，我才会抓狂。这种感觉就像身处高压锅中。我记得在大学寝室里，我就有这种压力，但现在更严重了，即使将压力释放出来也无济于事。”

欧文回到家里告诉父母，说有件大事要告诉他们——自己是同性恋。他们看起来很害怕，好像听到的是他得了危及生命的重病一样。他们很惊讶：他们一直都不知道。尽管非常震惊，但他们非常支持他，想了解他的感受，并向他保证依然爱他和为他骄傲。他的朋友和家人知道了以后，从来没有因为他是同性恋而取笑或欺负他。讽刺的是，在他出柜之前，曾有人嘲笑他是同性恋，因为他不招女孩子喜欢，但那是因为当时他们确定他不是同性恋。当记起自己听到父母吵架，用争吵的语气低声讨论儿子成了同性恋是谁的错时，他变得温和起来，眼里有了骄傲的泪水，因为他意识到父母必须接受他是同性恋的事实，并且忍受他们自己本能的“恐同”心理。

我看到他在盯着我。我不知道他在找什么。我感觉我们在谈论性和性取向时令彼此不安。“出柜几乎完全改变了我的生活。不一定是为了更好。这样做肯定是为了整体上能更好，但我的舒适感、自信心和归属感都没了——因为你对自己感到的不安会一直延续下去。我变得非常偏执和焦虑，担心人们对我有所偏见。”

最严重的批评来自他自己。同性恋让他感到不舒服，这意味着面对这个角色时他不知所措。在我面前的他也很不自在：他坐在椅子上一动不动，但他的眼睛透露出害怕的神色。他有一种负罪感，似乎渗透到了他生活的每一个角落：他觉得愧对自己舒适的童年、慈爱的父母和良好的教育。可笑的是，能够缓和这种情绪的是他的同性恋身份。“至少我为它痛苦过。”他宽慰地说着，一边抚摩着下唇。

我感觉到自己变得很激动、很生气，想与他的罪恶感做斗争，想让他享受生活中的美好事物。事后我反省到，这种负罪感是否因他的愤怒内化而成。也许是因为他这些年来一直在隐瞒自己的性取向，无法与自己最爱的人坦诚相待，从而阻碍了他与他们的亲密关系。这更有可能是他愤怒和内疚的根源，不是吗？

作为一名同性恋，欧文尝试过各种不同的方式来表达自己的性魅力和浪漫，但仍没有找到他所谓的“自然的状态”。他描述了告诉别人自己是同性恋有多么困难：很多时候人们不相信他，问他“你在开玩笑吧”。在一次聚会上，有个女孩非常喜欢他，当他告诉她自己的性取向时，她气坏了。我能感觉到欧文也被激怒了——他要是异性恋的话这事就容易多了。

很明显，他的两个方面产生了冲突：传统的一面是想和大多数人一样，但作为同性恋的他又想与众不同，却不知道如何以同性恋身份生活。冲突无法调和。有一次我们会面时，我回想起了我所认为的他的感受：同性恋身份太过复杂，如果可以控制的话，他不会选择成为同性恋。我想象着他像钢板一样被分割成两部分：我们的工作是找到一种方法来软化这块钢板，将两部分合二为一。这似乎是因为他传统的一面已经成熟，而同性恋的那一面还没有，所以他不知道如何在社交和性别上作为同性恋来生活。

我们谈到他需要行动起来，发现自己新的、正在显现的一面。他叹了口气，说道："当我完全接受自己的身份和性取向时，我会非常高兴。但这可能需要一段长久而稳定的关系。"他发现很难遇到自己真正喜欢的男同性恋者，这让他感到挫败：他尝试过同性恋软件"Grindr"和同性恋俱乐部，但发现它们都有点低俗。他曾和我争论是否需要出国来帮助自己接受同性恋取向，但最终得出的结论是，他并不想那样做。他需要在去国外生活之前接受它。

我询问了欧文治疗对他的帮助。我承认没有完美的解决办法，有时我会被他的表达能力吓到，但我真的无法想象他到底是怎么回事。我可以看出，为他一直无法表达的东西找到恰当的表达方式是有疗效的，但我想知道，我所设想的钢板是否就是他的表达，也许他的工作就是让自己变得凌乱不堪，满是污渍。这些话很有用，但如果他因此抑制自己的感情，那就没用了。

欧文一动不动。他用棕色的眼睛盯着我，默默思考着我的话。他有足够的内在力量去吸收它们。没有必要说话。我猜当他独自一人时，他也会思考这个问题。

欧文的性取向并不是他所面对的唯一困难。成年后，他发现伦敦的工作和生活都让他感到困惑。他觉得自己完全没有准备好面对和处理成年人的工作生活。大学期间他曾做过一些实习工作，但这并不能帮助他在错综复杂的职业中介和申请表格中找到头绪。谈到这一点时，我第一次看到了他的愤怒，在整个学校生涯中，他获得的职业建议相当不充分，简直荒谬。同样，在大学里，招聘会的质量也很糟糕。他和朋友们会讨论自己的志向以及什么是天职。一般来说，他们认为自己被骗了："根本不是那样的——一旦你通过了大学里所有的考试和障碍，世界就是你的，而是你必须找到自己的动力，还有激情所在。"欧文很生气，他觉得这根本不现实。他明白了为什么一半的朋友选择继续上学或出国旅行，从而推迟就业。

在考虑了所有的选择之后，欧文认为会计工作未来的灵活性最大。几周以来，我看到他在努力寻找一个职位，这动摇了他的信心，增加了他的焦虑，他不知道是否要在面试中表明自己的同性恋身份，当他没有表明时，又会感到羞愧。这很复杂。找工作的同时，他兼职在酒吧和餐馆打工，收入很低，但也比什么都不做要好：失业让他的焦虑达到了无法忍受的程度。最终他的努力有了回报：在一次令他焦头烂额的面试之后，一家中型会计师事务所录用了他。他讨厌这份工作。和他一起工作的人还不错，但每天的审计工作、核对发票、制作图表，完全让他麻木。失去自由对他来说是最无法忍受的，他没有选择，每天都被呼来喝去，也没有假期：他被告知自己第一年从一月到十一月只有四天假期，这与大学生活形成了残酷的对比。

在大学里，他觉得自己的生活在不断扩展。现在他则觉得自己被扔进了一列拥挤的火车，穿行在黑暗的隧道里，荒凉又毫无意义。他感到沮丧：作为一个完美主义者，他希望尽自己最大的努力，但他永远不能把工作做好，因为时间紧迫，人手又不够。这意味着他的工作从来没有回报，他每天工作十小时，做一些“我才不在乎”的事情。每天早上他都带着恐惧醒来。穿西装时，他感觉自己穿着戏服，然后发现自己很多次都在跑步时大喊：“这是怎么回事？”他还常常猛踹冰箱，但随后他会为自己感到羞愧：自己应该长大了，选择了这份工作，就必须完成。他住在家里，还负担不起租房的费用，过惯了大学里自由自在的日子后，这让他感到一种幽闭的恐惧。欧文知道一切都是因为自己，但每个人都让他不舒服，母亲在他身边忙活，想给他做饭，让他高兴起来，他却觉得被逼疯了。

欧文是个深思熟虑的人，我被他自省的能力所触动。他喜欢做会计工作的原因之一就是它能让他回答那个反复出现的问题——“你是做什么的？”这给了他安全感和奋斗的目标，他讨厌未知。他不太清楚的是，自己是否已经放弃了寻找热爱的工作的梦想，还是这份工作最终会让他实现梦想。他不知道自己是否已经长大，现在是否必须成为一个有工作的成年人。这是一个艰难的转变，因为他或许刚刚舍弃了自己一个重要的部分。通过谈话，他意识到自己为什么会讨厌这份工作，因为他讨厌承担成年人的责任和生活：这感觉就像坐牢。意识到这一点让他松了一口气。

我们最终发现，他希望自己的工作中有创造性的元素，也许他可以在未来把它和会计工作结合起来。如我们讨论的，这是进入漫长而丰富的生活的第一步，是其他方面稳固的基础。他知道自己渴望体验，渴望变化：当他五十岁的时候，他想回顾自己充实的一生。奇怪的是，这给了他憧憬，认为自己可以应付眼前暗淡的阶段。

我让欧文多跟我谈谈约会的事，这对我来说有些不同寻常。他不喜欢谈这个。他换了话题，又回到了他多讨厌工作上来。但我觉得他把自己陷入了“先有鸡还是先有蛋”的困境中：除非和喜欢的人发生关系，否则他不会对自己的同性恋身份感到满意，但这又无法实现，因为他有些抗拒同性恋者。他对我很生气，希望我能充分意识到这有多么困难：英国只有 3% 的人会公开承认自己是同性恋（伦敦以外只有 2%），并且他在朋友圈子里也很少遇到同性恋者。他感到倦怠：和一个陌生人进行一次笨拙的约会，而不是去见朋友，对此他并不感兴趣。我承认了这一点，但稍有所保留，程度不大。我不想让他沉默，但我觉得除非他做出决定，积极地去约会，否则这种事不太可能发生。他闷闷不乐地点点头。最后，他同意让自己有一个转折点，就像他出柜时一样，他渴望建立一段稳定的关系，找到一个可以和他分享生活的人，这种渴望会战胜他的抗拒，然后他会投入时间和精力。我感觉这是一个重要的转变。

我们探讨了伦敦的同性恋群体存在的刻板印象和现实：男双性恋和同性恋者随意与他人发生性行为，这是他们放纵的一面，当男性完全失去控制时，控制感就会反弹。欧文个人也有过这样的经历：缺乏亲密感是自我厌恶的一个因素，我们都觉得很痛苦，并陷入了同样痛苦的对同性恋的恐惧。但它也自由、有趣和充实，令人兴奋。它充满了可能性，不被老旧的观念束缚。欧文觉得这不是自己想要的。他低着头，平静地说道。他告诉我，坐在公共汽车上时，他打开了同性恋交友软件，回家的一路上总被各种惹火的消息骚扰。他随时都可以下车，发生一段艳遇。但他知道，瞬间的满足很快就会带来一种空虚感。

欧文想要一段充满爱的亲密关系。他从根本上相信爱是生活的全部——他知道很多同性恋者都有充满爱的家庭关系。我们唯一能想到的榜样是埃尔顿·约翰（Elton John）[1]，这可能反映出我们都不够开放。他承认，如果你是同性恋，伦敦是最好的去处。我建议他加入同性恋社区，不要去俱乐部或下载约会软件，而是加入和他有着共同兴趣的团体——设计、艺术、摄影。他愉快地点了点头。

欧文有一个很有灵性的朋友，现在是一名瑜伽和冥想老师。他以现在的生活方式激励欧文，让他感激每一天，维持自己平静的状态。这有点像《哈利遇见莎莉》中的用餐场景：他知道自己想要什么，于是开始冥想。这很艰难，有时他会恨它，恨自己做不到，他感到沮丧，但有时又感到平静。他能感觉到，冥想有时会战胜他内心的羞耻和有毒的想法，让他变得平静多了。

我很喜欢欧文。我知道我们已经建立了良好的工作关系，但经过深思熟虑，我想知道，在他成长的这个阶段，我是不是适合他的治疗师。作为一个异性恋女性，我是他与他的家人相处的镜像，并且影响了他所有的偏见。我建议欧文去见一个男同性恋治疗师。他需要时间考虑一下。他给我发了几条消息，想知道我推荐的是谁，还需要我进一步解释推荐的原因。

1　英国摇滚音乐人，同性恋者。

在我们的谈话中，我告诉他，我无意拒绝他。他已经了解到了倾诉和被人倾听的价值：现在他有机会和一个能够提供男同性恋视角的人交流。我告诉他，我对那位男同事的评价很高。我觉得这既有启发性，又能让他获得解脱。欧文同意和他谈谈。虽然我很想知道他们谈得如何，但由于我们的保密规定，我并不知道他们谈了什么。他经常浮现在我的脑海里。我希望他能更平静地接受自己。我希望他能找到爱。

KT：二元之外

KT: Beyond the Binary

我对自己的承诺就是不断学习。如果我故步自封，不走出自己的舒适区，我将成为我所鼓励客户避免的事情的化身：被困住。或者，更糟糕的是，我总觉得自己是正确的。数字时代为我打开了新世界的大门：我不仅可以坐在家里，向世界各地最好的心理治疗专家学习，还可以通过社交视频软件，与更多从未共事过的人联系。现在，我不再被限制和客户待在一个房间，我可以和澳大利亚、中国以及世界各地的人一起工作。尽管伦敦是一个多元化的城市，但它更像一个泡沫。当我和外面世界的人一起工作，听到新的观点和新的生活方式时，我能真切地感受到内心世界的丰富。我意识到自己的思维更加活跃，求知欲更强，创造力更丰富，看待世界的角度也更加灵活。对我来说，科技不仅扩展了我的地理范围，也增强了我对我们人类自身的认识。

考虑到异性恋作为主流性取向，我意识到自己正在排斥整个社会中的非异性恋群体，这让我越来越不自在：我基本上和那些被认为是异性恋的人一起工作。既然非异性恋群体没有向我寻求咨询，我就应该主动去联系他们。于是我在一个非异性恋群体网站上发布了提供咨询服务的通告。

KT 立刻回复了我，告诉我他们住在英格兰北部。因此，我们的谈话将在网上进行。

关于 KT，由于性别身份尚未确定，因此在文中我会用“他们”来代替第三人称的“她”或“他”。一开始，我感觉对此难以接受，这也许代表了 KT 的世界对我来说有多陌生。在瑞典有一个特定词来表示中性代名词，这要优雅得多：瑞典人用 hen 来代替 hon（她）和 han（他）。或者，性别认同本身无限复杂，并且没有一个确定的界线，我却倾向于将它划分清楚？

在最初的几次会谈中，我没有见到 KT 的样子：我们通过网络音频进行交流。这么做是出于网络质量的原因，并不是我们都希望的。事实证明，这确实影响了我们关系的质量。当我第一次和 KT 交谈时，尽管只能从话语和语调中了解他们，但我还是感到自己在他们的世界里很自在。我看不到对方，就不会做出任何假设，这给了 KT 必要的保护来建立对我的信任，因为人在看着对方了解信息时，会不可避免地做出假设。我能从 KT 的声音中听到一种试探，从他们选择措辞的方式、语句间的停顿，听到一种深深的恐惧，尽管我需要一些时间才能找到它的来源。

KT 联系我，告诉我这对他们来说是绝佳的时机，因为他们想探讨性别认同以及自己的性取向。“我从小就知道自己不是异性恋，我一直在生活中挣扎，可能是我太懒了，所以觉得性别无关紧要，但我或许应该多考虑一下这个问题…… 尤其在约会时。我想知道自己是谁，做我自己，不隐瞒任何事。”我认为 KT 是明智的，因为他们知道需要先了解自己，然后才能与别人建立恋爱关系，这也感觉像一种探索，了解 KT 在哪里才合适。

在我们进一步讨论之前，我告诉 KT，性别认同对我来说是一个全新的领域，因为我甚至没有接受过这方面的培训。我最近进行了更加深入的学习，但我仍然告诉 KT，如果我因为无知说了什么让他们感到不适的话，请直接告诉我。我想确保我们的第一次见面可以坦诚相待。保护 KT 不与我一起经历他们每天必须面对的偏见和无知，这对我来说是至关重要的。我有信心的是，我可以为 KT 提供一种非评判性的移情关系。我知道如何建立信任。

我了解到了更多关于 KT 的情况。KT 的家人包括他们的弟弟和父母。由于父亲的工作问题，在整个童年时期，他们每隔几年就要搬一次家——从西非或东南亚搬到欧洲。当 KT 二十一岁时，他们已经居住过二十二个不同的地方。KT 告诉我，这意味着他们可以“在任何地方定居，但难以有固定的住所”。因此，从童年开始，KT 只有一段友谊，并且断断续续地维持着，每年通过社交网络视频通两次话。“我有很多朋友，但没有非常亲密的朋友——我认识很多人，但真正了解我的人并不多。”当 KT 十一岁时，他们有了一些亲密的朋友，但后来不得不搬家离开，KT 告诉我：“觉得自己像死了一般。”

这是一次至关重要的经历。作为一种应对方式，在接下来的校园生涯中，KT 重塑了自己，从安静的学生变成了站在台上发表演讲的人。他们很快成为学生会主席。KT 感觉从痛苦中解脱了出来，变成了一个更坚强的人，摆脱了自己以前的身份。但从那时起，KT 发现自己很难信任别人，正如他们认为的那样，的确，他们会继续搬家，一旦离开，友谊就会结束。这意味着 KT 已经切断了联系，因此也不会有关系亲密的朋友。

当 KT 说话的时候，我感到心如刀绞，我想起了友谊曾是我童年的重要部分，多年的岁月和记忆是我坚实的依靠。我想，KT 已经形成的这一必要的应对机制，已经发展成一种对世界根深蒂固的态度，他们对外界的应对机能运转高效，却感觉不到太多情感。有些人会鼓励培养这种性格，因为努力工作和保持团结对任何人都是有益的。

KT 思考了很久，深深地叹了口气，轻声说："这带来了一种孤独感……一种巨大的遗憾……但同时也带来了安全感，因为我知道自己不用切断太多联系……我准备继续独自前进。"KT 在这句话中表达了自己的困境：爱是冒险，但没有爱的生活是孤独的。KT 事业有成，内心却伤痕遍布，两者之间无法协调，阻碍了 KT 与他人建立紧密的关系。我们治疗的一部分就是让这两者结合起来。

KT 是一名野外生态工作者，这意味着他们要在恶劣的天气条件下长时间工作，经常通宵，研究动物在环境中的栖息地。每周有两个晚上，他们会与一群问题青年一起进行志愿服务。KT 和他们这一代人一样，感受到了世界的不平等、贫困和苦难带来的痛苦，并希望与之抗争。反映世界的残酷与创伤的图片、故事和直播源源不断地涌入他们的手机，充斥着他们的生活和思想。它让他们对世界缺乏安全感到忧虑，也对未来感到不确定。KT 告诉我："我以我所做的工作以及它对他人的影响来衡量自己。"我由衷地敬佩 KT 高尚的胸怀，并对他们似乎充满了挑战的未来表示同情。我也为他们年轻时缺乏纯真的快乐而感到痛心。那种感觉青春不朽，充满了希望和乐趣的快乐天真的时光，似乎已经离他们远去了。

当 KT 逐渐敞开心扉的时候，我听说了他们的两段伤害性极大的性关系。第一段是最具侮辱性的。当他们告诉我的时候，我能感觉到 KT 的痛苦：他们说话时断时续。KT 努力寻找语言来表达自己不想记住的东西，但他们又知道，如果想开始另一段关系，他们就必须接受它。这段关系在 KT 十七岁到十九岁间一直持续了两年。这是一种情感和身体上的虐待：他欺骗了 KT，性侵过 KT，甚至通过自杀威胁来操纵 KT 维持这段关系。KT 向警方报了案，但警方没有采取后续行动。

听到 KT 的话时，我感到麻木，虽然我猜那麻木的背后是愤怒。我心里五味杂陈。也许正因为如此，或者凭直觉，我觉得现在不是深入交流的时候——尽管我知道我们需要多次深入的交流。KT 鼓起了巨大的勇气，告诉我发生了什么。但他们没有完全说出那个人曾袭击过自己的事实——他们甚至没有对自己最亲近的妈妈说过。与他人的第一次关系是很重要的，这让我们认识到自己是成年人，是具有性行为的个体，以及就我所知，认识到我们作为一个男人或女人的身份意识。如果要得到治愈，对 KT 的影响需要充分探讨。

KT 随后的话更加掷地有声，仿佛这个故事一直在等待用自己强劲的势头讲述出来，奋力争取发言权。几个月后，KT 开始了第二段感情，当时他们觉得一切都很顺利，直到九个月后，这个男人“不见”了。他消失得无影无踪。KT 一直在疯狂地寻找他。他们在寻找时惊慌失措，然后他们意识到，他是故意从自己的生活中消失的，对此他们大为恼火。后来 KT 与其切断了联系，试图不去想它：这太痛苦了，所有的未知使得他们更加胡思乱想——想象是无限的，而这往往比现实更糟。

我意识到，过去谈恋爱时常有一方“消失”的事情，现在似乎更频繁了。这似乎也更残酷，在不见面的情况下，我们仍有无数种方法来保持联系——我无法理解有些人的不辞而别。关系如何结束，就像人们如何死去一样，对伴侣的恢复能力有着巨大的影响。结局肯定有好有坏。对 KT 来说，影响就是他们已经四年没有和任何人建立过联系了。

我感到愤怒，那种暗暗滋生的愤怒。我甚至没有意识到它是愤怒——但我知道这个信号：如果我想退却，默不作声，通常是因为我产生了那种低级的愤怒。这很可能是 KT 转移给我的，但通过与我自己的经历联系而得以强化。我沉默了许久。然后我骂道：“这真是个彻头彻尾的混蛋。”有时，一句简短、尖锐的脏话，比长篇大论更有效，更能打动人。然后，我发现自己站在 KT 这边，我简单地说："我对发生在你身上的事深感遗憾。本不应该这样。你要让自己知道，这与你无关，这是他的问题。"KT 哭了，静静地流下了眼泪。那是清洗的泪水。他们的故事已经讲了出来，再也不用羞愧地憋在心里。我已经听到了这些，并向 KT 靠过去，希望他们知道，自己不再需要独自承受一切。

正如我从 KT 的故事中了解到的，在我看来，KT 的默认立场是不信任，他们对这个世界缺乏安全感，因此他们的许多问题都围绕着影响力。由于我们之间的影响力动态是不平等的——作为一个只倾听而不表露自己的人，我的影响力更大——我想确保我们拥有平等的影响力。当然还有外在的影响力：KT 二十四岁，我比他们要大得多。我的生活经历属于大多数人：白人，异性恋，已婚。我从未体验过生活在少数群体中是什么滋味，从未感受过偏见或被排斥的刺痛。这意味着我要保持警惕，不妄下结论。我也不希望成为推动 KT 的人：我希望 KT 能够按照自己的步伐前进。我想了解 KT。我没有计划表，也没有特定的目标。我觉得 KT 在我们的关系中拥有的力量越大，就越能学会在内部控制这种力量，然后发展到外部，在与周围人交往时得以发挥。

我说得太多，一直在长篇大论，而 KT 打断了我："但我相信你。”KT 以前说话时声音微弱，此刻他们的话却沉着有力，直击我的内心。KT 原始的脆弱吸引了我：我想把那原始的一面和我真实的自己结合起来。

我想更全面地了解 KT 可以在哪些地方获得支持。我很高兴地得知，他们的家人“百分百支持”我们。他们的母亲对 KT 是双性恋者表现出了积极的态度。她还研究了性别认同，甚至要求澄清“性别中立”这类术语。我能听出 KT 的声音中透着骄傲，他们的父母在这方面与众不同，比他们的许多同龄人要开明得多，这让我很欣慰。KT 尚未表现出非二元性别或无性恋取向，虽然理论上他们知道母亲可以接受，但目前他们还是觉得这有点超前。KT 觉得目前的状况是一个飞跃。他们的妈妈用词很敏感，比如“我的孩子”，而不是“我的女儿 / 儿子”；以及“可爱的人”，而不是“可爱的女孩 / 男孩”。KT 的父亲很少参与任何事情，尽管他问了几个温情的问题。他并不挑剔，“只不过这不是他的事”，这似乎并没有让 KT 感到沮丧，他们更多的是接受了父亲的性格。

KT 觉得他们的母亲从许多不同的文化中学到了很多东西，这些文化开阔了她的眼界，让她不再那么刻板。母亲年轻的时候，曾虔诚地遵循基督教教义：无论他们住在哪里，每个星期天都要驱车数英里去教堂。但现在，KT 的母亲在许多问题上向教会提出了挑战，包括性别认同和性取向。

最后，我们的宽带恢复了，我可以通过视频看到 KT 了。这并没有带来我所期望的那种更深层次的联系。此时，我觉得我们之间的联系已经很深厚了，从 KT 的叙述中，我已经在脑海里勾勒出了一些画面。这意味着我们是心连心，而不需要面对面。它成功地让我放慢了速度，使我在遣词造句上更加小心，听得也更认真。这意味着，我觉得自己可以从内心更加准确地了解 KT。

读懂客户的面部表情是我的“必经之路”，就像我们所有人一样：我们的大脑把对长相的设想作为一种捷径，来判断是否存在爱、恨、危险或安全。当我看到 KT 的时候，他们和我内心的想象很一致：头发乌黑光滑，发型优雅，与他们白皙无瑕的皮肤和淡褐色的眼睛形成了鲜明的对比。KT 穿着深色裤子和格子衬衫，但这并不能掩盖他们纤细的腰和丰满的胸部。KT 是典型的 20 世纪 50 年代流行的沙漏型身材。值得注意的是 KT 的指甲：它们是亮绿色的。KT 告诉我，“颜色有点怪，所以我喜欢它”。不过，看到 KT 的肢体语言还是很有帮助的：当他们说话时，会有规律、有节奏地拉动椅子的边缘，身体微微前倾。KT 转移了自己的注意力，检查了一下裤子上的印记，然后擦了擦，似乎看到后再擦一擦就会使它神奇地消失。我当时还不知道那是什么意思，但我知道 KT 需要自我安慰：那很可能是焦虑……我想知道，KT 是否了解自己的内心世界，它与他们外在的形象并不一致。

KT 在不同的城市申请了各种野外生态相关的工作。在一些谈话中，我们研究了 KT 对新工作的需求。这让我们对他们的内在的反向动力有了更深入的了解。过去六年里 KT 一直住在约克，这是他们曾经在任何地方居住时间的两倍。他们渴望获得“新生活，新朋友，新能量……当人们认识了你一段时间后，就会对你的生活有所期待。当我搬家时，我都是自己一个人，或和喜欢的人一起玩耍……多年来我一直是一成不变的，我想摆脱这种状态”。我想知道 KT 从现在开始的话，会是什么样的。KT 觉得“搬家很累”，我理解的意思是，当他们遇到自己不喜欢的事情时，就会在其他地方重塑自己，由此感觉更加轻松。“一部分是性别认同。我想更多地融入非异性恋群体，与人们建立更有意义的联系。在这里我受到限制，这是一个小型社区……当我与乔，我的第一个男朋友分手时，我与很多朋友都切断了联系。”

有趣的是，在 KT 考虑搬家的时候，他们与一位前同事建立了亲密的友谊，而这正是 KT 渴望的。这个人曾经是他们的老板和导师，但后来离开了。在 KT 参加新工作的面试之前，她曾花时间给 KT 打气，告诉他们自己是多么重要。KT 和她一起哭过。这不是 KT 的作风：这是一个全新的体验。但这使KT感到震惊:“我以前从来没有像这样真正感到脆弱过。”我可以看到KT眼中的泪水。回想那段记忆，重新点燃了他们深处的感情。我们都觉得，这表明KT渴望与他人建立联系，渴望为人所知，渴望被人喜欢——朋友都相信KT，知道他们有潜力。这意味着KT不必穿上自己的盔甲。KT也没有寻求过这种新的联系:“它在我没有意识到的情况下就发生了。”让KT感触最深的是，虽然他们的老板已经离开，但“她并没有忘记我，我意识到她已经离开了，但这不是结束，她记得我，我仍然在她的脑海里……”这与KT在自己生活中所做的正好相反:“就这样，这段友谊结束了。”KT知道如何旅行，如何继续前进，当然也知道如何到达目的地，但他们不知道如何与人充分地交往:而这是很重要的。

我沉默了一会儿，不是因为无话可说，更多的是因为我感受到了KT深深的悲伤，感受到了他们一生中遭受的巨大损失。我感觉从胸腔到喉咙里，都堆积着一层层的悲伤:KT失去了住所，失去了家，朋友，学校——所有这些都阻挡了他们与外界建立联系。KT当然研究过这个被称为“第三文化孩子”的现象:有些人在成长过程中所处的文化环境，并不是自己出生的地方，他们也不认同当地的文化，而是通过家庭来获得身份认同。遗失的友谊会带来暂时的悲伤，多重的伤害会让人伤心过度。我称之为“生活的损失”。

我问KT身体感觉如何。“我不知道，我猜它感觉很沉重。我以前什么都没说过，但我现在说了很多，我们谈论了很多，而我只告诉了你一个人。谈论这件事的感觉很好……实际上有点害怕，有点涉及隐私，又有点像松了口气……”

KT没有得到那份工作。但他们觉得这是一次非常有益的经历，并得到了很好的反馈。这让我们想起了一场争论：KT对搬家的需求是不是一种条件反射，他们是否习惯了永远不在任何地方停留太久，还是他们本身就认为这是最好的选择呢？KT重申道：“我觉得在这里有点受困——做着同样的工作，住在同样的城镇。有点无聊……我想多了解一下自己。搬家则是一个改变的机会。”我想，那些苦恼的人渴望从无聊中解脱出来，而当人们感到无聊时，这往往是一种防御的手段，用来掩盖自己的真实情感。

KT惊讶地意识到，自己想要改变的是局外人的身份。“我从未想过要主动接触他人。当我还是个孩子的时候，我曾向妈妈抱怨说，‘他们不和我一起玩。’我也没有主动找他们玩耍，如果他们主动找我，我也会自己玩自己的……”需要控制的习惯早已根深蒂固。当KT意识到这一点时，他们想知道，比起被困在约克，自己是否更像在遭受思想上的折磨。我曾质疑，在不必费力寻找新城市、新工作、新朋友的情况下，待在同一个地方是否会给他们打开内心的机会？

KT 回应道:“我能留在这里，不断成长，并拓宽我的世界吗？如果我这样做了，那就和我以前的做法完全不同了……我不需要认识新的人，但是我会挣扎于深厚的人际关系中。没有任何人值得我留下来。”我感受到 KT 的孤独扬起一阵冷风。

这使 KT 意识到，自己已经开始寻找新的恋情。他们尝试了所有的约会软件，见了一些人，但一旦他们过了某个点，KT 就会退出。“我去约会之后就不回消息了。我觉得他们太霸道、太黏人了。然后我就会离开——切断与他们的联系。”在内心深处，我觉得这种做法是对 KT 所经历的事情的回应，但我在想目前是否适合把它说出来。KT 对我说了这番话，并承认这令人沮丧。KT 想要一段新的恋情，但考虑到以后时，他们却不能全力以赴:“会有恋情不成功的风险……”KT 倾身向前，搓着自己的指甲，慢慢地说，当他们说出来的时候，自己便明白了其中的含义:“我不想对别人敞开心扉，依赖他们……以防他们反过来伤害我……然后他们就会离开。”

我问 KT 他们的身体里发生了什么: 感觉身体很沉重，胸口和肩膀发紧。KT 颤抖着。我让 KT 深呼吸，感受自己的内心，闭上眼睛，集中注意力，想象一个黑色的空间，然后是乔的样子。他是最糟糕的一个。他是 KT 唯一坦诚相待过的人。当 KT 脆弱的时候，乔会说自己无法处理，这让 KT 情绪失落，陷入沉默，然后就任他们这样下去。这阻止了 KT 说出自己的真实感受。至于第二任男朋友，KT 并不信任他，而他的消失让 KT 更加坚信，人们通常是不可信的，于是就会离开。

我意识到，糟糕的经历就像魔术贴一样，在大脑中留存得是多么根深蒂固，这是出于更好地进化，保护我们不再重蹈覆辙，但这并不总是有益的。它需要进行处理和释放，以便让新的良好感觉得以发展。我们都看到了那两位男朋友是如何深深伤害了 KT。我问 KT，他们想让自己如何变得与众不同。“我希望能够有人走进我的内心，找到我值得信任的人。对于人们来说，走出去往往是他们迈出的重要一步。但对我来说，比起敞开心扉和展露脆弱，这就显得容易多了。”

我们探讨了如何公开地表达感受，无论多么凌乱，这都是我们真诚地建立联系的方法。当 KT 谈到“激进的脆弱性”时，我们都笑了。我从来没有听说过它，但这种“激进”的分享和开放是因人而异的。当 KT 看到人们在脸书上大肆展露自我时，他们非常羡慕，希望自己也可以这样做，但“我不想给人们带来负担，不想对人们袒露心扉。如果我这样做了，他们就会离开”。KT 说话的时候，声音又慢了下来。他们用手捂着眼睛。我看了看他们是否在哭。是的。我轻轻地说，他们在我面前显得很脆弱。KT 一边表示同意，一边擦去了眼泪。

随着谈话的继续，我意识到我想要弄清 KT 的性别身份，想知道他们在内心是如何描述自己的。KT 告诉我："我是双性恋，我的性别身份是非二元的。从最广泛的意义上来说，我既不是男人也不是女人。我更倾向于无性恋，我没有性吸引力，我对性的渴望是不存在或很少的，更多的是情感上的联系。"这让我对 KT 性取向的变化感到很好奇，因为我知道，他们之前都是和男性发生关系。"和我相处的人，男女都可以——性并不是我在考虑恋爱关系时最看重的东西。性是额外的收获。它排在其他一切之后……但对我的朋友来说，性是他们最先考虑的事情之一。"我将我的理解反映在生活中，到目前为止，性通常是两个人之间最初吸引力的催化剂：喜欢一个人的外表，被这个人吸引，进行交谈，在一起度过更长的时间，然后是第一次身体接触，通常是亲吻，要么最终发生性关系，要么没有。

KT 解释说，这并不是说自己不渴望性爱，只不过是想让它之后再发生，但这常常令人沮丧，因为人们对性的需求是即刻的。这是一个敏感的区域，一个我并不熟悉的领域。为了在回应 KT 的同时引入我的思考，我希望我的回答是准确的："我想对你说同样的话，并确认我的理解——你与自己的关系很重要。你的性别身份是非二元的，既非男性也非女性，这就是你在约会时想要得到的对待。作为无性恋者，你在寻找与那个人的特质建立联系的方式，这就是你建立关系的途径。最常见的一个快速途径就是通过性吸引。我想的是，也许这是错的，所以你可以纠正我，用某些方式寻找男伴或者女伴，选择范围是很广的，但选择与你持有相同观点，并且向往同样恋爱方式的伴侣，只会让你缩小选择的范围。从一个实际的角度来说，是不是很难找到这样的人？这会限制你的选择吗？”

KT 也承认，约会通常是一场噩梦。人们不仅想要做爱，而且他们的观点“天生就带有性别歧视，厌恶女性，并且男性习惯以某种特定的方式进行约会。他们将我视为一名女性，并期望我在约会时的言行举止可以如女性一般”。我仿佛感受到了 KT 的沮丧，我想知道，KT 更偏向于男装的穿衣风格，而这是否跟他们的形体不搭配，从而导致他们被视为女性，而这又恰恰是他们不愿意被认为的。我能感受到 KT 的愤怒：他们并不把自己看作女性，然而在街上，人们仍然视他们为女性，称他们为“亲爱的”“小宝贝”“小姐”“可爱的女士”。“男性会替我开门。我并不认同这一点。”即使在志愿者活动中，当 KT 要求用“他们”来称呼自己时，也并不总是被认真对待。

经历了曲折的约会和称呼后，我有了一个清晰的想法，想与KT来尝试一下。KT在新的未知领域中航行，应对着他们如何看待自己以及如何被他人看待的日常挑战，这需要一定的稳健性。他们的恋爱关系也进入了新的领域。KT游历过几个大洲，一直都漂泊不定：难道他们现在做的并不是自己一直在做的事情，而是他们心里想做的事情吗？KT的回答是："我可能想搬家，但找工作会很辛苦。换个新地方可能会让我感觉轻松一些。我既渴望旅行，又想留在这里，花时间在自己身上，坚持一段时间。"这似乎是一个真正的转变，也是一个重要的启示。

这里出现了一个小插曲。我忘了告诉KT我要去度假的事情。当我告诉他们时，我发现KT的声音越来越小，然后结束了我们的交谈。我做了让KT感到害怕的事情。这是我原本并不想做的。我承认了自己的错误，并尽我最大的努力向KT保证我会回来的，我们会一起解决问题。KT似乎得到了安抚，但他们取消了接下来的两次谈话：一次是出于工作原因，另一次是因为偏头痛。我有责任开诚布公地修复这个裂痕，这是我们前进的关键。KT必须告诉我他们对我有多生气，有多失望。我必须接受KT的这些情绪，让其发泄出来，而不是拒绝它们。尽管关系中出现裂痕让我感到很难过，但我知道，这在所有的关系中都是不可避免的。信任的建立是因为关系破裂后能够修复，而不是一直完美无缺。

夏天过后，我发邮件询问是否可以重新开始治疗，但没有收到任何回复。他们就像在我的生活中消失了，没有解释，也没有道别。我觉得自己也许失去了KT，有种被甩的感觉。对此我感到焦虑，苦苦找寻与思考着，却没有任何发现。几周后，感觉像过了更长的时间，当KT发消息给我时，我大大松了一口气。我解释了我的工作流程，KT也为自己粗鲁的行为道了歉：他们的工作很忙，以至于没顾得上联系我。我很好奇其间是否还有其他的事情发生，但KT对观察任何无意识的过程都不感兴趣，我们的谈话恢复了，没有出现进一步的裂痕。

我和我的导师讨论了KT，她突然问我，KT和自己身体的关系是怎样的。我问了KT这个问题，他们回答说："我一点也不喜欢自己的身体。我试图摆脱它。我对身体的任何部分都不满意，甚至特别不满意……我只能听天由命地接受它。"KT一边说，一边紧紧地交叉着双臂。我想，天哪，KT竟然对自己的身体如此抵触。

原因是多方面的。KT年轻时就长得很高，九岁就来了月经，比同龄人都早。与他人不一样意味着KT与同伴们产生了隔阂。这并没有完全吓到KT，但感觉很复杂。"我感觉我的身体在与我作对。"KT喜欢光着身子跑来跑去，但很快就停止了这种行为。在买衣服的时候，他们从来都不喜欢女生服饰区，总是去买男孩子气的衣服。回想起这些时，KT 将头侧向一边，他们从未想过自己不是女孩，因此也没有想过穿女装的可能性。但是 KT 觉得从那以后，自己再也不能穿自己想穿的衣服了，因为他们腰身纤细，臀部和胸部丰满，不太适合男人的衣服。从那天起，KT 的身体形象就不协调了。他们希望自己的身体直板一些，不要过于凹凸有致。有时 KT 会穿运动胸罩来使胸部变平，他们知道一些人会把胸部束紧，但他们没有那么做。但是，当 KT 照镜子时，他们并不喜欢镜子里的自己。

我怀疑这是否与 KT 的无性恋取向有关：是否存在脱节？他们是否阻止自己发生性关系？KT 没有动作，他们抬起头来说："你说到点子上了。"KT 的第一个男朋友在他们开始做爱的时候惩罚了 KT："他让我觉得想要性爱是一件糟糕的事——他会挑起事端，如果我回应他，他就会指控我强奸。"

至此，在迫害者、受害者、救援者的三重角色中，KT 徘徊在救援者和受害者之间，找不到为自己说话的声音。KT 从未与另一个人有过高潮，甚至从未与另一个人有过快感，他们都是独自一人。在随后的几年里，伤口一直留在 KT 的身体中，痛得他们无法靠近其他人。KT 已经放弃了。我向

KT 质疑道，也许他们并不是无性恋，只是有过破坏性的性经历。

KT 沉默了，点了点头，笑了起来。然后又哭了。KT 接着陷入了沉思，一边拉着椅子。“我倾向于成为无性恋，但我不能百分之百确定这是否与我和身体的脱节有关。”我问 KT 身体里发生了什么，他们的说法是很“紧张”，然后告诉我，他们自己必须消除这种紧张。他们现在已经受够了。这一发现对 KT 来说是可怕的，同时也为我们的治疗提供了可能的新方向。我们完成了一项重要的工作，揭露了那个破坏性的人留下的可怕影响。

KT 决定留在约克：“我可以在这里扎根，可以长期专注地做事，而不用担心每隔几个月就会出现变化，而生活也将不复存在……保持不变的感觉就像是改变，花时间在自己和朋友身上，而不是在生存模式上。我努力让自己不再做一个局外人。”这似乎让 KT 释放出新的能量。他们在工作中得到了一个新的、非常有趣的项目，建立起了作为专业人士的信心，因为他们在这个领域中很有竞争力。KT 正在做自己以前从未做过的事情。“我努力与他人进行交往——上周我让一个朋友帮我做了那个项目的演示——这是我第一次这么做。通常都是我在帮助别人，而不是别人帮助我。这种感觉真的很好。”我为 KT 敢于冒这个险而感到一丝自豪。

KT开始更多地谈论自己的性别身份以及它是如何演变的。四年前，KT和男友在一起时，发现自己对非二元性别的概念产生了兴趣。前男友并不相信KT所说的，因此KT抑制了自己的性取向。KT还记得自己的性别身份变得更加清晰的那一刻。他们给一个好朋友打电话时，他称呼KT为"女人"。"那一刻让我感到很奇怪，这是我以前从未有过的感觉。我没有料到会有这种感觉，但我知道哪里不对——我在想，他在说谁呢？他不是在说我。这让我很震惊。"事实上，这开启了一个过程，唤醒了KT敢于去发现他们的性别身份。

我们花了很多时间去倾听KT内心的声音以及它与外界的联系。"非二元性别会令人感到困惑。世界告诉你，'你是a或b'，它就是这样运作的。从厕所、形体到生日卡片，我一直在与社会告诉我的东西抗争……对自己的身份充满信心是很困难的，我知道我的怀疑来自想要适应。"我们在这种进退两难的情况下反复思考，通过一个渐进的过程，让KT的内心与自己的描述相符合。很明显，KT是非二元性别。他们既不认为自己是男人，也不认为自己是女人。"我同时关注着这两种性别，并且两者兼有——我不想让别人对我有刻板的看法，对我做出假设。我讨厌这样。我讨厌截然不同的男性/女性反应。那不是我。"KT越来越清楚，自己绝对不适合被放在固定的性别框架中：他们想要找到自己作为非二元性别的方式和方法。

尽管 KT 曾怀疑这些问题是否具有破坏性，但事实证明，“质疑”非异性恋者中的“酷儿”群体是 KT 发现自己身份的关键。每次检查时，KT 都会发现自己的答案，“这是我”“哦，这是我”，直到答案变得一致和明确。“我的疑虑越来越少。我越来越能够忽略它们。我越向人们坦白自我，他们就会越加接受我，纠正自己的称呼，倾听我的话，让我对自己越来越有信心，我也就越能倾听自己。”我目睹了变化，这一棘手又麻烦的过程，正在我眼前发生。

听到 KT 说用软件进行约会是“一场噩梦”时，我为他们感到难过。KT 说自己想结识一个有长期交往意向的人，最终回答他们的只有沉默。男人只在乎性爱：“这令人沮丧。我失去了兴趣。这也让人感到羞辱——有一大群男人无视我的性别身份，叫我‘宝贝’‘甜心’，他们只想做爱。互联网使人以一种永远不会面对面的方式直白地进行性行为——它允许人们让你失望，而非感觉是他们让你失望。我发送一条消息，人们要么不回复，要么撒谎。”我们一致认为 KT 应该改变策略，与别人实时见面。

几周内，尽管充满了恐惧，KT 还是深吸了一口气，克服恐惧加入了一个健步俱乐部，并与一位朋友报名参加了一个速配之夜。他们自豪地告诉我:“我要去那里。”我为 KT 未来无限的可能性而高兴。

几周过去了,我们都意识到 KT 的信心在增强,与自己的内心世界越发紧密地联系在一起,重要的是,他们对自己有了一个统一的认识:包括他们的脆弱、长处、弱点、才能,当然还有性别认同。KT 让自己有了时间关注自己。在谈论了自己的身体之后,KT 开始选择做喜欢的事情,善待自己的身体,变得更加健康。乔给他们造成的伤害不再是一个未愈合的伤口:“我对他的一切没什么感觉。我现在几乎不去想他了。我已经调和了发生的事情,客观地看待它。有些事情我会承担责任,但很多事不是我的错。在很大程度上,很多事情是他操纵的,他造成了这个局面。都是他的责任,不管他经历了什么。我知道这是不可接受的。”

音乐在我耳边响起。KT 重新构造了整个经历,使它更准确地与事实相符,并在这个过程中让它得以治愈。这让 KT 敢于建立更亲密、更真诚的友谊,这种友谊会让人感到有意义和满足,尽管有时仍然磕磕绊绊——这总是有风险的。“我真的想与他人交往。我在报纸上知道了这一点,但现在我把它付诸实践,我没有退缩——我活在我本能知道的生活中。对自己有清晰的认识是其中的一个重要部分。我清楚我是非二元性别,至于我是不是无性恋,还有很多地方要探究。保持稳定，停留一段时间就会有帮助。我已经给了自己时间去寻找答案。”

到目前为止，我们的治疗已经完成。我很幸运地收到了 KT 的最新情况：他们很高兴，工作进展顺利，并且正在约会。

关于身份认同的思考

Reflections on Identity

个人观点

我同意尼日利亚裔英国记者兼作家雷尼·埃德多-洛奇（Reni Eddo-Lodge）的观点：“英国仍然在深切排斥种族和差异问题。”因此，尽管我不需要在本书的其他章节中描述我的个人情况，但我发现，如果不了解自己的本质，我就无法写关于身份的东西。作为出生于主流文化中，生活方式与大多数人保持一致的人，我有一种与生俱来的归属感——我的感受，我是谁，我的生活方式对我来说是“正常”的。这意味着在我的身份范围内，我可以轻松地游历整个世界。我有幸不必为身份纠缠。当我成为一名心理治疗师的时候，我并未对“身份”这个问题感兴趣，如果我出生在不同的环境中，就不会存在这种无知。即使作为一名治疗师，我的培训也包括种族、阶级（最低限度地讨论）和性认同，但没有涉及任何性别或宗教问题。尽管我尽了最大的努力，但这可能意味着我没有那些来自少数族裔的人所特有的敏感，在意义、观点或态度上的细微差别和生活经历。

当我们问自己“我是谁”这个问题时，我们往往通过身份认同来找到答案。我相信身份是我们建立生活的基础。我把身份定义为由一系列的模块组成。在理想的情况下，这些模块是支持自尊和自信的基础。有些模块是固定的，比如我们的种族。而另一些模块可以随着时间的推移保持不变或得以发展，比如我们的性取向，还有一些则会随着我们在工作、爱情和生活中的角色而改变。我们的身份一部分是由父母、同伴和其他榜样的作用形成的，随着我们的成长，我们的发展任务就是使它们与自己的定位保持一致。通过选择，我们的身份认同表达了价值观和信仰。关键的理解是，每个模块都有被爱和归属的基本需求。如果这种需求得不到满足，就会导致我们害怕遭到家庭或社会的拒绝，从而感到巨大的痛苦。

身份认同是非常复杂的，很难确定。我们可以同时拥有多重身份和多重自我，例如，我们可以是英国人、天主教徒、科学家、母亲、单亲家长，当我们处于不同的角色时，我们的感觉甚至行为都会略有不同。当我们在生活中不断发展，改变发生的时候，我们的身份是需要进行调整的。这些改变可以是简单的，也可以是复杂的：例如成为丈夫或妻子，改变政治信仰，改变性别，改变社会阶层或移民到另一个国家。身份是改变的核心，也是改变中的困难所在。我们也许会害怕，成为现在的自己将意味着我们不再被爱。我们可能会抵制变化，因为它会威胁到我们的权力感和地位感。

比如，像欧文这样的同性恋者，出柜会暴露他作为一个男人的脆弱感以及作为一个少数派而被孤立。我们甚至可能在很长一段时间里拒绝接受现实，当我们真正拥抱自己的时候，却没有被社会接受。我们抵制它，因为它意味着从已知走向未知，从安全走向危险。最终，当它所引起的痛苦超过了对危险的恐惧时，我们可能不会再停留在拒绝中。

作为人类，与生俱来的归属需求让我们往往把差异视为一种威胁，这通常是由于我们对他人的无知。这可能会造成自我内部的冲突，或者不同身份的人之间的外部冲突。只有通过富有同情心的对话，审视分歧，开启更多理解的时候，我们才会看到团结的力量比分离的力量要大得多。对于像欧文、萨拉和 KT 这样生来就与社会格格不入的人来说，他们面临的挑战之一就是如何做完整的自己，因为他们不可能总是改变别人的看法。当他们在一种具有羞耻感的文化中长大时，可能他们已经内化了羞耻感。

我的重点是通过这些故事来说明这种复杂性。他们对性别、种族、性和文化的认同感，是如何通过改变进程影响他们的生活的——他们如何看待自己，如何被别人看待他们的不一致。他们所处的环境对成功过渡到新身份起了关键作用。欧文和 KT 大体上处于一种支持他们改变的移情环境中。萨拉身边没有一个可以支持她的家庭，她不得不为争取自己的权利而斗争：她必须学习一门新的语言，接受教育，学习赚钱的技能，并且要有极强的适应能力来实现自己的梦想。通过他们，我们看到，对认同感有信心，是他们如何在自己的世界中运作的基础。当他们与自我认同产生分歧时，这就会损害他们的幸福感和参与生活的能力。

无论儿童还是成年人，我们都要学习接受自己身份的规则，哪些方面是被认可的，哪些是我们的家庭、社区和文化背景所禁止或隐藏的。永远不要低估这些信息的力量，它们在孩子还没有掌握语言，或有机会质疑或理解它们之前就已经在传递了。这些规则需要隐性和显性学习。对于那些选择违背传统家庭、社区和文化身份的人来说，当他们担心自己将不再被爱或失去归属感时，往往会出现一些关键问题。

在我们的社会中，身份是一个日益重要的问题：它会给那些生活在充满偏见的环境中的人带来冲突。一些没有被赋予话语权的人会为之而战，通过他们，我们变得更加理解他人，或者我们拒绝倾听。通过研究，我的目的是阐明身份认同在心理上产生的问题，并在此过程中扩展我们的理解。

| 身份和演化

美国心理学教授雷扎·齐艾（Reza Ziai）通过进化论解释说，我们之所以渴望被视为独特的个体，是因为我们想脱颖而出，吸引潜在的伴侣。我们通过展示独有的特征，无论是外貌、技能还是个性，来在竞争中胜出。

我们有一种天生的欲望，想要与众不同，但同时又需要属于一个群体。从进化的角度来看，这是合乎逻辑的：在我们祖先的时代，被驱逐可能意味着死亡，失去资源、配偶、地位和受到来自捕食者的威胁。祖先的生理特征今天仍然存在于我们身上：当个体被群体（无论这个群体是什么）驱逐时，会引发一种类似身体疼痛的应激反应。

齐艾教授进一步的研究表明，听到不一致的信息也会触发压力反应。事实证明，这是因为它混淆了我们的群体联系感。再一次地，从进化的角度来看，吸收一个与群体叙述相反的信息，可能会导致个体受到排斥和潜在的死亡。这可以理解为，为什么群体和个体在意识到自己的想法受到攻击时，会做出激烈的反应。

从历史上看，过去几十年来聚集在一起的各种群体，比人类进化史上的任何时候都要多。今天，我们所生活的世界出行方便，技术和全球化都在高速发展。相比之下，我们内部系统适应的速度没有这些变化快。我们天生就把差异视为对我们存在的潜在威胁，即“陌生人的危险”。

我们似乎经常缺乏对这种进化反应的意识，也没有通过认知来做出改变，以减少这种抵触情绪，并对它进行深切的思考。

| 当代身份认同的历史影响

身份认同经常被忽视的一个方面就是，以往的经历在我们目前看待身份的方式中扮演了多么重要的角色。过去的看法经常是由主流文化传达出来的，显得角度单一，因此形成了我们现在看待身份的一种固定模式。为了讲述自己的故事，人们创造了“好人”和“坏人”的动态形象。如今的后果是多方面的：如果我们被告知自己是“坏人”，我们是否会下意识地开始表现出“坏人”的品质？如果我们只听到描述自己形象的故事，那么我们的身份认同就会加强，但这是以不建立同理心和对他人身份的洞察为代价的吗？如果我们没有得到展示和聆听，这会使我们身份的某些特定方面变得不那么重要，对它们的了解也更少。由于故事是讲述我们如何了解自己的，因此，如果历史被删除或歪曲，我们就无法真正了解自己。

历史与我们当前的身份交织在一起，常常给个人意义和社会意义带来挑战。我们最好是从中学习，避免重复过去的行为，理解和创造新的社会规范和准则，随着现代世界的发展而发展。

权力与身份

我们的身份中有私人和个人的因素。我们必须认识到的一点是，有些人在身份认同方面面临的挑战要比其他人少。如果有一个“受欢迎”的身份，或者一个被认为“更好”的身份，那么我们可能会更容易驾驭这个世界。总体来说，这意味着我们不用面对他人强加的判断和障碍，可以更容易地在生活中取得进展。在白人的等级制度中尤其如此，在西方，白人拥有更大的权力和特权。它可以被视为一种结构性的、普遍存在的文化力量，它认为白人是好人，并且必然会将其他族群边缘化，从而增加大多数白人的机会。这里我们探讨的并不是重要的政治层面上的身份，讨论的重点是心理身份。

在边缘化身份认同和主流身份认同的交叉点上，权力和身份认同周围存在着一种特殊的张力。比如，交叉身份的挑战可能出现在同性恋身上，同性恋者的宗教信仰认为同性恋是不道德的。研究表明，“黑人女性在社会上被忽视，因为她们既不是典型的黑人，也不是典型的女性”。创造了“交叉性”一词的金伯勒·克伦肖（Kimberlé Crenshaw）认为，如果你是黑人、女性和残疾人（就像有的女性称自己为“三栖缺陷”），那么你就面临着三个不同层面的社会压迫。你与其他有色人种女性和白人女性有共同之处，与其他各种族的残疾人士有共同之处，与所有黑人也有共同之处。这三个群体所面临的所有压迫都适用于你。你面临的不是单一的“黑人”“女性”“残疾人”的压迫，而是这三者同时存在。这三个都是你的身份——另外，如果你不是异性恋，也许还会面临更多的压迫。

性别与性认同研究

一般来说，异性恋的男人和女人被认为是一种规范，而其他人则不符合这种规范。然而我们现在知道，男人和女人之间存在差异，他们的性取向和人际关系处在一条不断变化的线上，你在这条线上的位置会受到外部因素的影响。那些在性别、性取向和人际关系的偏好方面被视为与众不同的人，往往会在心理上遭受痛苦：由于被边缘化、被歧视或被视为不正常，他们的精神疾病发病率会高于异性恋者。

了解性别身份的格局如何快速变化是很重要的，英国国家统计局的统计数据可以让我们清楚地看到这一点。

> 2017 年，英国十六岁及十六岁以上的人口中，有一百多万（2%）的人自称是女同性恋、男同性恋或双性恋。（2015 年此项数据为 1.7%）
>
> 2017 年，英国非异性恋人群的主要年龄段是十六岁至二十四岁，占比 4.2%。
>
> 2017 年，将自己视为非异性恋的男性（2.3%）多于女性（1.8%）。
>
> 2017 年被认定为非异性恋者的人群中，单身、未婚或同居的人比例最高，占 69.4%。
>
> 从 2014 年 3 月到 2015 年 10 月，英格兰和威尔士大约有 15 000 对同性婚姻，其中 55% 是女同性恋，45% 是男同性恋。

英国统计局有关变性人身份的数据目前是欠缺的：自2009年以来，他们已经认识到需要收集和记录变性人信息，作为2021年人口普查的一部分。这反映了我们最近看待性别认同的方式发生了怎样的变化，并有望成为“主流”。

研究表明，像KT这样的年轻人比他们的父母、监护人或任何长辈更容易向同龄人袒露心声。如果年轻人发现自己很难向年长的人袒露自己的性取向，那可能是因为上一代人很难与（相对年长的）同龄人坦白自己的性取向，他们通常会隐藏自己的性取向，或者以双重身份生活。

十八岁及以下的年轻人越来越多地认同自己是非异性恋者，并且生活在一个更容易被接受的环境中。此外，年轻人对性和性别的讨论越来越多，在社交媒体上的代表性也越来越强。同样重要的是要认识到，像KT这样的年轻人，其心理发展速度通常比他们的上一代人要慢，他们有更多的时间去探索自己的身份。据预测，随着年龄的增长，他们的性别认同可能还会发生流动。

“二元性别”是一个相对较新的术语，但并不是一个全新的概念。心理学家杰克·德雷彻（Jack Drescher）认为，正是在20世纪70年代的西方文化中，性别差异的出现挑战了男性和女性之间相恋的规范。在许多文化中，不同的身份都被记录在案，但仅仅被认定为“精神病或性变态”。他的观点受到了他人的质疑，他们认为这是不顾史实且错误的。研究表明，通过社交媒体，非异性恋者这一少数群体和其他群体得以拥有了更大的话语权。

针对非二元性别的研究正在以更快的速度涌现出来。非二元性别意味着一个人既不认为自己是男性，也不认为自己是女性。爱尔兰心理学家梅雷亚德·洛蒂（Mairéad Losty）在她的文章《落在“美好的二元性别框架”之外》（*Falling Outside of the "Nice Little Binary Box"*）中指出，“人们对非二元性别类别的发现，使得人们能够将自己对生理性别的认同或不认同的独特经历融入语境中”。不出所料，当非二元性别这一类别不被承认时，拒绝和无效化的经历已被证明会损害人的自信心。

使用正确的术语是非常重要的：这不仅仅是词汇的正确，而且是对语言的敏感使用，这通常会让人感觉他们对自己有了更好的认识。这些术语不仅仅是为了让其他人知道某人的身份，也是为了让那些有此经验的人更好地理解自己的身份。在谈论到性别时，我们对那些不符合性别标准的人使用的语言是关键所在：他们希望我们使用正确的术语，例如使用代词“他们”，而不是“他”或“她”。给那些经常感觉自己被边缘化的人一种归属感是很重要的。

| 从出生开始的性别发展研究

一项针对婴儿出生后新父母收到的问题的研究显示，朋友和家人最常问的问题中，80% 是关于孩子的性别：“是男孩还是女孩？”我知道这也是我问的第一个问题，不知为何，这个问题显得格外重要，但我无法找出原因。我不知道是不是因为我们想要控制这个新生儿。既然他们不会说话，我们也不知道他们长什么样，所以我们就通过性别来寻求联系。一旦我们知道了性别，我们就有了一个小女孩或小男孩在家庭中的形象。

从出生的第一天起，我们的身份最重要的定义就是我们的性别：男孩或女孩，蓝色或粉色，没有任何存在疑问的灰色区域。当然，我们的性别意识是在早年形成的：研究表明，性别意识形成的重要阶段发生在人生最初的两三年。孩子们从三岁开始，就会了解自己和周围人的性别，并根据性别做出决定，比如剪什么发型和说什么话。在他们的成长过程中，性别占据了他们认知的重要部分，这并不令人感到奇怪。

关于男性和女性的行为是天生的还是会受环境的影响，仍然存在争议。不过，越来越多的人认为性别是一种社会结构。

| 移民，难民与身份

2017 年，全球有 2.58 亿移民，约占总人口的 3%。截至 2017 年，全球 64% 的国际移民——也就是 1.65 亿人——生活在高收入国家。在过去的五十年里，移民人口增长了 200%。

虽然这是显而易见的，但值得指出的是，只有来自少数群体的人才被视为具有种族身份，而大多数人具有的是国家身份。别忘了，在全球范围内，白人属于少数族群（占全球的 11.5%）。萨拉总结了自己的经历，她说："我不想为自己是叙利亚人而感到羞耻，但我不想要种族歧视或怜悯。我希望别人尊重和重视我……我被当作陌生人对待。"

正如我所展示的，归属感是身份认同的核心驱动力，对于那些迁移到新国家的人来说，无论是被迫还是自发的，他们都不再具有归属感。无论他们以前的背景如何，他们的地位和社会影响力都不复存在，身份也变得不完整。他们来到这里，与自己所了解的一切隔绝，面临着融入新国家的巨大障碍，尤其是语言的不同。他们被赋予了不受欢迎的新身份——"难民"。社会对人进行分类，给他们贴上"难民"或"移民"的标签，这降低了他们对人性的感知，进而限制了人与人之间的坦诚相处。

使自己融入新文化是一个极其困难的过程，其中一部分困难是，一个人可能来自某个有着既定规则的地方，例如对女性的限制，然后搬到受另一套规则或社会期望约束的地方。这些规则可能会损害个人的身份，可能会导致种族隔离，削弱人们适应某些社会活动的能力。当一个人从非西方国家来到西方国家时尤其如此：也许他们要面对从农村到城市的困难，人们会感到不知所措，因为他们缺乏在城市工作所需要的技能。不管个人的计划或愿望如何，被视为难民的耻辱，加上权力的缺乏，导致他们在新的国家只能任人摆布。此外，他们的地位往往是不确定的，他们害怕被送回已经逃离的恐怖和贫穷的国家。为了认识到这种困难，一种特定类型的压力被定义为“异文化压力”，即“移民及其后代在适应新国家的生活的过程中，遇到与移民相关的压力时，所经历的社会心理压力”。

不出所料，移民或难民最终能否融入他们的新国家，取决于迁移者的个性类型和接受国对他们的反应。同化的过程是极其困难的。那些在新社会中取得成功的人必须摆脱难民的身份，在他们努力争取归属感的同时，他们需要调和自己的新身份，并在新环境中重建他们的生活——这需要时间，也需要一个友好的环境和系统来支持他们。如果我们不重视多样性，也不继续提高我们的意识，那么我们就不会允许文化纽带的存在，从而使一个人更难接受或适应一个新的环境。

社交媒体与身份

社交媒体在展现，尤其是正确展现所有身份认同的方式中将扮演重要角色。正如美国社会学家和人口统计学家安·莫宁 (Ann Morning) 中肯地点评道：“如今，公众争论的新特点是，社交媒体提供了一个广阔的舞台——远远超出了城镇的八卦圈子、法庭或市政登记处的范围。在这个舞台上，普通人可以关注并参与有关个人种族身份的讨论。”

身份的变化过程

变化过程的第一步是意识。我们可能会对自己说，“这就是我”，因为我们的身份从出生起就确定了，是我们所知道的一切。大多数人都不会选择去审视那些信息和信仰，也不会去质疑它们是否适合自己，或者是否受到了它们的限制，因为打破与原生家庭的联系是非常可怕的。不同于我们所知道的一切，这会让人感到疏远。

感到不适通常是变化的报警器，它告诉我们，当前的生活方式和看法已经不再适合自己了。环境可能会迫使我们做出改变，这是无法控制的，它会加剧我们的痛苦。我们可能会寻求控制，并渴望可以和过去一样，但我们别无选择，只能屈服于新的局面。它将迫使我们区分过去的自己，以便获得爱和接纳以及我们现在如何看待自己。这涵盖了我们人格中的所有领域，从性、性别、宗教、工作和生活角色，到父母和环境所制约的内在自我意识。

这需要勇气、自我同情和决心，才能敢于跳出强加在我们身上的东西。要在这个不断发展的自我维度中找到清晰的含义，我们需要进行大量的思考和谈话。出生时被给予的身份与真正的身份，抑或新的身份之间的差异，无论以何种形式出现，往往都很艰难。我们可能会被内部的批评声音所阻挠，我称之为“垃圾委员会”。清楚地听到这些声音在告诉我们什么，并向它们发出挑战，这会有所帮助：它们可能在小声嘀咕，制造出有害的自我厌恶情绪。我们可以建立一种更友善的内在对话，那就是好奇、富有同情心和耐心，用一种积极的声音来支持开拓自我的新维度。

尝试新的行动，与新的团队建立联系，建立知识以更好地理解和熟悉新形势，这些可以支持变化的过程。寻找新的归属感会让人悲伤，为了能够找到真正的自我身份，人就要遭受失去以往身份的痛苦：变化越大，损失越大。和悲伤一样，这个过程的悖论性是真实的。正如美国心理学家卡尔·罗杰斯（Carl Rogers）所说：“我们越能接受自己无法接受的方面，就越有可能发生改变。”

如果可能的话，和那些与过去的自我有关的人保持联系是很重要的。它依靠搭建与生活中那些关键人物的理解的桥梁来实现，而不是疏远和切断过去。尽管在某些非常痛苦的情况下，这是不可能的。接受损失的关键是得到支持。我们不可能单独进行这一过程。此外，重要的是，要记住这需要时间，而且比大多数人希望的时间要长。必须保持忍耐的态度。

当我们改变身份时，我们对生活的意义，或者说希望，也将不可避免地发生变化。这将涉及问题的答案：如何找到让生活变得有意义的东西？当我们感到满足，对自己的本质感到平和时，我们就会有更大的满足感。让我们的生活变得有意义，而不是追求快乐，才会带来长久的幸福。

如果人们可以随着时间的推移，变成他们想成为的人，或者适应他们所处的新环境，尽管很痛苦，但他们充满了力量。这是必经之路，这比害怕改变，过一种不真实的生活所要付出的代价小多了。考虑到任何人身份结构的复杂性，这不大可能一步到位。当步入生活的新阶段，或新的环境在不同方面迫使我们改变时，我们的身份就需要不断调整。

结语

Conclusion

写这本书的过程让我很享受，讲述我们是如何改变，改变时的感受，如何从中发展以及是什么阻碍了我们。这是一个非常私人化的项目，结合了我从客户、研究课题和个人生活中学到的东西。我希望在我二十多岁时就拥有这本书，帮助我了解当时的自己，并且在我生命的每一个阶段成为我人生的向导和真知灼见的源泉。我希望人们一旦读过这本书，即使放在书架上，它也能提醒人们，在发生变化的时候不要自我毁灭，而要自我同情。

如果我对这本书只能有一个愿望，虽然事实上我的愿望有很多，那就是，如果你的人际关系在变化的过程中发生了冲突，不管是在别人还是你自己之间，你都能在本书中找到一条更好的途径，来理解你自己和你爱的人。我希望这些故事和反思能帮助你弄清楚是什么阻碍了你，帮你开辟新的生活方式，并帮助你认识到，尽管你可能会觉得异常，但这是正常的。这种新的智慧使你与那些你爱的和最需要的人，包括他们自己，建立起更加紧密的联系。

当变化发生在我的客户身上时，尤其是那些不想要的变化，他们也会和我们一样，产生自然的抵触情绪：发脾气、不说话、闹别扭，这就带来了更大的痛苦。一个残酷的事实是，当我们受到伤害时，我们的行为方式往往会导致消极的反应和后果。当我记录我的客户们生活的故事时，我不断地对他们解决困难的勇气感到敬畏。研究反复表明，他们本能地知道，越早面对困难，结果会越好。在许多故事中，我们都看到了人类矛盾的本质，即我们对预测的渴望与自由之间的摩擦——安全与兴奋。人的天性在有规律的情况下运作得最好，我们更喜欢习惯，但我们会发现那令人感到无聊。然后我们就会把头伸出围墙，去寻找新的事物，这种新的事物会在秩序和混乱之间挑起争端。

书中的故事显示了这个过程是如何对个人发挥作用的。它们说明，我们如何能够以很小的步骤来应对变化，但是突然的或巨大的变化就像老虎一样，猛地扑向我们，让我们充满恐惧。通过这些故事，我们了解到痛苦并不能杀死我们：没有真正的老虎在威胁我们。我们明白，对于大多数人来说，当我们接受了自己情绪的起伏，并有耐力去忍受不适时，我们最终会获得成长。

我的客户会产生疑问，大多数人在某个时候都会产生疑问，我们对生活的期望是什么，我们又必须接受什么？我们被告知要跳到月球上，然后才能摸到星星。对一些人来说，运气、生活和梦想融在了一起。对另一些人来说，现实则与他们的愿景相去甚远，也许是因为他们做了错误的决定，或者最常见的是运气不好。又或者，这个梦想是不切实际的。在这本书中，我一直强调希望的重要性，但什么时候会出现虚假的希望呢？人们常说，他们一生中都怀揣梦想，或者不知道是什么引导他们走上了一条特定的职业或人际关系之路；他们对自己未来生活的憧憬，远比实际在过的生活更有吸引力。

对我来说，这些故事肯定了花费很多时间审视生活和梦想的价值。通过探索，我们认识到经验会影响我们，拥抱变化会使我们强大，阻碍变化则会削弱我们。我们不能独自做到这一点。为此，我们需要一个好的倾听者：一个朋友或治疗师来让我们发现自己真正的身份，对我们来说最重要的是什么，它意味着什么。这可以让我们不至于抱憾终身。

这本书带有很强烈的感情色彩：你可能会很喜欢它的内容，也可能觉得讨厌。无论如何，它都是有用的。这些信息可以帮助我们弄清楚自己相信什么，什么是重要的，什么是我们不想要的。我也可以想象，许多读者会寻找一个特定的故事，来表达他们自己的经历或恐惧，但可能还没有找到。如果我有不同的客户，比如有人经历了比伊莎贝尔更痛苦的离婚，或发现退休后的过渡期比海因里希的更加困难，那么这本书就会有所不同，但我要传达的信息仍是一样的。这很简单，生活就是变化，我们无法避免它。我们适应变化的能力的磨练通常比自己意识到的要花更长的时间，而且它很少在不引起多种感觉的情况下发生——至少一方面是不安，另一方面是痛苦。我们的适应能力越强，生活就可能越丰富，过去未解决的问题会导致之后生活的过渡更加困难。最重要的是，当我们担心自己会崩溃时，我们需要别人的爱和联系将我们团结在一起。

最后，我们还需要找到支持自己渡过难关的方法。基于这个原因，我提出了如下所列的"八大力量支柱"：这是一个具体的指导，当我们被当前的情况压垮，无法动弹，或者专注于一个我们在害怕或渴望中想象的未来时，我们可以做些什么来帮助自己。如果我们做了这些事，它将有助于我们变得更加坚强。

我的愿望是，无论谁读这本书，无论出于什么原因，他都能在令人困惑而迷人的复杂生活中，在书中找到一些智慧、慰藉或想法。这将帮助他们迈出走向更美好的明天的一步，变得更加快乐、更加自信，拥有更清晰的思维，当然还有满满的希望。他们会明白：一切终将过去。

八大力量支柱

我在与客户的合作和研究中开发了这个模型。很明显，如果我们想充分发挥潜力并取得成功，在处于变化的阶段时，进行交谈和反思是关键所在。重要的是，我们要采取整体的方法，并意识到做或不做选择的每件事都会产生影响。“八大力量支柱”是一个帮助我们找到态度、生活方式和良好习惯的框架，这将帮助我们建立力量，管理我们生命中的高潮和低谷。

对于我们每个人来说，开发自己的支持力量，找到自己独特的方式来实现这一目标是非常重要的，我再怎么强调都不为过。它需要努力建立支柱，并承诺继续前进。它们作为一个整体工作得最好。你选择哪一个，对你来说这是关键所在。

与自己的关系

与自己的关系是影响我们生活中其他所有关系的支柱，也是幸福的核心。我们需要了解自己的内心世界，并接受自己的身份。一个良好的建议是，应该像对待好朋友一样对待自己，尊重自己。

可行的办法：

- 在我们的头脑中可能会有许多不同的、相互冲突的、令人困惑的信息。想知道我们在想什么，有用的方法之一是写日记。写下相互矛盾的信息和我们的感受，使我们能够开始弄清自己的内心世界，提供信息确保找到正确的支持。经过充分的研究表明，写日记是自我支持的来源，已被证明和治疗一样有效。我们可以在放松身心之前或之后写写日记。
- 我们都需要防御机制：了解你的防御机制是什么，

然后用它解决眼前的情况，无论它们是否仍然有用。例如，当你感到沮丧时，如果你倾向于沉默，与他人开始疏远，这可能意味着你没有得到真正需要的支持。意识到这一点并告诉身边的人，你需要他们的倾听、安慰或帮助你解决困扰的问题，这会非常有用。

- 随着时间的推移，我们的自信和自我意识也会发生改变。我们可能依赖于体力、外貌、工作、记忆或天赋，而这些因素可能会减弱或发生改变。我们需要自我同情来支持自己，坦然看待失去的东西，并积极地去寻找新的信心和意义。
- 对已经拥有的抱持感恩的态度，而不是寻求更多外在的东西，这越来越被视为与自己建立健康关系的关键因素。一个简单快捷的方法就是在手机上列备忘录，或者在床边放个本子，每天晚上记下三件你所感激的事情——即使是很小的事情也能有所帮助。当你几周后回顾它时，它通常都是美好的回忆，为你的生活提供了丰富而有益的基础。

与他人的关系

与他人建立良好而稳固的关系是幸福生活的核心原则。

人际关系的维持需要自我认识、承诺、时间和爱。如果我们想要蓬勃发展，就必须尽我们所能，这是一项艰苦的工作，以确保我们给予和接受爱，使生命值得活下去。

可行的办法：

- 要认识到，随着生活的改变，我们与伴侣、家人和朋友的关系也会改变。这意味着我们需要找到沟通方法来传达我们的爱，我们需要什么以及要进行艰难但重要的对话，还要寻求争吵后修补裂痕的方式。沟通的秘密力量是能够倾听的能力——是的，我们需要真诚地沟通，但除非我们被充分地倾听，否则交流就失去了目的。它是一种通过倾听来进行反思的能力。所谓的“倾听”是指积极地去听，用心去听，用眼睛去听，这样你就能捕捉到视觉上的信息；通过倾听，你就能积极地关注别人所说的话，而不是忙着斟酌你自己想说的话。谈话过程中的真诚会建立信任，这是良好关系的基石之一。一个有用的方式是轮流发言，每次五分钟，在轮到听众发言之前，他们必须先对所听到的内容做出反馈。
- 这意味着我们要把重要的人际关系放在首位，需要腾出时间：花时间和他人一起玩乐，做游戏，或者只是在一起待着。也许可以定期安排一个约会之夜，或承诺一起发展某个爱好，或者干脆一起去散步。

情绪管理方法

如果我们能强迫我们的情感服从我们的想法，生活就会变得简单很多，但也会变得更加平淡乏味。虽然我们不能控制自己的感觉，但越能意识到自己的感觉以及萦绕在头脑中的想法，我们就越有可能保护自己不受这些感觉的控制。

我们大脑中的某个部分会时刻保持警惕，寻找危险，它在保护着我们，但这意味着我们会有一种消极的倾向，去寻找不好的事情，而不是好的事情。如果大脑的这个部分被触发，比如听到坏消息，它就会启动“战斗—逃跑—冻结”系统。同样地，这个系统可以保护我们，我们可以逃跑或战斗，但它会阻止我们清晰地思考。我们需要找到一种方式，通过一个“积极”的大脑来调节，这样的话当我们听到坏消息，就不会做出倾向于消极的第一反应。花点时间冷静下来，更加深入地思考，与他人讨论，然后再做出回应。

80% 的决策受到情绪和以往经历的影响。我们对自己的内心世界掌握得越多，做出的决定就会越明智。

成功的生活的一个关键因素是控制冲动，具备延迟满足的能力，或者可以选择说话的内容和时机。这意味着我们需要找到调整极端情绪的方法，才不会利用毒品和酒精这样的不良习惯来麻醉它们，或者将它们发泄到最亲近的人身上。

可行的办法：

- 对给自己以及我们给他人造成的影响负责。
- 意识是第一步，了解触发你的因素是什么。HALT：饥饿（Hungry），愤怒（Angry），孤独（Lonely），疲惫（Tired），这些会导致脆弱。这时我们可能会发出愤怒的信息。别这样做，停下来。
- 当你看到前方有可能触发你的因素时，深呼吸。重要的一步是慢下来，暂停一下。
- 为了阻止一个持续的冲动或反复出现的坏形象，闭上眼睛，想象你在电视屏幕上看到这个形象，这会有所帮助。深吸一口气，换个频道。想象一个积极的形象，或者一个你觉得安全的地方，环顾四周，然后沉浸其中。再次深呼吸，睁开眼睛，把注意力转移到某项任务上。这个过程可以重复很多次，定期使用可以提高它的速度和功效。
- 感受并非事实。我们可能会觉得自己无所不能，或者走向另一个极端，感到内疚和无能为力，但感觉如此并不代表事实就是这样。能够识别我们所有不同的情绪的能力，让我们能更加清楚地知道如何应对特定的情况。这确保我们可以被引导到正确的方向，以适应我们的身份和信仰。

时间

随着年龄的增长，我们与时间的关系发生了根本性的变化。我们年轻的时候，觉得生命是永恒的，我们会感到不朽，但随着年龄的增长，我们对死亡有了一种可怕的感觉。时间会根据我们的心情呈现不同的特性：不开心的时候，时间就会慢下来。我们越能留心生活的每一天和每一刻，生活就会越丰富。正如安妮·迪拉德（Annie Dillard）所写："我们如何度过每一天，当然也就是如何度过自己的一生。"这句话值得铭记。

可行的办法：

- 留心意味着把注意力集中在当下，意识到我们身体的感觉、周围的景物和声音，同时平静地接受我们的感受。像"顶空"（Headspace）这样的应用程序是很有用的指导。（同时见"八大力量支柱"）
- 适应变化需要的时间比任何人想要或期望的都要长。我们无法与之抗争，也无法刻意加快。我们只能在其中找到支持自己的方法。接受改变，善待自己，保持耐心，意味着我们更有可能更快地适应。

从长远看，这会让我们蓬勃发展。

- 无论是当下的决定，还是关乎一生的重大决定，我们都要留出比平时预期更多的时间。落实到行动上会让我们感到压力，因为无力感是如此的强烈，但是，只有拿出时间来考虑，我们才能确保自己不会后悔。
- 我们感到与时间的关系改变了。我们可能会对未来望而生畏，可能会渴望回到过去。我们能做的最好的事情就是把展望缩短，把注意力集中在今天和这一周。当你发现自己在脑海中把对未知的恐惧想象了一番后，将注意力拉回到现在，回到你正在做的任务上，感觉脚踏实地，深呼吸，然后计划好你今天需要做什么。“今日事，今日毕”是一句非常有用的口头禅。

身心

身心（mindbody）现在被认为是一个统一的单位，而不是两个独立的系统，即思想（mind）和身体（body）。我们知道，我们的思考 / 感受会影响身体，反之亦然：每时每刻，我们的思考都会向身体发出一个信号，而身体的感觉也会向大脑发出一个信号。思想与身体是相互联系的，深刻地影响着我们的情绪、选择和行为。它通常是我们最强大的信息来源。著名的神经学家安东尼奥·达马西奥（Antonio Damasio）说过，“身体会记住，身体会计分”，意思是每一次经历都会在我们身上留下印记，下一次的经历可能会激发这些印记。

关键是要认识到，允许进入我们大脑的东西将对我们的情绪产生根本性的影响。例如，我们需要意识到，我们正在看或正在听的东西，对我们的情绪有很大的影响。它的影响类似于我们吃进嘴里的东西，或者做出动作或一动不动，都会影响到我们的身体。

有规律的锻炼是健康生活的基石，它比任何为身体和精神健康研发的药丸都有效。为了获得最佳结果，尽管从任何时候开始都不算晚，但还是应该从青春期就开始，并一直持续到老年。运动不仅有助于预防许多疾病的发作，还可以帮助治愈或减轻其他病痛。

英国国家临床优化研究所的指导方针指出，有规律的锻炼相当于服用低剂量的抗抑郁药——它能改善我们的情绪。

可行的办法：

- 锻炼心肺功能的运动是最快的身体减压方式。我们的压力水平随着日常生活的变化而升高，在跑步、散步或进行任何运动的时候，皮质醇水平都会立即降低；锻炼后，我们的身体被告知不需要保持警惕，我们是安全的，并会释放感觉良好的神经递质多巴胺。永远不要问自己，“我今天要不要锻炼？”做一个明确的决定，然后尽管干就是了。

- 运动后进行放松/冥想练习，这有助于缓解焦虑。这可能是通过一个应用程序，一段在线视频，或者只是通过呼吸来实现。最简单的呼吸练习是吸气数到五，屏气数到五，呼气数到五，再屏气数到五，然后重复。
- 保持身心健康应该与健康饮食相结合。我们的饮食会影响心情和健康。当我们感到压力时，可能会想摄入糖、咖啡和酒精——我们认为这些是让我们感觉更好的东西，但结果却让我们感觉更糟：它们会让身体功能过载进而崩溃。这并不意味着我们永远不吃糖或不喝咖啡和酒：度过一个有趣的夜晚，小小地享受一下，这也是很重要的。
- 当你完成了这一系列的任务后，要犒劳一下自己，这有助于把任务变成习惯。例如，你可以在早上为自己做一顿美味的早餐，以此作为奖励。

界线

随着年龄的增长，很多不同方面的界线会出现，比如我们的成功、能力和生活。如果我们积极地解决每一个问题，比如下降的能力，就会更容易地认识到是我们累了，我们可以创造性地调整时间表来适应精力水平，而不是挣扎着去做自己一直在做的事情，最后筋疲力尽。

可行的办法：

- 学会坚定地说“不”。要坚定而自信，不要为了取悦他人而去做自己不想做的事，这意味着你对想做的事会更享受，因为你对它的投入更多。
- 引入界线，这对我们在一个看似势不可挡的世界中维持秩序至关重要。例如，我们每时每刻都在接受全天候的文化及其信息的涌入：晚上八点半到早上七点前，关掉你的手机。个人界线会保护你不受侵犯，比如给自己安排独处的时间。在职业界线方面，区分工作和家庭显得越来越重要。
- 要认识到你能够控制、改变和产生影响的有限性——不要把我们的希望或意愿与现实混淆。

结构

结构能帮助我们稳定下来，在我们动摇时提供站住脚跟的基础。建立一个结构支柱会很有帮助，同时要赋予它一定的灵活性——太多的控制行为可能适得其反。在变化时期，我们需要一个支撑结构来帮助我们渡过难关。

养成好的习惯，例如：

- 第一就是锻炼。
- 投入到工作或家务中。
- 花时间反思和回顾过去。利用所学知识思考未来的计划，了解各种可能性，做一些研究，与不同的人进行广泛的交流，探索各种想法。
- 积极地选择做一些舒缓、平静的事情——比如买漂亮的花，做做按摩，烹饪好吃的食物，看电视，听音乐，阅读（尽管有些人要花很长时间才能集中精力阅读）。
- 养成有规律的良好睡眠习惯。

养成良好的习惯会产生倍增效应：我们做得越多，感觉就越好。要养成一个好习惯大约需要六周的时间，这样我们就可以不假思索地完成自己的行为。

专注力

我们的大脑经常反复思考无法改变的事情，或者思考一段让我们感到沮丧或麻木的经历。这些感受通常是无声的，但我们知道自己感到紧张和不安。专注是一种连接你身体的感觉，并为这些感觉寻找语言的方法：它能够帮助你释放身体的信息。这可以在几分钟内完成，也可以花很长时间。

经常这样做可以让你感觉更平静，重新迎接新的每一天。

我要求我的客户采用如下技巧来保持专注力，你也可以参照，就是：

- 闭上眼睛。
- 慢慢地做深呼吸。通过鼻子吸气，从嘴巴呼气。重复三次。
- 将注意力向内投射。
- 在你的身体内不断转移注意力，直到找到感觉最强烈的地方。
- 将注意力集中在这个地方。
- 找到一个形容这个地方的词：它有形状或颜色吗？它是硬的还是软的？
- 如果这个图像可以说话，它会表达什么？
- 然后跟着图像走。

| 最后

八大力量支柱包含了大量的信息，但不要为此退缩。从选择一或两个开始，并考虑如何将它们整合为你日常生活中的一部分，当你着手做了这些事情以后，再选择其他的。一旦你从中感受到了益处，就很容易坚持下去。

附录：寿命的发展

APPENDIX: Lifespan Development

我们喜欢秩序：我们希望能够理解自己的生活，尽管在逻辑上我们同意生活并没有固定的模式，但我们确实喜欢一个有开头、中间和结尾的故事。在这里，我从心理学的角度来展示这个故事。寿命心理学家设计了许多有用的方式来研究寿命，我认为这是最有用的。

丨阶段性任务

阶段性任务是一个松散的列表，列着我们可能会面临什么挑战，什么时候将面临挑战。它将人的一生分成不同的章节，让我们考虑一个人在任何特定阶段可能面临的所有类型的任务，并提供一种典型的参考。无论是回顾过去还是展望未来，分阶段观察生活都有助于我们构建一种叙事，这对于建立和维持认同感至关重要——正如我已经说过的那样，这是心理稳定的基石。它还为我们提供了前进的方向、目的和目标。这些任务的总体愿景是让人们创造成功的生活，用个人对成功的定义，带来幸福。对于每个人来说，成功和幸福的样子是大相径庭的。我更感兴趣的是人们努力完成阶段性任务的时刻，而不是确定这些任务；在我们人生的这个新阶段，更多的是理解、面对、调整内在的自我，然后实现它们。

这些成人阶段性任务涵盖了人们通常面临的一系列社会、身体和精神上的挑战。有些任务源于个人欲望（坠入爱河），有些是生理需要（经历更年期），有些是社会建构（退休）。还有许多是三者的混合体，所以它们在一定程度上取决于我们生活的文化和时代以及社会对我们的期望。当然，并不是每个人都会选择承担每一项任务，任务清单总是可以更改的。一份阶段性任务清单，相当于描述人们在生命中某一特定时刻倾向于做什么。我们大多数人都有一个“社交闹钟”，利用它在我们的脑海中衡量，与同龄人相比，我们在这些任务上是领先还是落后，抑或是与他们不相上下。例如，我们还是单身时，朋友已经结婚生子。看到自己落后，这与我们的生存本能背道而驰：这使我们感到自己处于阶梯的底部，而其他所有人都领先于我们，这令人既烦恼又恐惧。

如果不以十八岁或二十一岁的法定年龄来判断，那么成年人的定义是什么呢？我将成年人定义为这样一种人，不管他们的年龄多大，他们都对自己非常了解，明确自己的选择，知道并承担自己的责任和义务。成年人是对自己的行为负责的人，他们通晓如何影响他人和影响自己，他们比年幼的时候更能控制冲动，并且能遵守承诺。

本书中的案例研究描绘了那些独特的个体过程、意义、每个人感受和没有感受到的以及他们是如何接受或不接受这些过程的。尽管我们可以从一个框架中了解到很多东西，比如生活可能有什么任务，任务什么时候可能出现，但它不能把所有一切都告诉我们。这并不能说明个人对这些任务的感受，也不能说明他们已经有了应对这些任务的能力。换句话说，它可能告诉我们所面对的事情，但并没有告诉我们应该如何面对它。为了进一步了解这一点，我们需要关注的是人，而不是事件——更具体地说，是这个人如何处理转换的过程。这将取决于他们独特的心理和社会资源平衡。他们的应对策略和性格优势是什么？他们的支持网络有多强大？他们的健康和社会经济状况如何？他们生活的其他方面有多稳定？最关键的是，他们如何解释这一事件？它是受欢迎的、出乎意料的、可控的、暂时的、熟悉的、有挑战性的吗？对这些问题的回答有助于将一个事件放在个人生活的独特背景中，并提供一些关于他们将如何过渡的想法。

对于像我这样喜欢借助于图表的人来说，这些发展任务大致可以分为不同的人生阶段。它们由美国著名的寿命心理学家菲利普·纽曼（Philip Newman）和芭芭拉·纽曼（Barbara Newman）设计，他们确定了从青年时期到晚年时期的五个阶段。

生活任务

青年时期（18—22岁）

- 获得自主权
- 性别认同
- 内化道德
- 职业选择

成年时期（22—40岁）

- 探索亲密关系
- 生育
- 工作
- 生活方式

中年时期（40—60岁）

- 职业管理
- 培养夫妻关系
- 拓展关爱关系
- 家庭管理

老年时期（60—75 岁）

- 促进大脑活力
- 将精力转向新的角色和活动
- 接受自己的生活
- 发展关于死亡的观点

晚年时期（75 岁以上）

- 应对衰老带来的身体变化
- 发展心理历史观
- 经历未知的事
- 面对死亡（这一点为我的补充）

不同代际的语境和定义

传统一代：生于 1928—1945 年

传统一代被称为危机之子。他们的父母经历了第二次世界大战，并在随后的艰苦岁月中把他们抚养成人。他们在成长过程中意识到了别人为自己做出的牺牲，因而不愿打破现状。他们在一个相对繁荣的时代长大，在这个时代，他们在社会上的保守态度对他们有利。

那些循规蹈矩的人能够相对容易地找到工作，买到房子，增加储蓄。他们比前几代人更健康，也更早退休。

与他们的父母不同，传统一代的父母由于战争和经济发展的需要，被迫快速长大成人，而传统一代则由于电视和消费主义的兴起，成为最早享受“青年文化”的一代人。尽管父母很高兴看到自己的孩子拥有享受和平时期的机会，但两代人之间也变得越来越难相处，从而加剧了两代人之间的焦虑。当传统一代自己成为父母时，这种代沟让他们努力为下一代寻找榜样。他们是第一代广泛使用各种育儿手册的人，其中最普遍的智慧是鼓励父母跟随自己的直觉，让儿童自然地长大成人，这标志着育儿方式的重大转变。传统一代结婚很早，虽然这一代人的离婚率开始上升，但单身或离婚的仍是少数。

传统一代的特点是忠诚、尽职和尊重权威。他们有非常强的职业道德，不太可能改变自己的职业，在财务上很谨慎，厌恶浪费。他们可能讨厌变化和模棱两可，或许会被视为顽固不化。一些传统一代的人很难理解为什么年轻一代会在事业和经济上苦苦挣扎，他们可能认为年轻一代只是没有像他们当年那样努力。他们相信用最少的麻烦将情况变得最好——这是一种固执己见的态度，因此他们不太可能把问题告诉别人或寻求心理健康支持。

“婴儿潮”一代：生于1946—1964年

如今，传统一代最出名的也许就是：他们的孩子的数量。和平与繁荣导致出生率激增，造就了著名的“婴儿潮”一代。他们出生在和平时期，享受着日益增长的青年文化。“婴儿潮”一代非常反叛：他们的父母选择沉默时，他们往往会吵闹。由于受到父母疼爱，资源充足，“婴儿潮”一代从小就认为自己与众不同，长大后相信自己能影响变化，然后将这种想法付诸实践。他们是20世纪六七十年代的激进分子和20世纪80年代的雅皮士[1]。事实上，有些人认为这一

1 Yuppies，美国人根据嬉皮士（Hippies）仿造的一个新词，兴起于20世纪80年代，是指西方国家中年轻能干有上进心的一类人，他们一般受过高等教育，具有较高的知识水平和技能，思想前卫，懂得享受，虽能接受新事物，但缺乏离经叛道的精神，没有励志创新和冒险的意识。——编者注

代人真正的“繁荣”并不在于出生率，而在于他们反主流文化的态度和相关活动的巨大影响。

定义这一代人的事件包括登月和民权运动，冷战，越南战争和反战抗议，水门事件，摇摆不定的20世纪60年代，药物试验以及避孕药带来的性解放。这些事件的混合助长了自由奔放的理想主义，也助长了对权威和政府的不信任。最重要的是，它鼓励了个人主义，许多人想要定义自己的价值。

他们也更可能会说，他们想给孩子“良好的价值观”，而不是物质遗产，并渴望与孩子们共度时光。然而，他们培养了“挂钥匙”的一代（他们的孩子回家时家里往往空无一人）。“婴儿潮”一代对个人成就的追求，加上强烈的职业道德以及越来越多的母亲参与到工作中来，意味着他们比前几代人拥有更超然的育儿方式。这一代人的离婚率也出现了第一次飞跃，不可避免地导致了单亲家长的增加。

“婴儿潮”一代避开了对各机构和彼此的依赖：虽然这种独立带来了回报，但也削弱了传统的社会和家庭纽带，使他们更容易受到孤立和孤独的影响。随着年龄的增长，沉迷于青年文化的这一代人不得不面对老龄化的挑战。对许多人来说，眼看着即将失去自己备受重视的独立性，这让他们深感不安，但从务实的角度来看，“婴儿潮”一代的绝对数量给各项社会服务带来了巨大压力。

X 一代：生于 1965—1980 年

这代人夹在“婴儿潮”一代和千禧一代之间，而这两代人的影响更大，资源更多。所以，他们有时会被视为这几代人中“被忽视的中间的孩子”。从人口统计学的角度来看，由于避孕和经济不景气导致的“生育低谷”让这一代的人口相对较少。

对 X 一代来说，重要的事件包括冷战结束，艾滋病流行，MTV，视频游戏，“锐舞”文化，撒切尔主义 / 里根经济政策，以及互联网的出现。但在很多方面，对这一代人的决定性影响是“婴儿潮”一代的价值观所投下的阴影。X 一代的孩子经历了各种各样的教育方式，从专注到宽松再到完全不管。他们所处的时代的离婚率飙升，学校体系支离破碎。这并不是说

X 一代没有经历过养育和爱，而是他们学会了不依赖长辈或机构，成为独立的现实主义者。

这种独立性与他们的父母相比明显更务实，X 一代更倾向于关注结果，而不是他们的个人历程。这使得一些人将这一代描述为讽刺、超脱、愤世嫉俗的人。而另一些人则认为，这是在“婴儿潮”一代失败的乌托邦主义之后，恢复理智的必要举措。

在养育方式上，这两代人又一次出现了代际校正，X 一代为人父母后变得细心甚至焦虑，他们强烈地意识到了儿童安全的问题，并希望相比他们的父母，自己可以花更多的时间陪伴孩子。X 一代决心实现工作与生活的平衡，并高度重视就业的灵活性。虽然有些人——尤其是男性——的确比他们的父母更顾家，但也有一些人对家庭基本没有参与感。

X 一代受到了繁荣与萧条交替的沉重打击，从 2008 年开始，由于经济持续低迷，他们去做兼职工作并不总是出于自愿。在物质方面，X 一代远远落后于他们“婴儿潮”一代的父母，尤其是在住房拥有率方面，这种差异可能会滋生根深蒂固的焦虑和代际怨恨。属于 X 一代的母亲们也发现自己陷入了困境，一方面，人们鼓励她们利用来之不易的女性权利，拥有远大的事业抱负；另一方面，她们又需要体贴周到，成为合格的母亲。对于她们来说，无法甚至不愿拥有远大的事业抱负，可能会成为心中长期怀有的自我负罪感。

千禧一代（Y 一代）：生于 1981—1996 年

一直以来，老一辈都希望年轻一代可以评论、批评和表达他们对社会未来的希望，但更多的是表达他们的担忧。现在人们关注的是千禧一代，也被称为 Y 一代，这代人出生于 1981 年至 1996 年之间（结束年份仍有争议）。或许，比人们所谈论的更有趣的是，这种关注的绝对强度，暴露出了明显的代沟。上一代人正在努力理解千禧一代的行为和心态，他们也可能会这样做。在最重要的方面：养育方式、政治和经济环境以及科技，千禧一代的经历与他们的祖父母截然不同。

千禧一代的孩子比当今任何一代都要受到更多成

年人的关注。父母的教育方式变得更加亲力亲为，保护孩子的问题也提上了社会议程。父母更加密切地监测孩子的活动，从他们的安全、行踪到他们的学业和情感发展，不仅奖励他们的成就，而且还奖励他们的努力。这就导致有人指责说，“直升机父母”培养的是仅指望参与就能获奖的“战利品一代”。但也应该注意到，这种教育方式的转变似乎加强了家庭纽带。如今的年轻人在成长过程中与父母的关系更加亲密，研究表明，与上一代人相比，他们更愿意与父母讨论情感生活问题。

对千禧一代来说，最重要的政治事件是“9 · 11”恐怖袭击事件。无论他们是否还记得那次袭击，这一代人都是在国际恐怖主义的背景下成长起来的，同时也经历了漫长而模糊的全球冲突。这对这一代人的影响是无法量化的，但千禧一代确实能够认真地对待生活，许多人表示他们正在与焦虑做斗争。经济衰退并没有减轻他们的负担，千禧一代在工资和住房拥有权方面的前景远远落后于“婴儿潮”一代。这种鲜明的对比可能是代际关系紧张的一个根源。传统一代的社会保守主义似乎也在卷土重来，吸毒、酗酒、暴力犯罪和少女怀孕的比例都在下降。

千禧一代的工作态度已经适应了经济现实，而不是为了工作保障和高薪，一些人说，他们的生活很艰难，他们以不同的方式“不断地生活在危险之中——精神上或经济上的……”作为一种相反的态度，他们寻找励志导师、强大的人际网络和有意义的经历。“婴儿潮”一代的老板可以很快将千禧一代的反馈和参与需求解读为不劳而获的权利——这是当今代沟的另一种表现。就千禧一代与科技的关系而言，这一差距可能最为悬殊。在他们成长的时代，科技几乎重塑了生活的方方面面——这是一种根本性的转变，把千禧一代置于与他们的长辈完全不同的时代，并带来了新的机遇和挑战。人类渴望联系的愿望得到了极大的促进，千禧一代正在开发丰富的方式来加强他们的个人网络，并影响着政治秩序和社会变革。与此同时，社会文化的持续性和社会媒体的压力也正在引发焦虑，家长们可能注意到了这一点，但并没有完全理解。那些试图弥合与千禧一代之间代沟的人需要好奇心和同理心，以便在一个崭新的时代里与他们一起面对古老的生活变迁。

Z 一代：生于 1996—2010 年

和其他几代人一样，Z 一代的起止时间存在分歧。有些人认为 Z 一代是 1995—2009 年间出生的人，这意味着他们现在已经在上大学或开始工作。这是羽翼未丰的一代，我们对其知之甚少，但我们通过他们的数字足迹掌握了一些信息，尽管他们可能厌倦了被过度网络化，因为他们更喜欢面对面的交流和联系，而不是通过在线信息。

Z 一代很可能与千禧一代有很多共同之处，尤其是在父母抚养他们的方式上。尽管从特征上看，他们似乎比上一代人更加自主和独立。

迄今为止，他们一生中最重要的事件是 2008 年的经济危机和随后的经济衰退。这对他们的父母产生了巨大的经济影响，他们在童年的大部分时间都目睹了这些后果。人们认为，这意味着 Z 一代将不会像 Y 一代的人那么理想主义，他们渴望安全感和金钱。他们希望可以有所作为，但他们的潜在动机可能更务实。他们这一代人希望适应环境，努力工作，有竞争力，但会要求公平的薪酬。考虑到经济保障和不断上涨的学费，他们中越来越多的人没有上大学，直接进入了工作岗位。

他们是出生在互联网时代的一代：这对他们来说就像电视对他们之前的几代人来说一样自然。Z 一代是真正的数字原生代，因此，他们在平台和技术之间的转换上没有任何问题。他们老练而快速地寻求与自己相关的事物，更倾向于支持那些倡导他们所信仰的价值观的品牌。他们可能会成为企业家，利用他们对技术的敏锐来赚钱。

包括 Z 一代在内的年轻人是应对气候变化的主力军，他们认为我们已经把地球的未来搞得一团糟，于是正在展开强有力的集体运动。他们正在世界各地采取行动，支持致力于降低碳排放的政治家和各项政策。

他们是掌握着我们未来的一代，尽管他们还很年轻，但已经在着手解决当今的关键问题。我们应该明智地倾听和支持他们，而不是嘲笑他们的敏感和激情。

我作为心理治疗师

Myself as a psychotherapist

我非常感谢所有那些有趣而非凡的客户。这些客户让我展示了我与他们之间的联系。

我觉得有必要写一写我是一名怎样的心理治疗师。

在写作的过程中，我有意把注意力放在变化的过程上。我特意没有使用心理学术语或理论。我把一切都放在“治疗灯”下。即使我只展示了一点点，我也会觉得自己暴露在了其他治疗师面前，他们的工作方式与我的不同，而且可能会对我的方法提出批评。但自从我早期接受卡尔·罗杰斯的心理治疗培训以来，我一直在传递这样一个信息：“最私人的就是最普遍的。”我与这些客户的工作虽然是职业关系，但也非常私人。我是一个以人为本的治疗师，这意味着我相信我的客户是他们自己的专家，我创造了一种非评判的、共情的和真实的关系，使我的客户能够利用它来促进个人成长。我借鉴了许多其他的理论来指导实践。我对我的理论不以为意，我不持固定的观点。我的回答意在确认我能像我的客户那样，从他们看待自己的角度来看待他们，同时也为我们的理解增加一些东西。如果我认为我的客户在伤害自己，我可以直言不讳，不是羞辱或批评，而是诚实地对待他们。也许我会出错。有时他们可能会生我的气，但我需要尊重这一点，找出他们生气的原因。我会承认这一点，并与他们一起努力修复裂痕。有时我们会陷入困境，我会找出其中的原因。有时我们会碰到新东西，有时则不会。可能会出现一些问题。这些都是信息，澄清这些信息能够使我们建立信任、加深了解。

我经常会遇到的问题是，如果我没有亲身经历过，怎么能理解别人的困境呢？这是一个很好的问题，答案是直截了当的：我永远无法完全理解成为另一个人是什么样子。我确实认为我可以走进别人的世界，把困境看作“好像”是我的一样。在我最好的情况下，这可以把我最好的一面展现出来。当走向我面前的人时，我会感到一种寂静。我热切的好奇心正试图与我的客户保持一致，发展我们之间的沟通渠道。我会有自己的看法，同时我也会尽可能充分地让他们表达对自己的感知。我所看到的不可避免会受到我自身经历的影响。

我的希望是，这种建立联系的方式可以给读过这些故事的人带来启发，读者可以效仿这种联系，并从中受益，不必再借助治疗师的帮助。做一个有爱心的朋友或家人，能够真正去倾听而不加评判，就会达到治愈的效果。

免责声明

Disclaimer

本书内容基于真实事件，但书中出现的所有人物或者源自虚构，或出于隐私保护的原因，其姓名和身份特征都做了更改。如果与在世或离世的真实人物有所雷同，纯属巧合。

参考文献

The place of publication is London, unless stated otherwise.

引言

Darwin, C. (1859), *On the Origin of Species*, John Murray

Elder, Glen H. (1994), 'Time, Human Agency, and Social Change: Perspectives on the Life Course', *Social Psychology Quarterly*, 57 (1), 4–15

Joyce, L.-J. (2014), *Fertile Void: Gestalt Coaching at Work*, AoEC Press

McOrmand, T. (January 2004), *Changes in Working Trends Over the Past Decade*, Labour Market Division, ONS

Office for National Statistics (November 2014), *Families and Households*, www.ons.gov.uk

— (November 2015), *Families and Households*, www.ons.gov.uk

— (November 2017), *Families and Households*, www.ons.gov.uk

Reitman, F., and Schneer, J. (2008), 'Enabling the New Careers of the 21st Century', *Organization Management Journal*, 5 (1), 17–28

Scott, A., and Gratton, L. (2017), *The 100 Year Life*, Bloomsbury

Waldinger, R. (2017), *75-year Harvard Study of Happiness*, https://news.harvard.edu

生活中的变化过程

Armstrong, T. (2012), 'The Stages of Life According to Rudolf Steiner', http://www.institute4learning.com/2012/08/07/the-stages-of-life-according-to-rudolf-steiner/

Bridges, W. (2004), *Transitions: Making Sense of Life's Changes*, Boston: Da Capo Press

Dweck, C. S. (2006), *Mindset: The New Psychology of Success*, Random House
Fisher, H. (2015), 'Is There a Biological Basis for the Famous Seven-year Itch?' *SA Mind*, 26, 1, 74 (January 2015); doi:10.1038/scientificamericanmind0115–74
Perls, F. (1969), *Gestalt Therapy Verbatim*, Real People Press
— (1973), *The Gestalt Approach & Eye Witness to Therapy*, Bantam Books
Prochaska, J. O., and Redding, C. A. (2015), The Transtheoretical Model and Stages of Change Health Behavior: Theory, Research, and Practice', in Glanz, K., Rimer, B. K., and Viswanath, K. (eds), *Health Behavior Theory, Research, and Practice*, San Francisco: Jossey-Bass, 125–48.
Rogers, C. R. (1961), *On Becoming a Person: A Therapist's View of Psychotherapy*, Constable
Snyder, C. R. (2003), *Psychology of Hope: You Can Get There from Here*, New York: Free Press
— (2002), 'Hope Theory: Rainbows in the Mind', *Psychological Inquiry*, 13, 4, 249–75
Sugarman, L. (2001), *Lifespan Development: Frameworks, Accounts and Strategies* (2nd edn), Hove: Psychology Press
The Process of Transition, www.bodycoachclub.com/the-process-of-transition/
Whitlock, J., and Purington, M. (2013), *Understanding and Using the Stages of Change Model*, Practical Matters series, Cornell Research Program on Self-Injury and Recovery, Ithaca, Cornell University
Williams, D. (April 1999), 'Transitions: Managing Personal and Organizational Change', Association for Clinical Data Management newsletter

家庭关系

Allen, K. R., Blieszner, R., Roberto, K. A., Farnsworth, E. B., and Wilcox, K. L. (1999), 'Older Adults and Their Children: Family Patterns of Structural Diversity', *Family Relations*, 48 (2), 151–7
Barclay, L., and Lupton, D. (1999), 'The Experiences of New Fatherhood: A Socio-cultural Analysis', *Journal of Advanced Nursing*, 29, 1013–20
Bingham, J. (2013), ''Til Retirement Us Do Part: "Silver Splitter" Divorces up by Three-quarters in Generation', *Daily Telegraph*
Bodnar, J. (2013), 'When the Kids Move Back', *Kiplinger's Personal Finance*, 67 (8), 4
Bostwick, E. N., and Johnson, A. J. (2018), 'Family Secrets: The Roles of Family Communication Patterns and Conflict Styles between Parents and Young Adult Children', *Communication Reports*, 31 (2), 91–102
Brann, D. (2013), *Reluctantly Related*, Ambergris Publishing

Chatzky, J. (2006), 'Just When You Thought It Was Safe to Retire . . .' *Money Magazine*, 35 (10), https://money.cnn.com/magazines/moneymag/moneymag_archive/2006/10/01/8387557/index.htm
Cohen, G. J. (November 2002), 'Helping Children and Families Deal With Divorce and Separation', *American Academy of Paediatrics*, 110, 5, 1019–23
Crespi, I., and Ruspini, E. (2015), 'Transition to Fatherhood: New Perspectives in the Global Context of Changing Men's Identities', *International Review of Sociology*, 25, 1–6
DeFrain, J. (1999), 'Strong Families around the World', *Family Matters*, 53, Winter, 6–13
Dunning, A. (2006), 'Grandparents – An Intergenerational Resource for Families: A UK Perspective', *Journal of Intergenerational Relationships*, 4 (1), 127–35
Fingerman, K., Gilligan, M., VanderDrift, L., and Pitzer, L. (2012), 'In-Law Relationships Before and After Marriage: Husbands, Wives, and Their Mothers-in-Law', *Research in Human Development*, 9 (2), 106–25
Fingerman, K. L., Pillemer, K. A., Silverstein, M., and Suitor, J. J. (2012), 'The Baby Boomers' Intergenerational Relationships', *Gerontologist*, 52 (2), 199–209
Forward, S. (1989), *Toxic Parents*, New York: Bantam Books
Geggie, J., DeFrain, J., Hitchcock, S., and Silberberg, S. (2000), *The Family Strengths Research Report*, University of Newcastle, Newcastle, NSW: Family Action Centre
Grossman, L., Mustafa, N., Van Dyk, D., Kloberdanz, K., and Schultz, M. (2005), 'Grow Up? NOT SO FAST', *Time*, 165 (4), 42
Guinart, M., and Grau, M. (2014), 'Qualitative Analysis of the Short-Term and Long-Term Impact of Family Breakdown on Children: Case Study', *Journal of Divorce and Remarriage*, 55, 408–22
Halpern, H. (1990), *Cutting Loose*, New York: Simon & Schuster
Hermansen, S., Croninger, B., and Croninger, S. (2015), 'Exploring the Role of Modern-day Fatherhood', *Work*, 50(3), 495–500
Hesse, C., Mikkelson, A. C., and Saracco, S. (2017), 'Parent–Child Affection and Helicopter Parenting: Exploring the Concept of Excessive Affection', *Western Journal of Communication*, 82 (4), 457–74
Hideg, N. A., Kristic, A., Trau, R., and Zarina, T. (September 2018), 'Do Longer Maternity Leaves Hurt Women's Careers?' *Harvard Business Review*
Hilpern, K. (13 March 2009), 'Dad was Crying on One Shoulder and Mum on the Other', *Guardian*
Jackson, M. (2010), 'Motherhood: The Third Act', *Maclean's*, 123 (37), 67–9
Juang, L., Park, L., Lau, A., et al. (2018), 'Reactive and Proactive Ethnic–Racial Socialization Practices of Second-generation Asian American Parents', *Asian American Journal of Psychology*, 9 (1), 4–16
Kirke, J. (15 October 2015), 'Total Parenting Control is Futile', *Time*

Lakomy, M., and Kreidl, M. (2015), 'Full-time Versus Part-time Employment: Does It Influence Frequency of Grandparental Childcare?', *European Journal of Ageing*, 12, 321–31

McBain, S. (8 May 2018), 'The New Cult of Perfectionism', *New Statesman*, 147

McGarrigle, C. A., Timonen, V., and Layte, R. (2018), 'Choice and Constraint in the Negotiation of the Grandparent Role: A Mixed-Methods Study', *Gerontology and Geriatric Medicine*, 4, 1–12

McGoldrick, M., (2010), *The Expanded Family Life Cycle* (3rd edn), Pearson, Allyn & Bacon

— interview, https://www.psychotherapy.net/interview/monica-mcgoldrick

Messinger, L., and Walker, K, N. (1981), 'From Marriage Breakdown to Remarriage: Parental Tasks and Therapeutic Guidelines', *American Journal of Orthopsychiatry*, 51 (3), 429–38

Millard C. (1998), 'Later Life Parents Helping Adult Children', *Family Matters*, Winter (50), 38–42

NCT website (2015), 'Dads in Distress: Many New Fathers are Worried about Their Mental Health', https://www.nct.org.uk/about-us/media/news/dads-distress-many-new-fathers-are-worried-about-their-mental-health

Office for National Statistics (2016), 'Why are More Young People Living with Their Parents?', https://www.ons.gov.uk/peoplepopulationandcommunity/birthsdeathsandmarriages/families/articles/whyaremoreyoungpeopleliving withtheirparents/2016-02-22

Oliker, D. M., PhD thesis (2011), 'The Importance of Fathers: Is Father's Day Real?', https://www.psychologytoday.com/intl/blog/the-long-reach-childhood/201106/the-importance-fathers

'Only Children More Likely to Support Parents in Old Age Than Children with Siblings' (12 April 2017), *LSE News*

Osterkamp, L. (1992), *How to Deal with Your Parents When They Still Treat You Like a Child*, New York: Berkley Books

'Parents' Lives Made More Miserable by Boomerang Generation' (March 2018), *LSE News*

Pill, C. (1990), 'Stepfamilies: Redefining the Family', *Family Relations*, 39 (2), 186–93

Rogan, F., Shimed, V., and Barclay, L. (1997) 'Becoming a Mother – Developing a New Theory of Early Motherhood', *Journal of Advanced Nursing*, 25 (5), 877–85

Rosenberg, J., and Bradford Wilcox, W. (2006), 'The Importance of Fathers in the Healthy Development of Children', US Department of Health and Human Services, www.childwelfare.gov/pubs/usermanuals/fatherhood/fatherhood.pdf

Segrin, C., et al. (2012), 'The Association Between Overparenting, Parent-Child Communication, and Entitlement and Adaptive Traits in Adult Children, *Interdisciplinary Journal of Applied Family Science*, 61 (2), 237–52

Stern, J., Fraley, R., Jones, J., Gross, J., Shaver, P., and Cassidy, J. (2018), 'Developmental Processes across the First Two Years of Parenthood: Stability and Change in Adult Attachment Style', *Developmental Psychology*, 54 (5), 975–88

Stone, J., Berrington, A., and Falkingham, J. (2014), 'Gender, Turning Points, and Boomerangs: Returning Home in Young Adulthood in Great Britain', *Demography*, 51, 257, https://doi.org/10.1007/s13524-013-0247-8

Tolstoy, Leo (1887; 1980), *Anna Karenina*, New York: Thomas Y. Cromwell & Co; Oxford: Oxford University Press

Ungar, M. (2005), *I Still Love You*, Toronto: Dundurn Press

Walsh, W. (1992), 'Twenty Major Issues in Remarriage Families', *Journal of Counselling and Development*, 70 (6), 709–15

Zervides, S., and Knowles, A. (2007), 'Generational Changes in Parenting Styles and the Effect of Culture', *E-Journal of Applied Psychology*, 3, 65–7

爱情

Barlow, A. (2018), Study: The 10 Questions You Should Ask Your Partner So Your Relationship Can Thrive, University of Exeter Law School

Bates, L. (28 June 2014), 'How to Have A Feminist Wedding', *Guardian*

Bauman, Z. (2000), *Liquid Modernity*, Cambridge: Polity Press

Beall, Anne E., and Sternberg, Robert J. (1995), 'The Social Construction of Love', *Journal of Social and Personal Relationships*, 12 (3), 417–38

Bradford Wilcox, W., and Dew, J. (2010), 'Is Love a Flimsy Foundation? Soulmate Versus Institutional Models of Marriage', *Social Science Research*, 39 (5), 687–99

Bulcroft, K., and O' Connor, M. (1986), 'The Importance of Dating Relationships on Quality of Life for Older Persons', *Family Relations*, 35 (3), 397–401

Calhoun, A. (2017), 'Searching for a Soul Mate is Futile: The Ideal Partner is the One You Create', *Time*, 189 (20), 22

Carolyn, E. C. (2018), 'A Psychological Perspective: Marriage and the Social Provisions of Relationships', *Journal of Marriage and Family*, 4 (4), 992

Coyne, S. M., Stockdale, L., Busby, D., Iverson, B., and Grant, D. M. (2011), ' "I luv u :)!": A Descriptive Study of the Media Use of Individuals in Romantic Relationships', *Family Relations,* 60 (2), 150–62

Cutrona, C. E. (2004), 'A Psychological Perspective: Marriage and the Social Provisions of Relationships', *Journal of Marriage and Family*, 66 (4), 992–9

De Marneffe, D. (2018), *The Rough Patch: Marriage and the Art of Living Together*, New York: Simon & Schuster

Donnelly, A. D., and Burgess, O. (2008), 'The Decision to Remain in an Involuntarily Celibate Relationship', *Journal of Marriage and Family*, 70 (2), 519–35
Ferdman, R. A. (23 March 2016), 'How Well Online Dating Works by Someone Who Has been Studying It for Years', *Washington Post*, https://www.washingtonpost.com/news/wonk/wp/2016/03/23/the-truth-about-online-dating-according-to-someone-who-has-been-studying-it-for-years/?utm_term=.3d402199de0e
Finkel, E. (2017), *The All or Nothing Marriage: How the Best Marriages Work*, New York: Dutton
Fisher, H. (2005), *Why We Love: The Nature and Chemistry of Romantic Love*, Holt McDougal
— (2006), 'Why We Love, Why We Cheat', TED Talk
— (2008), 'The Brain in Love', TED Talk
— (2011), *'Why Him? Why Her?': Finding Real Love by Understanding Your Personality Type*, Oneworld Publications
— (2016), 'Technology Hasn't Changed Love. Here's Why', TED Talk
— (2017), *Anatomy of Love*, New York: W.W. Norton
Gilvarry, C. (2005) *Children of Alcoholics: The UK's Largest Survey*, National Association of Children of Alcoholics
Gottman, J. M. (2013), 'The Four Horsemen: Criticism, Contempt, Defensiveness and Stonewalling', https://www.gottman.com/about/john-julie-gottman/ https://www.gottman.com/blog/the-four-horsemen-recognizing-criticism-contempt-defensiveness-and-stonewalling/
— (1993), 'A Theory of Marital Dissolution and Stability', *Journal of Family Psychology*, 7 , 57–75
—, and Silver, N. (1999), 'The Seven Principles for Making Marriage Work', New York: Three Rivers Press
—, and Gottman, J. S. (2008), 'Gottman Method Couple Therapy', in A. S. Gurman (ed.), *Clinical Handbook of Couple Therapy*, New York: Guilford Publications, 138–64
— (2013), *What Makes Love Last? How to Build Trust and Avoid Betrayal*, Simon & Schuster
Grohl, John M. (December 2005), 'After Divorce, Happiness Levels Decrease and May Never Completely Rebound', Psych Central, www.psychcentral.com
Hobbs, M., Owen, S., and Gerber, L. (2017), 'Liquid love? Dating apps, sex, relationships and the digital transformation of intimacy', *Journal of Sociology*, 53 (2), 271–84
Hudson, T. (2015), 'Finding the One Soulmate', https://www.learning-mind.com/psychology-finally-reveals-the-answer-to-finding-your-soulmate
Huyck, M. (2001), 'Romantic Relationships in Later Life', *Generations*, 25 (2), 9–17

Ilze, S., and Green, S. (2013), 'Types of Domestic Violence Experienced by Women in Abusive Relationships', *Social Work/ Maatskaplike Werk*, 49 (2), 234–47
Jeanfreau, M., Jurich, A., and Mong, M. (2014), 'Risk Factors Associated with Women's Marital Infidelity', *Contemporary Family Therapy: An International Journal*, 36 (3), 327–32
Karney, B., and Bradbury, T. (1997), 'Neuroticism, Marital Interaction and the Trajectory of Marital Satisfaction', *Journal of Personality and Social Psychology*, 72 (25), 1075–92
Katz, J., and Schneider, M. E. (2013), 'Casual Hook-up Sex During the First Year of College: Prospective Associations with Attitudes about Sex and Love Relationships', *Archives of Sexual Behaviour*, 42 (8), 1451–62
Klinenberg, E.(2012), *Going Solo: The Extraordinary Rise and Surprising Appeal of Living Alone*, Penguin
Kopotsha, J. (2018), 'Adam's Behaviour on Love Island is Textbook Gaslighting', *Grazia*,https://graziadaily.co.uk/life/tv-and-film/adam-collard-love-island-gaslighting/
Labrecque, L. T., and Whiskman, M. A. (2017), 'Attitudes Toward and Prevalence of Extramarital Sex and Descriptions of Extramarital Partners in the 21st Century', *Journal of Family Psychology*, 31 (7), 952
Lisitsa, E. (2013), 'The Four Horsemen: Criticism, Contempt, Defensiveness and Stonewalling Blog', https://www.gottman.com/blog/the-four-horsemen-recognizing-criticism-contempt-defensiveness-and-stonewalling/
McCarthy, J. (2011), 'What You Don't Know about Marriage', TED Talk
McNulty, J. K., and Karney, B. R. (2004), 'Positive Expectations in the Early Years of Marriage: Should Couples Expect the Best or Brace for the Worst?', *Journal of Personality and Social Psychology*, 86, 5, 729
Manning, J. C. (2006), 'The Impact of Internet Pornography on Marriage and the Family: A Review of the Research, Sexual Addiction & Compulsivity', *Journal of Treatment and Prevention,* 13 (2–3), 131–65
Mark, K. P. (2018), 'Maintaining Sexual Desire in Long-Term Relationships: A Systematic Review and Conceptual Model', *Journal of Sex Research*, 55(4–5), 563–81
Markman, H. J., Renwick, M. J., Floyd, F. J., Stanley, S. M., and Clements, M. (1993), 'Preventing Marital Distress through Communication and Conflict Management Training: A 4 and 5 Year Follow-up', *Journal of Consulting and Clinical Psychology*, 61 (1), 70–77
Marriage and Men's Health (2010), Harvard Medical Health Watch, Harvard Health Publishing, https://www.health.harvard.edu/newsletter_article/marriage-and-mens-health
The Marriage Foundation (2016), http://marriagefoundation.org.uk/wp-content/uploads/2016/06/pdf-016.pdf

Mauer, D. E. (2018), 'Are Sexless Marriages More Common Than We Think?', *Reader's Digest*, https://www.rd.com/advice/sex/are-sexless-marriages-more-common-than-we-think/

Mills, M. (2019), 'Modern Love – Dating in the Digital Age', Notes from Tortoise Thinking

Murray, C., and Campbell, E. (2015), 'The Pleasure and Perils of Technology in Intimate Relationships', *Journal of Couple and Relationship Therapy*, 14 (2), 116–40

Office for National Statistics (2017), *Families and Households*

— (2017), *Marriage, Cohabitation and Civil Partnerships*

Oloski, K., Pavkov, T., Sweeney, K., and Wetchler, J. (2013), 'The Social Construction of Love Through Intergenerational Processes', *Contemporary Family Therapy; An International Journal*, 35 (4), 773–92

Palmer, B., and Murphy, M. (2013), 'Love', *Encyclopaedia of Health*, New York: Salem Press

Paris, W. (2010), 'Still Doing It', *Psychology Today*, 43 (3), 44

Perel, E. (2007), *Mating in Captivity*, Harper Paperback, NYC

— (2013), 'The Secret to Desire in a Long Term Relationship', TED Talk

— (2015), 'Rethinking Infidelity . . . a Talk for Anyone Who Has Ever Loved', TED Talk

Perry, Samuel L., and Schleifer, C. (2018), 'Till Porn Do Us Part? A Longitudinal Examination of Pornography Use and Divorce', *Journal of Sex Research*, 55 (3), 284–96

The Pleasure Mechanics website and podcast, https://www.pleasuremechanics.com/courses/

Rhoades, G. K., Kamp Dush, C. M., Atkins, D. C., Stanley, S. M., and Markman, H. J. (2011), 'Breaking Up is Hard to Do: The Impact of Unmarried Relationship Dissolution on Mental Health and Life Satisfaction', *Journal of Family Psychology*, 25(3), 366–74

Rosenberg, K. P. (2018), *Infidelity: Why Men and Women Cheat*, Da Capo Press

Ryff, C. D., and Singer, B. (2000), 'Interpersonal Flourishing: A Positive Health Agenda for the New Millennium', *Personality and Social Psychology Review*, 4 (1), 30–44

Scuka, R. (2015), 'A Clinician's Guide to Helping Couples Heal from the Trauma of Infidelity', *Journal of Couple and Relationship Therapy*, 14 (2), 141–68

Seligman, Martin E. P. (2002), *Authentic Happiness*, New York: Simon & Schuster

Smith, M. R., and Patterson, G. T. (1992), paper presented at Adult Children of Alcoholics Support Group, New York

Solomon, A. H. (2017), *Loving Bravely: 20 Lessons of Self-Discovery to Help You Get the Love You Want*, New York: New Harbinger Publications Inc.

Sternberg, R. J. (2004), 'A Triangular Theory of Love', in Reis, H. T., Rusbult, C. E. (eds.), *Close Relationships*, New York: Psychology Press, 258

Timmermans, E., and Bulck, J. van den (2017), 'Casual Sexual Scripts on the Screen: A Quantitative Content Analysis', *Archives of Sexual Behaviour*, 47 (5), 1481–96
Vedantam, S. (2018), 'When Did Marriage Become So Hard?', Hidden Brain Podcast
Vinopal, L. (2017), 'A Year-by-Year Guide to Your Risk of Divorce', https://www.fatherly.com/health-science/twenty-year-guide-divorce-risk/
Waldinger, R. (2015), 'What Makes a Good Life? Lessons from the Longest Study on Happiness', TED Talk
— (2017), '*75-year Harvard Study of Happiness*', https://news.harvard.edu
Wittenberger, J. F., and Tilson, R. L. (1980), 'The Evolution of Monogamy: Hypotheses and Evidence', *Annual Review of Ecology Systematics*, 11, 197–232
Wolfinger, N. H. (2017), 'American Generation Gap in Extramarital Sex', https://ifstudies.org/blog/number-4-in-2017-americas-generation-gap-in-extramarital-sex

工作

Armstrong, J. (2017), 'Higher Stakes: Generational Differences in Mothers' and Daughters' Feelings about Combining Motherhood with a Career', *Studies in the Maternal*, 9 (1), 3
Arnett, J. J. (2006), *Emerging Adulthood: The Winding Road, the Late Teens through the Twenties*, New York: Oxford University Press
Aron, E. N. (1999), *The Highly Sensitive Person: How to Thrive When the World Overwhelms You*, Thorsons
Barban, N., De Luna, X., Lundholm, E., Svensson, I., and Billari, F. C. (2017), 'Causal Effects of the Timing of Life-course Events: Age at Retirement and Subsequent Health', *Sociological Methods and Research*
Borelli, J. L., Nelson, K. S., River, L. M., Birkin, S. A., and Moss-Racusin, C. (2017), 'Gender Differences in Work-Family Guilt in Parents of Young Children', *Sex Roles*, 76 (5–6), 356–68
Bukodi, E., and Dex, S. (2010), 'Bad Start: Is There a Way Up? Gender Differences in the Effect of Initial Occupation on Early Career Mobility in Britain', *European Sociological Review*, 26 (4), 431–46
Chan, S., and Huff Stevens, A. (2001), 'Job Loss and Employment Patterns of Older Workers', *Journal of Labor Economics*, 19 (2), 484–521
Clance, P. R., and O'Toole, M. A. (1987), 'The Imposter Phenomenon', *Women and Therapy*, 6 (3), 51–64
Damman, M., Henkens, K., and Kalmijn, M. (2015), 'Missing Work After Retirement: The Role of Life Histories in the Retirement Adjustment Process', *Gerontologist*, 55 (5), 802–13

Davey, R., Fearon, C., and McLaughlin, H. (2013), 'Organizational Grief: An Emotional Perspective on Understanding Employee Reactions to Job Redundancy', *Development and Learning in Organizations*, 27 (2), 5–8

Dingemans, E., Henkens, K., and Van Solinge, H. (2016), 'Access to Bridge Employment: Who Finds and Who Does Not Find Work After Retirement?', *Gerontologist*, 56 (4), 630–40

Elder, G. H. (1994), 'Time, Human Agency, and Social Change: Perspectives on the Life Course', *Social Psychology Quarterly*, 57 (1), 4–15

Frey, C. B. and Osborne, Michael A., 'The Future of Employment: How Susceptible are Jobs to Computerization?', https://www.oxfordmartin.ox.ac.uk/downloads/academic/The_Future_of_Employment.pdf

Gergely, E., and Pierog, A. (July 2016), 'Motivation, Values and Career Research among University Students', *Annals of Faculty of Economics*, University of Oradea, Faculty of Economics, 1(1), 933–43

Goldman, Z. W., and Martin, M. M. (2016), 'Millennial Students in the College Classroom: Adjusting to Academic Entitlement', *Communication Education*, 65 (3), 365–7

Hall, D. T., and Chandler, D. E. (2005), 'Psychological Success: When the Career is a Calling', *Journal of Organizational Behavior*, 26, 155–76

Haynie, J. M., and Shepherd, D. (2011), 'Toward a Theory of Discontinuous Career Transition: Investigating Career Transitions Necessitated by Traumatic Life Events', *Journal of Applied Psychology*, 96 (3), 501–24

Heilman, M. E., and Okimoto, T. G. (2008), 'Motherhood: A Potential Source of Bias in Employment Decisions', *Journal of Applied Psychology*, 93 (1), 189–98

Hideg, I., Krstic, A., Trau, R. N. C., and Zarina, T. (October 2013), 'The Unintended Consequences of Maternity Leaves: How Agency Interventions Mitigate the Negative Effects of Longer Legislated Maternity Leaves', *Journal of Applied Psychology*, 103 (10), 1155–64. doi: 10.1037/apl0000327, e-pub 7 June 2018

Howker, E., and Malik, S. (2010), *The Jilted Generation: How Britain Has Bankrupted Its Youth*, Icon

Joseph Rowntree Foundation Report (2018), https://www.jrf.org.uk/report/uk-poverty-2018

Jungmeen E. K., and Moen, P. (2002), 'Retirement Transitions, Gender, and Psychological Well-Being: A Life-Course, Ecological Model', *Journals of Gerontology: Series B*, 57 (3), 212–22

Kets de Vries, M. (2003), 'The Retirement Syndrome: The Psychology of Letting Go', *European Management Journal*, 21, 707–16

Kolligian Jr, J., and Sternberg, R. J. (1991), 'Perceived Fraudulence in Young Adults: Is There an "Imposter Syndrome"?', *Journal of Personality Assessment*, 56 (2), 308

Leonard, G. (1992), *Mastery: The Keys to Success and Long-Term Fulfillment*, New York: Plume

LinkedIn Survey (November 2017), 'Research Shows 75 Per Cent of 25–33 Year Olds Have Experienced Quarter-life Crisis'

Lucking, L, (2018), '50-Plus-Year-Olds Control 75% of Britain's Housing Wealth'

McHugh, P. P. (2016), 'The Impact of Compensation, Supervision and Work Design on Internship Efficacy: Implications for Educators, Employers and Prospective Interns', *Journal of Education and Work*, 30 (4), 367–82

McKinsey Study (2017), 'Jobs Lost, Jobs Gained: Workforce Transitions in a Time of Automation'

McOrmand, T. (2004), *Changes in Working Trends over the Past Decade*, Labour Market Division, Office for National Statistics

Merkel, J. (2015), 'Coworking in the City', *Ephemera*, 15 (1), 121–39

Mitchell, K. E., Levin, A. S., and Krumboltz, J. D. (1999), 'Planned Happenstance: Constructing Unexpected Career Opportunities', *Journal of Counselling and Development*, 77 (2), 115–24

Okay-Somerville, B., and Scholarios, D. (2015), 'Position, Possession or Process? Understanding Objective and Subjective Employability during University-to-work Transitions', *Studies in Higher Education*, 42 (7), 1275–91

Oxford Martin Commission for Future Generations (2013), 'Now for the Long Term', University of Oxford, Oxford Martin School

Perlesz, A., Power, J., Brown, R., McNair, R., Schofield, M., Pitts, M., Barrett, A., and Bickerdike, A. (2010), 'Organizing Work and Home in Same-Sex Parented Families: Findings from the Love Work Play Study', *Australian and New Zealand Journal of Family Therapy*, 31 (4), 374–91

Psych Central (October 2018), '10 Tips to Build Resilience in Teens and Young Adults', American Psychological Association

Reitman, F., and Schneer, J. (2008), 'Enabling the New Careers of the 21st Century', *Organization Management Journal*, 5 (1), 17–28

Riffle, O. M. (2016), thesis, 'Posttraumatic Growth and Career Calling in Undergraduates', Charlotte, North Carolina: University of North Carolina

Robak, E. (2017), 'Generation Y on the Labour Market: Expectations for Shaping the Work–Life Balance', Working Papers 100/2017, Institute of Economic Research

Robinson, O. C. (2015), 'Emerging Adulthood, Early Adulthood and Quarter-life Crisis: Updating Erkison for the 21st Century', in Žukauskienė, R. (ed.), *Emerging Adulthood in a European Context*, New York: Routledge, 17–30

— (2018), 'A Longitudinal Mixed-methods Case Study of Quarter-life Crisis During the Post-university Transition: Locked-Out and Locked-In Forms in Combination', https://journals.sagepub.com/doi/abs/10.1177/2167696818764144

Scott, A., and Gratton, L. (2016), *The 100-Year Life*, Bloomsbury

Sealy, R., and Singh, V. (2006), 'Role Models, Work Identity and Senior Women's Career Progression: Why are Role Models Important?', Academy of Management Annual Meetings Proceedings
Senge, P. M. (1990, 2006), *The Fifth Discipline: The Art and Practice of the Learning Organization*, New York: Random House
Shragai, N. (2017), 'How to Cope with Trauma in Working Life', FT.Com
Smith, J. (2103), '7 Things You Probably Didn't Know About your Job Search', https://www.forbes.com/sites/jacquelynsmith/2013/04/17/7-things-you-probably-didnt-know-about-your-job-search/#65e6c23b3811
Stăiculescu, C., Livinti, R., Stefan, L. R., Todea, S., and Albu, N. (2017), 'Managing the Need for Career Guidance and Counseling for Students Case Study', *Review of International Comparative Management*, 18 (2), 158–70
Sungdoo, K. (2018), 'Managing Millennials' Personal Use of Technology at Work', *Business Horizons*, 61 (2), 261–70
The Percentage of Women in Senior Roles Is Declining Globally (2018), https://www.catalyst.org/research/women-in-management/
Vallerand, R. (2010), 'On the Role of Passion for Work in Burnout: A Process Model', *Journal of Personality*, 8 (1), 289–312
Wiese, B. S., and Freund, A. M. (2011), 'Parents as Role Models: Parental Behavior Affects Adolescent Plans for Work Involvement', *International Journal of Behavioral Development*, 35 (3), 218–24
Willetts, D. (2010), *The Pinch*, Atlantic Books
Women More Likely to Work Part-time (2013), https://www.pewsocialtrends.org/2013/12/11/on-pay-gap-millennial-women-near-parity-for-now/sdt-gender-and-work-12-2013-1-05/
YouGov.co.uk. (2017) 'How Many Brits Like Their Jobs and Their Wages'

健康

Bowling, A., Rowe, G., and McKee, M. (2013), 'Patients' Experiences of Their Healthcare in Relation to Their Expectations and Satisfaction: A Population Survey', *Journal of the Royal Society of Medicine*, 106 (4), 143–9
Brady, G., Lowe, P., and Olin Lauritzen, S. (2015), 'Connecting a Sociology of Childhood Perspective with the Study of Child Health, Illness and Wellbeing: Introduction', *Sociology of Health and Illness*, 37 (2), 173–83
Buettner, D., (2004), 'How to Live to be 100', TED talk
Burstein, H. J., Gelber, S., Guadagnoli, E., et al. (1999), 'Use of Alternative Medicine by Women with Early Stage Breast Cancer', *New England Journal of Medicine*, 340, 1733–9

Campbell, D. (11 October 2017), 'Loneliness as Bad for Health as Long-term Illness, Says GPs' Chief', *Guardian*
— (23 January 2018), 'We'll Live Longer but Suffer More Ill-health by 2035, Says Study', *Guardian*
Chipperfield, J. G., Newall, N. E., Chuchmach, L. P., Swift, A. U., and Haynes, T. L. (2008), 'Differential Determinants of Men's and Women's Everyday Physical Activity in Later Life', *Journals of Gerontology: Series B*, 63 (4), 211–18
Clark, C., Smuk, M., Lain, D., Stansfeld, S. A., Carr, E., Head, J., and Vickerstaff, S. (2017), 'Impact of Childhood and Adulthood Psychological Health on Labour Force Participation and Exit in Later Life', *Psychological Medicine*, 47, 1597–1608
Copeland, W., Angold, A., Shonahan, L., and Costello, E. J. (2014), 'Longitudinal Patterns of Anxiety from Childhood to Adulthood: The Great Smoky Mountains Study', *Journal of the American Academy of Child and Adolescent Psychiatry*, 53 (1), 21–33
Dow, K. H., Ferrell, B. R., Leigh, S., et al. (1996), 'An Evaluation of the Quality of Life among Long-term Survivors of Breast Cancer', *Breast Cancer Research Treatment* 39, 261–73
Godfrey, M., and Townsend, J. (2008), 'Older People in Transition from Illness to Health: Trajectories of Recovery, Qualitative Health Research', 18 (7), 939–51
Golics, C. J., et al. (2013), 'The Impact of Patients' Chronic Disease on Family Quality of Life: An Experience from 26 Specialties', *International Journal of General Medicine*, 6, 787–98, e-pub 18 September 2013, doi: 10.2147/IJGM.S45156
Gostin, L. O., and Garsia, A. (2014), 'Governing for Health as the World Grows Older: Healthy Lifespans in Aging Societies', *Elder Law Journal*, (22), 111–40
Grundy, E., and Read, S. (2015), 'Pathways from Fertility History to Later Life Health: Results from Analyses of the English Longitudinal Study of Ageing', *Demographic Review*, 31 (4), 107–46
Heald, A., Vida, B., Farman, S., and Bhugra, D. (2018), 'The LEAVE Vote and Racial Abuse towards Black and Minority Ethnic Communities across the UK: The Impact on Mental Health', *Journal of the Royal Society of Medicine*, 111 (5), 158–61
Holland, J. (1999), 'Use of Alternative Medicine: A Marker for Distress', *New England Journal of Medicine*, 340, 1758–9
Hurd Clarke, L., and Griffin, M. (2008), 'Failing Bodies: Body Image and Multiple Chronic Conditions in Later Life', *Qualitative Health Research*, 18 (8), 1084–95
Jones, R. (1990), 'Expectations and Delay in Seeking Medical Care', *Journal of Social Issues*, 46 (2), 81–95
Lin, M. C., Guo, H. R., Lu, M. C., Livneh, H., Lai, N. S., and Tsai, T. Y. (2015), 'Increased Risk of Depression in Patients with Rheumatoid Arthritis: A

Seven-year Population-based Cohort Study', *Clinics (São Paulo)*, 70 (2), 91–6, doi:10.6061/clinics/2015(02)04
Ong, A. D., and Löckenhoff, C. E. (2016), 'Bridging the Dynamic Aspects of Personality and Emotion that Influence Health', *Emotion, Aging, and Health*, American Psychological Association
Patel, V. (2018), Acting Early: The Key to Preventing Mental Health Problems', *Journal of the Royal Society of Medicine*, 111 (5), 153–7
Petitte, T., et al. (2015), 'A Systematic Review of Loneliness and Common Chronic Physical Conditions in Adults', doi: 10.2174/1874350101508010113
Rabkin, J. G., Remien, R., Katoff, L., et al. (1993), 'Resilience in Adversity among Long-term Survivors of AIDS', *Hospital Community Psychiatry*, 44, 162–7
Robledo, I. (2016), 'Social-Media Hype about Diseases and Treatments Does Patients No Favors', scientificamerican.com
Schon, U.-K., Denhov, A., and Topor, A. (2009), 'Social Relationships as a Decisive Factor in Recovering from Severe Mental Illness', *International Journal of Social Psychiatry*, 55 (4), 336–47
Short, H. (1 April 2015), 'Let's Talk Menopause Because We are Failing 13 Million Women', *Guardian*, www.theguardian.com
Spiegel, D. (1999), 'Healing Words: Emotional Expression and Disease Outcome', *JAMA* Network (*Journal of the American Medical Association*) 281, 1328
Strauss J. (2013), 'The Baby Boomers Meet Menopause: Fertility, Attractiveness, and Affective Response to the Menopausal Transition', *Sex Roles*, 68 (1–2), 77–90
Thomas, C., Benzeval, M., and Stansfeld, S. (2007), 'Psychological Distress after Employment Transitions: The Role of Subjective Financial Position as a Mediator', *Journal of Epidemiology and Community Health*, 61, 48–52
Timmerman, C., & Uhrenfeldt, L. (2014), 'Room for Caring: Patients' Experiences of Well-being, Relief and Hope during Serious Illness', *Scandinavian Journal of Caring Sciences*, 29 (3), 426–34
Welsh, T. L. (2011), 'Healthism and the Bodies of Women: Pleasure and Discipline in the War against Obesity', *Journal of Feminist Scholarship*, 1, 33–48
Wicks, S. L. (2011), 'An Exploration into Identity Formation in Young People Living with a Chronic Illness', DClinPsych thesis, Canterbury: University of Kent
Wingrove, C., and Rickwood, D. (2017), 'Parents and Carers of Young People with Mental Ill-health: What Factors Mediate the Effect of Burden on Stress?', *Counselling Psychology Quarterly* 32 (1), 121–34, doi: 10.1080/09515070.2017.1384362
Wood, C. (1987), 'Are Happy People Healthier?', discussion paper, *Journal of the Royal Society of Medicine*, 80, 354–6

Anthias, F. (2009), 'Translocational Belonging, Identity and Generation: Questions and Problems in Migration and Ethnic Studies', *Finnish Journal of Ethnicity and Migration*, 4 (1), 6–15

Arbona, C., et al. (2010), 'Acculturative Stress among Documented and Undocumented Latino Immigrants in the USA', *Hispanic Journal of Behavioural Science*, 32 (3), 362–84, doi:10.1177/0739986310373210

Bromley, C., Curtice, J., and Given, L. (2007), *Attitudes to Discrimination in Scotland: 2006 Scottish Social Attitudes Survey*, Oxford: Blackwell

Burnham, J. (2013), 'Developments in Social GGRRAAACCEEESSS: Visible–Invisible, Voiced–Unvoiced', in I. Krause (ed.), *Cultural Reflexivity*, Karnac

Carothers, B. J., and Reis, H. T. (2013), 'Men and Women Are From Earth: Examining the Latent Structure of Gender', *Journal of Personality and Social Psychology*, 104 (2), 385–407

Cooley, E., Winslow, H., Vojt, A., Shein, J., and Ho, J. (2018), 'Bias at the Intersection of Identity: Conflicting Social Stereotypes of Gender and Race Augment the Perceived Femininity and Interpersonal Warmth of Smiling Black Women', *Journal of Experimental Social Psychology*, 74, 43–9

Crenshaw, K., et al. (1995), *Critical Race Theory: The Key Writings that Formed the Movement*, New York: New Press

Diamond, M. (2002), 'Sex and Gender are Different: Sexual Identity and Gender Identity are Different', *Clinical Child Psychology and Psychiatry*, 7 (3), 320–34

Drescher, J. (2010), 'Transsexualism, Gender Identity Disorder and the DSM', *Journal of Gay and Lesbian Mental Health*, 14 (2), 109–22

Dulin-Keita, A., Hannon, L., Fernandez, J. R., and Cockerham, W. C. (2011), 'The Defining Moment: Children's Conceptualization of Race and Experiences with Racial Discrimination, *Ethnic and Racial Studies*, 34 (4), 662–82

Eddo-Lodge, R. (2017), *Why I'm No Longer Talking to White People About Race*, Bloomsbury

Epstein, R., Blake, J. J., and González, T. (27 June 2017), paper, 'Girlhood Interrupted: The Erasure of Black Girls' Childhood', Washington DC: Georgetown Law Center on Poverty and Inequality, SSRN: https://ssrn.com/abstract=3000695 or http://dx.doi.org/10.2139/ssrn.3000695

Evans, G., and Mellon, J. (2016), 'Social Class: Identity, Awareness and Political Attitudes: Why are We Still Working Class?', *British Social Attitudes*, 33

Galliher, R. V., McLean, K. C., and Syed, M. (2017), 'An Integrated Developmental Model for Studying Identity Content in Context', *Developmental Psychology*, 53 (11), 2011–22

Gibson, M. A. (1997), 'Exploring and Explaining the Variability: The School Performance of Today's Immigrant Students', paper presented at the

Conference on the Second Generation, Jerome Levy Economic Institute, Bard College, http://www.levyinstitute.org/pubs/rpt2_98.pdf

Gillig, T. K., Rosenthal, E. L., Murphy, S. T., and Langrall Folb, K. (2017), 'More Than a Media Moment: The Influence of Televised Storylines on Viewers' Attitudes Toward Transgender People and Policies in Sex Roles', *Journal of Research,* 78 (7–8), 515–27

Glicksman, E. (2013), 'Gender Identity: Biology or Environment?', *American Psychological Association*, 44, 4

Hammack, P. L. (2008), 'Narrative and the Cultural Psychology of Identity', *Personality and Social Psychology Review*, 12 (3), 222–47

Heshmat, S. (2014), 'The Basics of Identity: What Do We Mean by Identity and Why Does Identity Matter?', *Psychology Today*,https://www.psychologytoday.com/gb/blog/science-choice/201412/basics-identity

Iyer, A., and Jetten, J. (2011), 'What's Left Behind: Identity Continuity Moderates the Effect of Nostalgia on Well-Being and Life Choices', *Journal of Personality and Social Psychology*, 101 (1), 94–108

James, P. (2015), 'Despite the Terrors of Typologies: The Importance of Understanding Categories of Difference and Identity', *International Journal of Postcolonial Studies*, 17 (2), 174–95

Kay, A. C., Day, M. V., Zanna, M. P., and Nussbaum, D. A. (2013), 'The Insidious (and Ironic) Effects of Positive Stereotypes', *Journal of Experimental Psychology,* 49 (2), 287–91

Losty, M., and O'Connor, J. (2017), 'Falling Outside of the "Nice Little Binary Box": A Psychoanalytic Exploration of the Non-Binary Gender Identity', *Psychoanalytic Psychotherapy*, 32 (1), 40–60

Morning, A. (2018), 'Kaleidoscope: Contested Identities and New Forms of Race Membership', *Ethnic and Racial Studies*, 41 (6), 1055–73

Norman, H., Elliot, M., and Fagan, C. (2018), 'Does Fathers' Involvement in Childcare and Housework Affect Couples' Relationship Stability?', *Social Science Quarterly*, 99 (5), 1599–1613

Parekh, B. C. (2000), *The Future of Multi-ethnic Britain*, Profile Books.

Song, M. (2018), 'Why We Still Need to Talk About Race', *Ethnic and Racial Studies,* 41 (6), 1131–45

Weedon, C. (2004), 'Identity and Culture: Narratives of Difference and Belonging', *History, Nation and Identity*, Maidenhead: Open University Press

Westrate, N. M., and McClean, K. C. (2010), 'The Rise and Fall of Gay: A Cultural-Historical Approach to Gay Identity Development', *Memory*, 18 (2), 225–40, doi: 10.1080/09658210903153923

Whittle, S., Turner, L., and Al-Alami, M. (2007), 'Engendered Penalties: Transgender and Transsexual People's Experiences of Inequality and Discrimination', *Equalities Review*, Metropolitan University, https://www.

ilga-europe.org/sites/default/files/trans_country_report_-_engenderedpenalties.pdf
Xiaomei, Z., and Shimin, W. (2014), 'Political Identity: A Perspective from Cultural Identity', *Social Sciences in China*, 35 (2), 155–73
Ziai, R. (2017), 'The Evolutionary Roots of Identity Politics', *Areo* magazine, https://areomagazine.com/2017/08/24/the-evolutionary-roots-of-identity-politics/
Zucker, K. (1999), 'Intersexuality and Gender Identity Differentiation', *Annual Review of Sex Research*, 10 (1), 1–69

结语

AA World Services (2001), *Alcoholics Anonymous* (4th edn), AA Grapevine, Inc., USA
Action for Happiness , www.actionforhappiness.org
Beattie, G. (2004), *Visible Thoughts: The New Psychology of Body Language*, Routledge
Ben-Shahar, T. (2011), *Happier: Learn the Secrets to Daily Joy and Lasting Fulfillment*, New York: McGraw-Hill
Chatterjee, R. (2017), *The 4 Pillar Plan: How to Relax, Eat, Move and Sleep Your Way to a Longer, Healthier Life*, Penguin
Damasio, A. (1999), *The Feeling of What Happens: Body, Emotion and the Making of Consciousness*, Heinemann
Duggal, N. A., et al. (April 2018), 'Major Features of Immune Senescence, Including Thymic Atrophy are Ameliorated by High Levels of Physical Activity in Adulthood', *Aging Cell*, 17(2); doi:10.1111/acel.12750, e-pub 8 March 2018
Duhigg, C. (2012), *The Power of Habit*, Random House
Hone, L. (2016), *Remembering Abi*, blog:i.stuff.co.nz
Kabat-Zinn, Jon (2012), *Mindfulness for Beginners: Reclaiming the Present Moment and Your Life*, Louisville, Colorado: Sounds True
— (2001), *Full Catastrophe Living: How to Cope with Stress, Pain and Illness Using Mindfulness Meditation*, Doubleday
Lazarus, N. (2019), article commissioned by BBC, *Can Exercise Reverse the Ageing Process?* https://www.bbc.co.uk/news/health-47331544
Mehrabian, A. (1972), *Nonverbal Communication*, Chicago, Illinois: Aldine-Atherton
Mind.org.uk, 'The Mind Guide: Food and Mood'
Mindful research and evidence, https://bemindful.co.uk/evidence-research/
NICE Guidelines (2009, updated 2016), *Treatment for Mild to Moderate Depression*
Pennebaker, James W. (1997), *Opening Up: The Healing Power of Expressing Emotion*, New York: Guilford Press

— (2004), *Writing to Heal: A Guided Journal for Recovering from Trauma and Emotional Upheaval*, Oakland, California: New Harbinger Press
Pollock , R. D., et al. (2018), 'Properties of the Vastus Lateralis Muscle in Relation to Age and Physiological Function in Master Cyclists Aged 55–79 Years', *Aging Cell*, 17(2), doi: 10.1111/acel.12735, e-pub 2018
Schore, A. (2003), *Regulation and the Repair of the Self*, Norton Books
Tedeschi, R. G., and Calhoun, L. G. (2012), *Resilience: The Science of Mastering Life's Greatest Challenges*, Cambridge University Press
Trimboli, A., and Walker, M. (1987), 'Nonverbal Dominance in the Communication of Affect: A Myth?' *Journal of Nonverbal Behavior*, 11 (3), 180–190

附录：寿命的发展

Bridges, W. (1980), *Transitions: Making Sense of Life's Changes*, New York: Addison-Wesley
Havighurst, R. J. (1972), *Developmental Tasks and Education* (3rd edn), New York: David McKay
Hopson, B. (1981), 'Response to the Papers by Schlossberg, Brammer and Abrego', *Counselling Psychologist*, 9, 36–9
Hopson, B., and Adams, J. (1977), *Towards an Understanding of Transition: Defining Some Boundaries of Transitions Dynamics*, Oxford: Pergamon Press
Hopson, B., Adams, J., and Hayes, J. (eds.), *Transition: Understanding and Managing Personal Change*, Martin Robinson
Newman, B., and Newman, P. (1995), *Development through Life: A Psychosocial Approach* (6th edn), Pacific Grove, California: Brooks/Cole
Schlossberg, N. K., Waters, E. B., and Goodman, J. (1995), *Counselling Adults in Transition: Linking Practice with Theory*, New York: Springer
Sugarman, L. (2001), *Lifespan Development: Frameworks, Accounts and Strategies* (2nd edn), Hove: Psychology Press

代际

Cohe, R. (August 2017), 'Why Generation X Might be Our Last, Best Hope', *Vanity Fair*, https://www.vanityfair.com/style/2017/08/why-generation-x-might-be-our-last-best-hope
Howe, N. (2014), 'The Boom Generation: What a Long Strange Trip', *Forbes Magazine*

Patel, D. (2017), '8 Ways Generation Z Will Differ from Millennials in the Workplace', www.forbes.com/ . . ./8-ways-generation-z-will-differ-from-millennials-in-the-workplace

Petersen, A. H. (2019), 'The Burnout Generation: Millennials and the Mindset of Working All the Time', Buzzfeed

Pew Research Centre, (2018), 'Generations and Age', http://www.pewresearch.org/topics/generations-and-age/

Woodward, A. (2019), 'Millennials and GenZ are Finally Gaining Ground in the Climate Battle: Here are the Signs They're Winning', www.business insider.com/signs-millennials-gen-z-turning-tide-climate-change-2019-4?r=US&IR=T

致谢

Acknowledgements

如果没有我那些坦率、勇敢而慷慨的客户，允许我通过一定的掩饰，来讲述他们在治疗期间的故事，或是生活的方方面面，这本书不可能存在。对于他们每一个人，我表示深深的感谢，因为他们富有感召力的诚实和信任，我才得以描述他们的变化过程。在写作中，我的首要任务是保持他们的隐私和匿名——我个人再重复一次免责声明，我尽了一切努力使人物和真实事件保持隐匿，同时保持事件本质的真实。

我的文学代理人费莉西蒂·鲁宾斯坦（Felicity

Rubinstein）深谙劝服的艺术。我曾认为自己只能写一本书，但在开车去“海伊文学节”的短短的路上，这个绝对信念就被推翻了。不知不觉中，我写了一份新书计划提案，并与企鹅维京签了约。这多亏了她有如此神奇的本领。费莉西蒂的智慧、经验和正直，意味着我足够幸运，能拥有业内最好的代理人之一。我永远感激她，不仅是我的代理人，更是我珍贵的朋友。

我杰出的编辑维尼夏·巴特菲尔德（Venetia Butterfield）一直信任我，鼓励我，并不知疲倦地编辑这本书，她付出的耐心超乎我的想象。她充分发挥了自己的才智、知识、专注和精力，提炼出这本书的精髓。每一次会议，每一场讨论，每一处编辑，都充满我们的情谊、敬意和信任。衷心感谢你。

我很感谢梅西·阿什（Maisy Ash），她不辞辛苦为每个主题找了数百篇优秀的研究文章，并提供了清晰的注释。马格达伦·霍华德（Magdalen Howard）睿智地探索了成人发展的领域，并提炼出了研究成果中的精华，为我的关于寿命发展及不同代际的语境和定义的部分提供了精彩而条理清晰的内容，对此我极为感激。本·卡林（Ben Kalin）对精确细节方面的专业眼光，使我的参考资料和研究数据更加可靠。

我非常幸运能够邀请到一大批对本书发表过评论的杰出人士：感谢以下心理治疗师睿智而富有洞察力的反馈，他们是杰拉尔丁·汤姆森 (Geraldine Thomson)、特蕾西·贾维斯 (Tracy Jarvis)、贝琳达·盖尔斯 (Belinda Giles) 博士和克里斯特贝尔·麦克尤恩 (Christabel McEwan)。托马斯·范恩（Thomas Vann）博士在身份认同方面给了我广博的指导。英国心理咨询协会（British Association of Counselling）首席执行官哈丁·威廉姆斯（Hadyn Williams）给了我非常好的建议，我对此深表感谢。以下朋友无论亲疏，都非常慷慨地对本书投入了时间、感受和思考：雷切尔·温德姆（Rachel Wyndham）、凯瑟琳·索姆斯（Catherine Soames）、朱丽叶·尼克尔森（Juliet Nicolson）、简·诺森伯兰（Jane Northumberland）、詹姆斯·雷-彭伯顿（James Leigh-Pemberton）、安·普莱谢特-墨菲（Ann Pleshette-Murphy）、卡里·罗森（Cari Rosen）、安雅·希德马奇（Anya Hindmarch）、克莱尔·阿斯奎思（Clare Asquith）、海伦·阿斯奎斯（Helen Asquith）博士、凯特·韦恩博格（Kate Weinberg）、乔安娜·温伯格（Joanna Weinberg）、苏·皮尔特（Sue Peart）、凯西·伦特布林克（Cathy Rentzenbrink）、阿姆瑞塔·达斯（Amrita Das）、菲奥纳·高尔福（Fiona Golfar）、拉奇·哈克（Raqhee Haque）、约翰·詹森（Johan Jensen）和本·西里（Ben Seary）。我非常感谢他们所有人如此慷慨的友谊。

我想感谢伟大的心理治疗理论家们，多年来我阅读他们的著作，书写和教授他们的课程，这带给了我灵感和持续的引导，他们包括：西格蒙德·弗洛伊德（Sigmund Freud）、卡尔·罗杰斯（Carl Rogers）、约翰·鲍尔比（John Bowlby）、弗里茨·珀尔斯（Fritz Perls）以及最近的艾丝特·佩瑞尔、海伦·费舍尔和约翰·戈特曼等。我吸收了他们的想法，将之转化为自己的理念，但我认识到他们对我和我的作品影响深刻。

为了保持写作的流畅性，我没有在正文中插入参考文献。所有资料均可在“参考文献”部分找到。如果存在错误或遗漏，请接受我诚挚的歉意，我对此承担全部责任。

企鹅兰登旗下维京图书的团队一向很棒：我要特别感谢玛丽安·塔特波（Marianne Tatepo）以及伊莎贝尔·沃尔（Isabel Wall）、朱莉娅·默戴（Julia Murday）、黑兹尔·奥梅（Hazel Orme）、科琳娜·博利诺（Corinna Bolino）、埃玛·布朗（Emma Brown）和艾莉·史密斯（Ellie Smith）。

我挚爱的丈夫迈克尔，在与我的五次婚姻中，一直在教导我，也在与我斗争，他和我一同欢笑，也让我发疯，但最重要的是数十年来始终爱着我，也让我爱着他。当我怀疑自己时，最近一次就是成为一名作家上面，他对我的信任一直是我秘密力量的来源。我们的孩子娜塔莎、埃米莉、索菲和本杰明以及他们的配偶里奇、基南、杰克和德鲁西，都在我沉浸于这本书时提出了富有洞察力的建议，并给予了我亲切的支持。我永远感谢他们。